“十二五”国家重点图书出版规划项目

CHINA WETLANDS RESOURCES
Shaanxi Volume

中国湿地资源

陕西卷

◎ 国家林业局组织编写

中国林业出版社

图书在版编目（CIP）数据

中国湿地资源·陕西卷／国家林业局组织编写；周灵国分册主编．－北京：中国林业出版社，2015.12

“十二五”国家重点图书出版规划项目

ISBN 978-7-5038-8284-5

Ⅰ．①中… Ⅱ．①国… ②周… Ⅲ．①湿地资源－研究－陕西省 Ⅳ．①P942.078

中国版本图书馆CIP数据核字（2015）第296592号

总 策 划：金 旻

策划编辑：徐小英

主要编辑：徐小英 刘香瑞 李 伟
何 鹏 于界芬

美术编辑：赵 芳

出版发行 中国林业出版社（100009 北京西城区刘海胡同7号）
http://lycb.forestry.gov.cn
E-mail:forestbook@163.com 电话：(010)83143515、83143543

设计制作 北京天放自动化技术开发公司
北京捷艺轩彩印制版有限公司

印刷装订 北京中科印刷有限公司

版　　次 2015年12月第1版

印　　次 2015年12月第1次

开　　本 787mm×1092mm 1/16

字　　数 331千字

印　　张 13

定　　价 95.00元

中国湿地资源系列图书
编撰工作领导小组

顾　问：陈宜瑜　李文华　刘兴土

组　长：张永利

副组长：马广仁

成　员：（按姓氏笔画排序）

王文宇　王忠武　王海洋　韦纯良　邓乃平　邓三龙
兰宏良　刘建武　刘艳玲　刘新池　李　兴　李三原
李永林　来景刚　吴　亚　张宗启　陆月星　陈则生
陈传进　陈俊光　林云举　呼　群　金　旻　金小麒
周光辉　降　初　孟　沙　侯新华　夏春胜　党晓勇
徐济德　奚克路　阎钢军　程中才　雷桂龙　蔡炳华
樊　辉

中国湿地资源系列图书
编撰工作领导小组办公室

主　任：马广仁

副主任：鲍达明　唐小平　熊智平　马洪兵

成　员：王福田　姬文元　刘　平　闫宏伟　李　忠　田亚玲
王志臣　张阳武　但新球　刘世好　王　侠　徐小英

《中国湿地资源·陕西卷》编辑委员会

主　　任：李三原

副 主 任：唐周怀　白永庆

成　　员：楚龙飞　周灵国　党景中　来国瑞　雷建青　袁　伟

《中国湿地资源·陕西卷》编写组

主　　编：周灵国

副 主 编：张　毅　刘胜军　郭平顺

编 著 者：冯　宁　任　毅　徐涛清　张　璐　罗晓斌　张　婧　李宝忠　张　浩　刘　华　王生民　戴小峰　黄朝晖

主　　审：费良军　任　毅　黄丽涛

统　　计：王　昊

制　　图：王晓燕

照片摄影：孙承骞　冯　宁　任　毅　关　克　徐振武　张　斌　李忠杰　张　毅　刘　华　何清华　高升智　王生民　温润泉　郝清泉　张海云

总　序

湿地是地球表层系统的重要组成部分，是自然界最具生产力的生态系统和人类文明的发祥地之一。在联合国环境规划署（UNEP）委托世界自然保护联盟（IUCN）编制的《世界自然资源保护大纲》中，湿地与森林和海洋一起并称为全球三大生态系统。湿地具有类型多样、分布广泛的特点；湿地更重要的是还具有多种供给、调节、支持与文化服务功能，是人类重要的生存环境和资源资本。湿地与人类生产生活和社会经济发展息息相关。湿地的重要性受到世界各国和国际社会的普遍关注。早在1971年，国际社会就建立了全球第一个政府间多边环境公约，即《关于特别是作为水禽栖息地的国际重要湿地公约》（简称《湿地公约》）。同时，该公约也是全球最早针对单一生态系统保护的国际公约。1992年中国加入《湿地公约》，自此我国湿地保护事业进入了新的发展时期。

我国加入《湿地公约》后，在国家林业局设立了专门的湿地保护和履约机构，对内负责组织、协调、指导和监督全国湿地保护工作，对外负责《湿地公约》的履约工作。近年来，中国各级政府在湿地保护方面开展了大量卓有成效的工作，采取了一系列保护和合理利用湿地资源的措施，在湿地保护规划和重点工程建设、财政补贴政策制定实施、法规制度建设、保护体系建设、科研监测、宣传教育和国际合作等方面取得了长足进步。但我国湿地生态系统仍然面临着盲目围垦与改造、污染、水土流失、泥沙淤积、生物资源过度利用等多种因素的破坏和威胁，导致面积减少，生态功能下降，生物多样性丧失。因此，切实保护和合理利用湿地资源，既是保障生态安全和国土安全的当务之急，更是中国实施可持续发展战略势在必行的要务。

开展湿地资源调查，摸清湿地资源家底，把握湿地资源动态，是所有湿地保护工作的基础，也是履行《湿地公约》各项工作的根基。2009～2013年，在中央财政的支持下，国家林业局组织开展了第二次全国湿地资源调查工作。在此期间，我有幸作为第二次全国湿地资源调查专家技术委员会的主任委员，和其他专家一起全程参与了此次湿地资源调查的主要技术环节和成果鉴定。

我认为此次调查具有以下几个特点：一是，此次调查的湿地分类、界定标准、调查方法基本与《湿地公约》规定相接轨，使得调查数据符合《湿地公约》的要求，调查成果易于被国际认可，便于国际间的对比和交流。二是，制定了内容全面、方法科学、符合国际标准的统一技术规程《全国湿地资源调查技术规程（试行）》，进行了同标准、同口径的分期分批调查。三是，本次调查利用“3S”技术与现地验证相结合的技术方法，查清了全国范围内（未包括香港、澳门、台湾）8公顷以上的湿地资源基本情况。四是，湿地调查分为一般调查和重点调查。重点调查包括，国际重要湿地、国家重要湿地、自然保护区（含自然保护小区）和湿地公园内的湿地以及其他特有、分布濒危物种和红树林等具有特殊保护价值的湿地。五是，组织保障有力。国家层面上，成立了第二次全国湿地资源调查领导小组、专家技术委员会、中央技术支撑单位和国家质量检查组；省级层面上，分别成立了湿地调查专职机构，组建了省级专业调查队伍。

需要指出的是，第二次全国湿地资源调查期间，我国湿地保护事业发展迅速。2009年，中央启动了“湿地生态效益补偿试点”工作；2010年开始，中央财政设立了湿地保护补助专项资金；2012年，党的十八大将建设生态文明纳入中国特色社会主义事业“五位一体”总体布局，提出要“扩大森林、湖泊、湿地面积，保护生物多样性”。期间，国家林业局会同相关部门认真实施了《全国湿地保护工程实施规划(2005～2010年)》和《全国湿地保护工程“十二五”实施规划》。2013年，国家林业局出台的《推进生态文明建设规划纲要》划定了湿地保护红线，到2020年中国湿地面积不少于8亿亩。2013年，国家林业局出台了第一部国家层面的湿地保护部门规章《湿地保护管理规定》。应该说，历时5年的湿地资源调查与同期湿地保护事业的发展，是休戚相关，相互促进的。

第二次全国湿地资源调查取得了丰硕成果。在全球范围内，我国率先完成了《湿地公约》倡导的国家湿地资源调查，首次科学、系统地查明了《湿地公约》所定义的我国湿地资源情况。建立了完整的全国湿地资源空间数据库和属性数据库，掌握了近10年来湿地资源动态变化情况，建立了稳定的湿地资源调查专业队伍和专家团队，形成了较为完整的湿地资源调查监测技术规范，完成了全国湿地资源总报告、分省报告和多个专题报告，编制了系列成果图。调查成果达到国际先进水平。

党的十八大对建设生态文明作出了全面部署，强调把生态文明建设放在突出地位，融入经济建设、政治建设、文化建设、社会建设各方面和全过程。在全国第二次湿地资源调查成果的基础上，系统编著形成了中国湿地资源系列图书，为新时期我国湿地保护事业奠定了坚实基础。希望本系列图书能够为我国湿地工作者在开展湿地研究、保护与合理利用工作时提供参考和借鉴。

中国科学院院士 陈宜瑜

2015年9月

前 言

陕西省地处中国西北内陆，整体属于干旱半干旱地区，水资源缺乏是制约陕西省生态、经济、社会发展的主要因素，因此湿地提供的淡水、食物、原材料就显得尤其珍贵。近年来，在国家的重视和支持下，陕西省湿地建设不断取得重大成就，相关政策法规陆续出台并得以完善。2006 年 6 月 1 日颁布实施了《陕西省湿地保护条例》，首次规范了陕西省湿地保护的范畴、保护规划的法律程序、主管部门和法律责任等，为陕西省开展湿地资源保护和管理工作提供了可靠的法律保证；2008~2009 年，根据陕西省实际情况，编制完成了《陕西省湿地保护规划(2008~2012)》《陕西省湿地保护专项规划（2009~2014）》和《陕西省秦岭湿地保护工程专项规划（2009~2014）》。同时，湿地相关的宣传教育、科学研究逐步开展，国际合作全面展开，湿地保护投入逐年增加，湿地保护范围逐步扩展。目前，全省范围内已建立 9 个湿地自然保护区、26 个国家湿地公园，湿地保护的规模效应逐步显现，其生态功能、旅游价值、教育价值及审美价值得以体现，人们认识湿地、体验湿地、保护湿地的良好意识得以提升，实现了人与自然的和谐共处。

为了全面、科学、准确地掌握全省湿地资源的变化情况，推动湿地保护事业的发展，在国家林业局的统一指导下，由陕西省林业厅组织图书编撰小组，以陕西省第二次湿地资源调查数据为基础，结合陕西省湿地资源保护管理等方面情况编写完成了《中国湿地资源 · 陕西卷》。本书是目前记载陕西省湿地资源及其分布最翔实的资料，内容丰富，不仅可作为湿地资源保护工作者的参考书，也可作为对外合作交流的专题资料。

值《中国湿地资源 · 陕西卷》付梓出版之际，谨向直接从事湿地资源保护的同志和长期以来关心、支持我们工作的各界人士表示衷心的感谢。希望以此为契机，认真落实省委、省政府确定的建设生态陕西的目标，为全省湿地资源的保护事业做出新的更大贡献。

《中国湿地资源 · 陕西卷》编辑委员会

2014 年 8 月

目　录

第一章 基本情况

第一节 自然概况

1 地理位置

陕西省位于我国中部，属西北地区东部，地理坐标介于东经105°29′~111°15′、北纬31°42′~39°35′之间，东隔黄河与山西相望，西与甘肃、宁夏毗邻，北靠内蒙古，南连四川、重庆，东南与河南、湖北接壤，是我国东部地区与西北、西南广大地区联系的重要通道，具有重要的战略地位。

陕西地域南北长、东西窄，南北长约880.0公里，东西宽200.0~500.0公里。秦岭山脉横贯陕西省中部，以北属黄河流域，以南属长江流域。全省土地总面积20.58万平方公里，占全国土地面积的2.1%，其中高原约占45.0%，山地约占36.0%，平原约占19.0%。全省辖榆林、延安、铜川、宝鸡、咸阳、西安、渭南、汉中、安康、商洛10个地级市和杨凌农业高新技术产业示范区。

2 地质地貌

2.1 地　质

陕西省地质构造由北向南可分为鄂尔多斯地台、渭河地堑、秦岭褶皱带、大巴山过渡带等4个构造单元。

鄂尔多斯地台是中朝准地台的次一级构造单元，陕北高原位于这个地台东南部。地台基底由属前震旦系的变质岩构成，上覆古生代和中生代的沉积岩，以碎屑岩为主，还有砾岩、页岩及部分碳酸岩。白于山以北自第四纪以来，由于风力以及流水、重力、霜冻等外营力的作用，地台上形成绵延不断的沙丘和沙地。白于山以南，在第四纪覆盖了厚层的风成黄土，形成黄土高原。以上升为主的新构造运动加剧了流水的侵蚀切割，致使黄土高原沟壑纵横，残原与丘陵沟壑相互交织，地表支离破碎。

渭河地堑也称关中地堑，也是中朝准地台的次一级构造，北以渭河以北山麓南侧大断裂与鄂尔多斯地台相接，南以秦岭北坡大断裂与秦岭褶皱带相连。论地质其基底部分，宝鸡、陇县一带主要为中生界白垩系岩层，宝鸡以东主要为太古界、元古界岩系。盖层为第三系红层、第四系黄土和河流冲积物。

秦岭褶皱带分三部分，北边最古老的岩层是前震旦系和震旦系的变质岩，上覆较厚的古生界沉积岩，岩浆活动发育，生成不同时期的花岗岩；中部最古老的岩系是早古生界的变质岩，上覆晚古生界的沉积岩，岩浆活动差，花岗岩很少；南部最古老的岩系是震旦系和寒武系的变质岩，上覆志留系的沉积岩，有花岗岩分布。

大巴山过渡带是扬子准地台的次一级构造单元，在其凸起地区，基岩外露，主要是前震旦系的变质岩和古生界的岩系；凹陷地区基岩已被覆盖，覆盖物为第三系岩层和第四系的松散层。

2.2 地 貌

陕西省境内山塬起伏,河川纵横,地形复杂。其基本特征是:南北高,中间低,并且由西向东倾斜。以北山和秦岭为界，由北向南可分为陕北高原、关中盆地和秦巴山地三大地貌区(图 1-1)。

2.2.1 陕北高原

陕北黄土高原位于乔山以北，是我国黄土高原的中心部分，约占全省总面积的 45.0%。地势西北高，东南低。是在中生代基岩所构成的古地形基础上，覆盖新生代红土和很厚的黄土层，再经过流水切割和土壤侵蚀而形成的。基本地貌类型是黄土塬、梁、峁、沟。塬是黄土高原经过现代沟壑分割后留存下来的高原面。梁、峁是黄土塬经沟壑分割破碎而形成的黄土丘陵，或是与黄土期前的古丘陵地形有继承关系。沟大都是流水集中进行线状侵蚀并伴以滑塌、泻溜的结果。

从区域组成特征看，延安以北地面切割严重，是以峁为主的峁梁沟壑丘陵区，绥德县、米脂县一带最为典型；宝塔区、延长、延川等县是以梁为主的梁峁沟壑丘陵区；西部为较大河流的分水岭，多梁状丘陵。宝塔区以南是以塬为主的塬梁沟壑区。洛川塬是保存较完整、面积较大的黄土塬；宜川县、彬县、长武县一带，因沟谷蚕食，形成了破碎塬；在榆林市的定边、靖边、横山、神木等县北部的长城沿线一带是风沙滩地。著名的毛乌素沙地，从定边至窟野河，东西长约 420.0 公里，南北宽 12.0 ~ 120.0 公里，主要是植被遭受破坏后就地起沙的结果，也和强风从内蒙古鄂尔多斯市搬运沙粒有关；冬、春季多强劲的西北风，使沙丘向东南移动；沙丘之间或低洼地方，分布有大小不等的湖盆滩地，滩地中部平坦，夏季水草茂盛，为重点农牧业基地。

黄土高原上分布着一些不太高的山地，有白于山、郝山、梁山、子午岭、崂山、黄龙山等。位于北部东西走向的白于山脉，主峰白于山海拔 1823.0 米，郝山海拔 1907.0 米，是无定河与北洛河的分水岭；位于中部呈西北东南走向的梁山山脉和子午岭，分别是北洛河与延河、黄河和泾河的分水岭，主峰海拔均在 1700.0 米以上。南缘有呈东北西南向延展的一系列断续出露的低山丘岭，突出在黄土台塬之上，通称“北山”。“北山”泛指陕北黄土高原南缘与关中盆地过渡地带的一系列以灰岩为主的石质山丘，是渭北高原与关中盆地的分界线，海拔一般都不超过 1500.0 米。六盘山余脉，向南延伸到陇县和陈仓区西部，称为陇山，向东的一支延伸到千阳、凤翔、岐山、永寿等县，与“北山”相连。陕北黄土高原较大的河流分别注入黄河及其一级支流渭河。各大河及其主要支流的中、上游段，往往形成较宽的川地，是黄土高原的“米粮川”。

图 **1-1**　陕西地貌图

2.2.2 关中盆地

关中盆地南倚秦岭，北界乔山，介于陕北高原与秦岭山地之间。西起宝鸡峡，东到潼关港口，东西长约360.0公里，西窄东宽，约占全省总面积的19.0%。关中盆地是由河流冲积和黄土堆积形成的，地势平坦，土质肥沃，水源丰富，机耕、灌溉条件都很好，是陕西自然条件最好的地区，号称“八百里秦川”。基本地貌类型是河流阶地和黄土台塬。渭河横贯盆地入黄河，河槽地势低平，海拔326.0～600.0米。以渭河为轴，向两侧呈台阶式结构，即河床—河漫滩—河流冲积阶地—黄土台塬—山前洪积扇。从渭河河槽向南、北两侧，地势呈不对称性阶梯状增高，由一二级河流冲积阶地过渡到高出渭河200.0～500.0米的一级或二级黄土台塬。阶地在北岸呈连续状分布，南岸则残缺不全。渭河各主要支流，也有相应的多级阶地。宽广的阶地平原是关中最肥沃的地带。渭河北岸二级阶地与陕北高原之间，分布着东西延伸的渭北黄土台塬，塬面广阔，一般海拔460.0～800.0米，是关中主要的产粮区。渭河南侧的黄土台塬断续分布，高出渭河约250.0～400.0米，呈阶梯状或倾斜的盾状，由秦岭北麓向渭河平原缓倾，如岐山的五丈塬，西安以南的神禾塬、少陵塬、白鹿塬，渭南的阳郭塬，华县的高塬塬，华阴的孟塬等，目前已发展成以林、园为主的综合农业地带。

2.2.3 秦巴山地

关中以南的秦巴山地，约占全省总面积的36.0%，两山夹一川的地势结构十分突出。秦巴山地的西部有汉中盆地，东部为安康盆地。主要由古生界变质杂岩组成，是陕西农林特产和有色金属资源的富集区。

秦岭是我国东西走向的主要山脉之一，是我国南北方自然环境的天然分界线，也是长江、黄河两大水系的分水岭。秦岭山脉的主体位于陕西境内，山坡北陡南缓，山势巍峨壮丽。一般海拔1500.0～3000.0米，高出关中盆地和汉中盆地1000.0～3000.0米。主脉分布在山地北部，有许多海拔3000.0米以上的高峰，构成秦岭山地的高山、中山地形。太白山古冰川作用留下的冰蚀冰碛地形保存完好。秦岭以太白山为主峰，海拔高度3767米，向西分为三支，由北而南为南岐山、凤岭和紫柏山，山势渐低，至汉中盆地边缘已成低山丘陵。太白山以东山势逐渐递减，在商洛地区山势结构如掌状向东分开，间以红色断陷盆地和河谷平地。盆地和河谷平地保存有二至三级阶地。北陡南缓的山势导致北坡溪峪湍急，南坡诸水源远流长，断切东西走向山岭，形成许多峡谷，水力资源丰富，为建设中小型水利电力工程提供了条件。

川陕间的大巴山为西北—东南走向，一般海拔1500.0～2000.0米，高出汉江谷地1000.0～1500.0米，东西长约300.0公里，通常把任河以西称米仓山，以东称大巴山。大巴山北侧诸水注入汉江，上游系峡谷深涧，中、下游迂回开阔，形成许多山间小“坝子”。坝子中有两级河流阶地，农田、村镇较为集中。宁强、南郑、西乡、镇巴和镇坪等县是由灰岩组成的山地，岩芽、溶沟、落水洞、溶洞、地下暗河等岩溶地形发育，地表水缺乏而地下水丰富。汉江谷地以西属嘉陵江上游低山、丘陵区，地势起伏较和缓，谷地较开阔，是陕、川间主要的水陆通道。

秦巴山地中部以汉江为界，汉江把一连串的盆地和峡谷连接起来，盆地中较大的有汉中盆地、石泉盆地、马池盆地、汉阴盆地、恒口盆地、安康盆地等，其中以汉中盆地最大。盆地边缘多波状丘陵，相对高度40.0～80.0米，地形切割较为破碎。其他盆地面积较小，多为河流冲积而成的山间盆地。较大河流往往形成小峡谷与宽谷坝子相间出现的串珠状河谷地貌。

3 土　壤

陕西省土壤类型多样，全省共有 9 个土纲，22 个土类，49 个亚类，134 个土属，403 个土种①。主要土类有栗钙土、黑垆土、棕壤、褐土、黄棕壤、黄褐土、风沙土、黄绵土、𪣻土、水稻土、潮土、新积土、沼泽土和盐碱土等。

陕西土壤的地带性分布规律明显。从水平分布看，陕北高原为栗钙土—黑垆土带。关中平原为棕壤—褐土地带。陕南山地为黄棕壤—黄褐土地带。从垂直分布看，秦岭北坡自下而上为褐土—棕壤—暗棕壤—亚高山草甸土—原始土壤；大巴山北坡自下而上为黄褐土—黄棕壤—棕壤。

陕西的主要地域性土壤为风沙土、黄绵土、𪣻土、水稻土、潮土、新积土、沼泽土、盐碱土等。风沙土主要分布在陕北高原长城以北的风沙区。黄绵土主要分布在陕北高原的黄土区。𪣻土是关中主要的农业土壤。水稻土是陕南的主要农业土壤。全省各地的河流两岸都有分布新积土。潮土主要分布在陕南和关中的凹湿地区。沼泽土分布在地形低凹、地下水经常出露的地区。盐碱土主要分布在长城沿线风沙区和关中河流两岸低凹地区，关中以蒲城县的卤泊滩面积最大，另外，在全省其他一些灌区还有少量的次生盐碱土。

4 气　候

陕西省地处中国地理位置的中心和地形三大阶梯中的第二阶梯，气候从北到南纵跨温带、暖温带和亚热带三大气候带，为典型的大陆型季风气候区。以秦岭为界，南北气候差异显著：南部地处亚热带湿润季风气候区，北部属温带半干旱季风气候区。不论夏季还是冬季，南北气流在陕西上空交汇，各类天气系统均从不同方向上影响陕西，这些特征使陕西省成为气候高度敏感区，造成陕西地区气象灾害种类俱全，各类气象灾害频繁发生。气候资源中，北部光照充足，水资源不足；中部光照和水热条件居中；南部水热条件优越，光照相对不足。总的气候特点：春季温暖多风、气温回升快而不稳定，降水少，陕北多大风天气；夏季炎热多雨，多雷阵雨、暴雨，渭北多冰雹、阵性大风天气，间有“伏旱”；秋季凉爽湿润、气温下降快，关中、陕南多阴雨天气；冬季寒冷干燥，气温低，雨雪稀少。

陕西年平均气温 8.0 ~ 16.0℃，分布趋势是由南向北、从东向西逐渐降低。其中陕南年平均气温 14.0 ~ 16.0℃，关中 12.0 ~ 13.0℃，陕北 8.0 ~ 10.0℃。各季气温的分布与年平均气温大致相似。冬季寒冷干燥；夏季炎热，比较湿润；春季气温高于秋季。1 月为全年最冷的月份，全省月平均气温 -9 ~ 4℃；春季(4 月)气温升降幅度大，全省月平均气温 6.0 ~ 16.0℃；7 月为全年最热月份，全省月平均气温 17.0 ~ 27.0℃；秋季(10 月)凉爽湿润，全省月平均气温 6.0 ~ 16.0℃。全省极端最高气温出现在长安，达 43.40℃(1966 年 6 月 21 日)，极端最低气温出现在榆林，达 -32.7℃(1954 年 12 月 28 日)。年平均气温日较差，陕北 11.0 ~ 14.0℃，关中 10.0 ~ 12.0℃，陕南为 8.0 ~ 10.0℃。

陕西年平均气温的年际变化特征是：年平均气温呈上升趋势，升温幅度 0.2℃/10 年，20 世纪 90 年代以后升温显著。其中关中、陕北增温显著，最高达 0.44℃/10 年。陕南增温趋势不明

---

① 陕西省土壤普查办公室. 陕西土壤[M]. 北京：科学出版社，1992.

显。年平均气温最高值出现在1998年，最低值出现在1968年。20世纪50年代初至80年代中期为冷期，80年代中后期开始进入暖期，特别是到了90年代中期，气温突然急剧增暖。变暖最明显的季节为冬季，冬季平均气温升温幅度为0.42℃/10年。另外，由于城市化而引起的城市热岛效应是一个不容忽视的因素。

陕西多年平均降水量为632.3毫米，其中陕北平均461.7毫米，关中平均590.4毫米，陕南平均864.6毫米。降水地域分布不均，自南向北递减。四季降水多寡不均，夏季最多，主要集中于7~9月份，占年平均降水总量的46.7%；秋季次之，为28.6%；春季居第三位，占21.7%；冬季最少，仅占年总降水量的3.0%。

陕西年平均降水量呈下降趋势，转折点是1984年，1984年以前偏多为主，1984年以后以偏少为主，年际变化较大①。春、秋季降水量减少，夏季降水量增加。暴雨也是陕西省降水的一个主要特征。暴雨中心主要分布在米仓山、大巴山区西段，秦岭北麓，榆林地区的秃尾河、窟野河中下游和孤山川流域，关中的西北部以及商洛地区的局部(包括洛南、商南等地)，但暴雨的量级以陕北最大，陕南次之，关中最小。历时短、强度大是陕北暴雨的主要特征，这也是引起严重水土流失的一个重要因素。

陕西日照时数的分布北多南少，东多西少，各地实际日照时数在1356.0~2918.0小时，最大值出现在陕北北部地区，约2700.0~2900.0小时；最小值出现在陕南南部山区，约1356.0小时，占可照时数的32.0%~66.0%。陕北南部2400.0~2600.0小时，关中2000.0~2400.0小时，商洛地区2000.0~2100.0小时，陕南其他各地1350.0~1900.0小时②。

陕西主要气象灾害包括干旱、暴雨洪涝、冰雹、大风、低温冻害、高温、秋淋、沙尘天气等，其中干旱是陕西出现最多、持续时间最长、危害范围最广、对农业生产影响最严重的气象灾害。

5 水 文

陕西省以秦岭为界分属黄河与长江两大流域，河流水系众多，长江流域主要有汉江、丹江、嘉陵江三大水系，黄河流域主要有渭河、延河、无定河、泾河、北洛河五大水系及黄河干流陕境段。全省河流主要为外流区，在黄河流域的定边、靖边、榆阳和神木一带，有少部分内流区。

长江流域面积约占全省总面积的35%。汉江是长江水系最大的支流，上游蜿蜒曲折，穿行于秦岭巴山之间，两岸汇纳支流较多，水量丰沛，是陕西省水资源最丰地区，年自产径流量265.52亿立方米，与嘉陵江合计自产地表水资源总量为319.18亿立方米，出境水量为377.86亿立方米③。汉江是国家南水北调中线工程的主要水源地，占中线工程调水量的70%以上。

黄河流域面积约占全省总土地面积的65%。黄河干流为陕西与山西的界河，流经省界的干流总长度719.1公里。龙门以上流经秦晋峡谷，龙门以下进入关中、汾河谷地。陕北直接入黄河，一般是上游河段开阔，下游河床狭窄，多成峡谷，河床比降大，流速急，暴涨暴落，洪枯水量相

---

① 张社年，等. 陕西省林业发展区划[M]. 西安：陕西科学技术出版社，2008.

② 陕西省气象局，陕西省气候中心. 陕西省气候. 2006.

③ 陕西省水利厅. 陕西省水功能区划. 2004.

差大，携带泥沙量大。

内流区面积占全省的2.0%。分布在神木、榆阳、定边、靖边等县的北部沙区，如神木的红碱淖、定边的八里河等。内流区河流少，流程短，水量小，多注入湖泊，或消失于沙地，属于季节性河流。

全省流域面积大于10平方公里的河流4266条，长江流域1772条；大于100平方公里的河流560条；大于10000平方公里的河流8条。

陕西省主要河流水系概况：

(1)汉江：属长江一级支流，发源于陕西省宁强县大安镇的汉王山(嶓冢山)，省内流经勉县、城固、洋县、西乡、石泉、汉阴、汉滨、旬阳、白河等县，自白河县中厂乡流出进入湖北，境内流域面积约5.07万平方公里，流长约430.0公里。主要支流有褒河、湑水河、酉水河、子午河、月河、旬河、乾佑河、牧马河、任河、金钱河等。汉江水资源丰富，是我国南水北调中线引水工程——丹江口水库主要水源地，水质良好。

(2)丹江：丹江为汉江最长一级支流，发源于秦岭地区(陕西省商洛市西北部)的凤凰山南麓，经商洛市商州区、丹凤县、商南县，于荆紫关附近(商南县汪家店乡月亮湾)出陕，是我国南水北调中线引水工程主要水源地，水质良好。

(3)嘉陵江：属长江一级支流，存在东、西两个源头。东源起自陕西省凤县西北凉水泉沟，西源起自甘肃省天水平南川。习惯上以东源为正源，西源称为西汉水。两源南流，至陕西省略阳县白水镇相会，合流向南，经宁强县阳平关入川，省内流经凤县、略阳、宁强三县，境内流域面积约0.93万平方公里，流长约150.0公里。嘉陵江水资源丰富，水质良好(图1-2)。

图**1-2** 凤县嘉陵江(李忠杰摄)

(4)黄河陕境段：黄河为中国第二长河，世界第五大长河。黄河源头位于青藏高原巴颜喀拉山，流经青海、四川、甘肃、宁夏、内蒙古、陕西、山西、河南、山东9个省(自治区)，全长约5464公里，流域总面积约79.5万平方公里，全河多年平均天然径流量580亿立方米，流域平均年径流深77毫米。黄河陕境段位于黄河中上游黄土高原区，水土流失严重，支流带入大量泥沙汇入黄河，使黄河成为世界上含沙量最多的河流。最大年输沙量达39.1亿吨(1933年)，最高含沙量920公斤/立方米(1977年)。据三门峡水文监测站统计，黄河多年平均输沙量约16亿吨，平均含沙量35公斤/立方米。而长江每立方米水含沙量还不到1公斤。黄河年平均16亿吨的泥沙，如果筑成宽 1 米、高 1 米的城墙，长度相当于地球与月球之间的距离的 3 倍，相当于赤道长度的 27 倍。

(5)渭河：属黄河流域最大支流，源于甘肃渭源县鸟鼠山，流经甘肃、陕西两省，自渭南市潼关县汇入黄河，全长 818.0 公里，流域面积 13.43 万平方公里。北岸有泾河、北洛河等较大支流汇入，各自成体系，源远流长，水量较大。南岸诸流源于秦岭北坡，流程短，水流急，河床比降大，俗称“峪”，汛期河水陡涨陡落，枯季部分径流隐移地下，转化为地下径流，水质良好，是关中地区较为理想的饮用水源。

(6)延河：属黄河一级支流，发源于陕西省靖边县，流经志丹县、安塞县的镰刀湾乡南下入延安，自延安城内转向东流入延长县，在延长县南河沟乡凉水岸附近注入黄河，全长 286.9 公里，平均比降 3.3‰。延河的主要支流有杏子河、平桥川、西川河、南川河、蟠龙川等，全河流域面积 7725.0 平方公里，河网密度约为 4.7 公里/ 平方公里。

(7)无定河：属黄河一级支流，发源于陕西省定边县境内的白宇山，流经靖边、横山、榆阳、米脂、绥德、清涧等县，自清涧县的玉家河镇注入黄河，全长 490.0 公里，流域面积约 3.0 万平方公里，年径流量 15.3 亿立方米。主要支流有芦河、榆溪河、大理河。无定河河水含沙量大，多年平均含泥沙 144.0 公斤/平方米，平均每年输入黄河的泥沙达 2.23 亿吨。

(8)泾河：渭河第一大支流。发源于宁夏六盘山东麓泾源县境，流经平凉、彬县，于陕西高陵县南汇入渭河，全长 455 公里，流域面积 4.5421 万平方公里。河出崆峒峡至彬县河谷较宽，其中平凉—泾川间右岸滩地平坦，为泾河最大的川区。山间河流穿行于峡谷中，坡陡流急，水力较丰。张家山以下进入陕西。泾河水系呈树枝状，右岸来自六盘山、千山的汭河、黑河等支流含沙量较小；左岸来自黄土丘陵和黄土高原区的洪河、蒲河、马莲河等支流含沙量大。泾河下游陕西段是中国水利开发最早的地区，秦王政元年(公元前 246 年)凿泾水，兴建著名的郑国渠；1930 年修建现代泾惠渠，1949 年后又加固整修扩建，灌溉面积达 9 万公顷。

(9)北洛河：渭河第二大支流。发源于陕西省定边县白于山南麓，流经吴旗、甘泉，于大荔县入渭河，全长 680 公里。流域面积 2.69 万平方公里，其中黄土丘陵区占 71%，多分布在上游，沟深坡陡，植被稀少，水土流失严重；黄土塬区占 25%，分布在中游；下游属关中盆地；洛河与渭河交汇地带已进入三门峡水库区。北洛河年径流量 9 亿立方米，年输沙量 1.0 亿吨。刘家河站以上流域面积约 7325 平方公里，占全流域面积的 27%，来水量占北洛河的 28%，而来沙量则占 87%；沙量来自上游，水量来自中游的特点十分明显。流域内水利开发始于汉代著名的龙首渠，凿竖井若干，于井下开隧洞 10 余里，是中国历史上第一条地下井渠。1934 年修建洛惠渠，直到 1955 年建成，现灌溉面积达 5 万余公顷。1964 年以来，曾创引用含沙量达 954 公斤/立方米的河水灌溉的纪录，开拓了多泥沙河流引浑水灌溉的新途径。流域内已建成大中型水库 6 座，总库容 15 亿立方米，万亩以上灌区 13 处。有效灌溉面积达 10.1 万多公顷；水土保持也有很大进展，定边、吴旗等地的人工造林、飞机播种草和黄土高原区的综合治理都取得了一定的成效。

6 动植物概况

全省地域辽阔，南北狭长，纵跨纬度近 8°，从南到北自然条件差异很大。复杂的自然环境孕育了陕西省丰富而别具特色的野生动植物资源。

6.1 野生植物

陕西省有苔藓植物67科171属450种，约占全国科数的62%，属数的34.6%，种数的20.6%。维管束植物198科1185属3813种。其中蕨类和拟蕨类27科，占全国同类科数的51.9%。我国现有裸子植物11科中，除南洋杉科、买麻藤科外，陕西都有分布。被子植物162科，占全国同类科数的71.7%。按陕西省区系所包含种的数目，与东北、华北及西北各省区比较，居于前列，占全国总种数的14.0%，见表1-1。

表1-1 陕西省维管束植物统计及与全国比较①

类别	陕西科数	中国科数	陕西占中国%	陕西属数	中国属数	陕西占中国%	陕西种数	中国种数	陕西占中国%
蕨类和拟蕨类[Ⅰ]	27	52	51.9	64	204	31.4	212	2600	8.2
裸子植物[Ⅱ]	9	11	81.8	23	34	67.6	42	193	21.8
被子植物[Ⅱ]	162	226	71.7	1098	3082	35.6	3559	24357	14.6
合计	198	289	68.5	1185	3320	35.6	3813	27150	14.0

注：Ⅰ 根据秦仁昌统计资料(1978)。

Ⅱ 科的统计根据"中国高等植物科属检索表"(1983)。

属的统计根据《云南植物研究》增刊Ⅳ(1991)。

种的统计根据《中国自然地理》《植物地理》(上册，1983)。

植物种类以秦岭山区最为丰富，根据《秦岭植物志》1～5卷记载及近年新增补的资料，秦岭有种子植物197科1007属3446种，其中裸子植物共有9科23属45种，被子植物188科984属3401种。关中平原和陕北黄土高原植物区系较为贫乏。

陕西植物种类丰富程度，还可以从科、属的大小或它们所含种属的多少表现出来，如我国种子植物中4个含千种以上的特大科，在陕西除兰科外，都含200～300种以上，见表1-2。

表1-2 中国种子植物4个特大科在陕西的状况统计②

科名	中国	陕西	陕西占中国种数的%
菊科	230属 2300种	107属 364种	15.82
禾本科	228属 1200种	104属 237种	19.75
豆科	172属 1405种	58属 212种	14.28
兰科	165属 1040种	32属 59种	5.67

经本次植物专家审定，陕西有国家Ⅰ级保护野生植物5种，国家Ⅱ级保护野生植物20种，省级重点保护野生植物40种，见表1-3。

---

① ② 雷明德，等．陕西植被[M]．北京：科学出版社，1999.

表 1-3 陕西省重点保护野生植物分布表①

名 称	科	保护级别	分布区域
红豆杉属(所有种)	红豆杉科	国家Ⅰ级	略阳、宁陕、勉县、平利、岚皋、柞水
华山新麦草	禾本科	国家Ⅰ级	华山
珙桐	蓝果树科	国家Ⅰ级	镇坪、平利
光叶珙桐	蓝果树科	国家Ⅰ级	镇坪、平利、岚皋
独叶草	毛茛科	国家Ⅰ级	秦岭高山地区
秦岭冷杉	松科	国家Ⅱ级	太白山、华山、镇坪、平利、宁陕、佛坪、周至、留坝、略阳、镇安、石泉、长安
太白红杉	松科	国家Ⅱ级	秦岭高山地区
大果青杆	松科	国家Ⅱ级	凤县、太白山、周至、佛坪、留坝、户县、平利
黄杉	松科	国家Ⅱ级	镇坪
巴山榧树	红豆杉科	国家Ⅱ级	略阳、宁陕、勉县、平利、岚皋等
连香树	连香树科	国家Ⅱ级	户县、眉县、太白、宁陕、宝鸡、凤县、陇县、周至、佛坪、南郑、镇巴、岚皋、平利、旬阳、镇坪、华山
翅果油树	胡颓子科	国家Ⅱ级	户县崂峪
秦岭石蝴蝶	苦苣苔科	国家Ⅱ级	勉县
蒙古冰草(沙芦草)	禾本科	国家Ⅱ级	榆林、横山、靖边、黄龙山、米脂
野大豆	豆科	国家Ⅱ级	黄陵、黄龙、大荔、洛川、榆林、陇县、城固、眉县、西乡、洋县、岚皋及沿黄河各县
红豆树	豆科	国家Ⅱ级	紫阳、镇巴、岚皋、平利、白河
鹅掌楸	木兰科	国家Ⅱ级	镇坪、镇巴、岚皋、平利
厚朴	木兰科	国家Ⅱ级	白河、旬阳、镇坪、平利、岚皋、紫阳、镇巴、洋县、城固、南郑、勉县、宁强
凹叶厚朴	木兰科	国家Ⅱ级	城固、洋县、安康、岚皋、镇巴、宁强
水青树	水青树科	国家Ⅱ级	南郑、佛坪、凤县、太白、宝鸡、户县、周至、眉县、岚皋、平利、镇坪、石泉、宁陕、洋县、太白山
水曲柳	木犀科	国家Ⅱ级	宁陕、长安、户县、周至、佛坪、凤县、太白、眉县、宝鸡
川黄檗	芸香科	国家Ⅱ级	秦巴低山
长序榆	榆科	国家Ⅱ级	镇坪南江河
大叶榉	榆科	国家Ⅱ级	秦巴山地

① 张志英，李继瓒，陈彦生．陕西种子植物名录[M]．西安：陕西旅游出版社，2000.

（续）

名　称	科	保护级别	分布区域
油樟	樟科	国家Ⅱ级	平利
狭叶瓶尔小草	瓶尔小草科	省重点	秦巴山地（太白山刘家崖、平利八仙乡）
杜松	柏科	省重点	陕北分布较广，尤以杜松自然保护区较集中
臭柏（砂地柏）	柏科	省重点	榆林、靖边、横山、神木臭柏自然保护区
麦吊云杉	松科	省重点	平利、岚皋
庙台槭	槭树科	省重点	佛坪、眉县、太白、宁陕、周至、留坝、凤县、平利、南郑
秦岭党参	桔梗科	省重点	主产于太白山
猬实	忍冬科	省重点	华阴（华山）、山阳
毛核木（雪果）	忍冬科	省重点	勉县
蒙古莸菊（鸡毛狗）	菊科	省重点	靖边、定边
牛鼻栓	金缕梅科	省重点	大巴山、商县（曹营）
山白树	金缕梅科	省重点	秦岭以南各县
青钱柳	胡桃科	省重点	略阳、岚皋、平利、镇坪
串果藤	木通科	省重点	太白山、户县、长安、周至、安康、石泉、佛坪及大巴山（镇坪、平利）
檫木	樟科	省重点	镇坪
秦岭黄芪	豆科	省重点	华县、户县、宁陕、长安、柞水
太白岩黄芪	豆科	省重点	太白山
太白贝母	百合科	省重点	太白山
太白米	百合科	省重点	太白山、洋县
延龄草	百合科	省重点	眉县、周至、太白、佛坪、洋县、平利、宁陕、镇坪、旬阳、岚皋、长安
多花木兰	木兰科	省重点	宁陕菜子坪
青皮木	铁青树科	省重点	镇坪、佛坪
羽叶丁香	木犀科	省重点	户县、眉县、太白、周至、宁陕、长安（石砭峪）
陕西羽叶报春	报春花科	省重点	秦岭
太白乌头	毛茛科	省重点	主产太白山
反萼银莲花	毛茛科	省重点	太白山、蓝田
星叶草	毛茛科	省重点	太白山、佛坪、牛背梁
朵椒	芸香科	省重点	洋县茅坪
长梗扁桃	蔷薇科	省重点	榆林、神木等沙区
秦岭花楸	蔷薇科	省重点	主产于太白山

（续）

名 称	科	保护级别	分布区域
风箱树	茜草科	省重点	平利
大血藤	大血藤科	省重点	平利
秦岭岩白菜(盘龙七)	虎耳草科	省重点	眉县、长安(翠华山)
叉叶蓝	虎耳草科	省重点	镇坪(千家坪)
华山参	茄科	省重点	华阴(华山)、长安(南五台)
银鹊树(瘿椒树)	省沽油科	省重点	宁强、平利、岚皋、宁陕
白辛树	安息香科	省重点	平利(千家坪)、洋县(东坪)、岚皋、宁陕、宁强
紫茎	山茶树科	省重点	平利(千家坪、八道)
假牛繁缕	假牛繁缕科	省重点	平利(千家坪)、宁陕旬阳坝(大沟)
刺榆	榆科	省重点	凤县、甘泉、黄龙山、华县、长安、华山
太行阿魏	伞形科	省重点	华山

6.2 野生动物

陕西省有陆栖脊椎动物29目97科315属609种，其中两栖类2目8科26种(亚种)；爬行类3目51种9亚种；鸟类17目53科189属390种20亚种；哺乳类7目29科87属142种。陕西的鱼类资源也较丰富，有6目14科74属144种(亚种)。陕西省有国家级重点保护野生动物79种，其中国家Ⅰ级保护野生动物15种，Ⅱ级保护野生动物64种；省级重点保护野生动物52种。大熊猫、金丝猴、羚牛、朱鹮是陕西的“四大宝”，享誉国内外，见表1-4。

表1-4 陕西省重点保护野生动物分布表①

名 称	科	保护级别	分布区域
金丝猴	猴科	国家Ⅰ级	宁陕、周至、佛坪、洋县、太白、宁强
大熊猫	大熊猫科	国家Ⅰ级	佛坪、洋县、周至、太白、宁陕、留坝
云豹	猫科	国家Ⅰ级	汉中、安康、汉阴、宁陕、镇安
豹	猫科	国家Ⅰ级	全省各地
羚牛	牛科	国家Ⅰ级	秦巴山区
白鹳	鹳科	国家Ⅰ级	安康、平利
黑鹳	鹳科	国家Ⅰ级	榆林、神木、延安、黄陵、长安、铜川、渭河流域
朱鹮	鹮科	国家Ⅰ级	洋县、城固、西乡、汉中、佛坪、勉县

① 徐涛清，曹永汉．陕西省脊椎动物名录[M]．西安：陕西科学技术出版社，1996；徐振武，冯宁．陕西野生动物图鉴[M]．西安：陕西旅游出版社，2004.

（续）

名 称	科	保护级别	分布区域
金雕	鹰科	国家Ⅰ级	西安、周至、扶风、石泉、镇坪、延安、神木、洋县
白肩雕	鹰科	国家Ⅰ级	铜川、太白及渭河平原
大鸨	鸨科	国家Ⅰ级	周至、大荔、潼关、合阳、榆林、神木、渭南、延安
褐马鸡	雉科	国家Ⅰ级	黄龙、宜川、韩城
遗鸥	鸥科	国家Ⅰ级	榆林、神木
林麝	麝科	国家Ⅰ级	秦巴山区
丹顶鹤	鹤科	国家Ⅰ级	合阳、大荔、潼关等地的黄河沿岸
猕猴	猴科	国家Ⅱ级	镇巴、西乡、南郑、宁强、平利、镇坪
豺	犬科	国家Ⅱ级	佛坪、镇坪、平利、岚皋、柞水、宁陕、延安、陇县
黑熊	熊科	国家Ⅱ级	秦巴山区
小熊猫	浣熊科	国家Ⅱ级	宁陕、佛坪、宁强
石貂	鼬科	国家Ⅱ级	定边、靖边、吴起、横山、神木、府谷
黄喉貂	鼬科	国家Ⅱ级	全省各地
水獭	鼬科	国家Ⅱ级	秦巴山区
大灵猫	灵猫科	国家Ⅱ级	秦巴山区
小灵猫	灵猫科	国家Ⅱ级	南郑、镇巴、石泉、镇安、旬阳、平利、紫阳、汉中
猞猁	猫科	国家Ⅱ级	安康
金猫	猫科	国家Ⅱ级	秦巴山区
荒漠猫	猫科	国家Ⅱ级	榆林、定边
黄羊	牛科	国家Ⅱ级	榆林、定边、靖边、横山、神木
鬣羚	牛科	国家Ⅱ级	秦巴山区
斑羚	牛科	国家Ⅱ级	秦巴山区
斑嘴鹈鹕	鹈鹕科	国家Ⅱ级	榆林、神木、定边
白琵鹭	鹮科	国家Ⅱ级	周至、神木、合阳
大天鹅	鸭科	国家Ⅱ级	榆林、神木、合阳、大荔、渭河流域与黄河沿岸
小天鹅	鸭科	国家Ⅱ级	西安、榆林、神木及渭河流域与黄河沿岸
鸳鸯	鸭科	国家Ⅱ级	华县、华阴、石泉、汉阴、大荔、潼关
蜂鹰	鹰科	国家Ⅱ级	榆林、定边
赤腹鹰	鹰科	国家Ⅱ级	佛坪、宁陕、汉阴、西安、周至、太白
雀鹰	鹰科	国家Ⅱ级	周至、洋县、西乡、石泉、渭南、定边
松雀鹰	鹰科	国家Ⅱ级	佛坪、太白、周至
苍鹰	鹰科	国家Ⅱ级	汉中、南郑

（续）

名 称	科	保护级别	分布区域
普通鵟	鹰科	国家Ⅱ级	石泉、凤县、定边、榆林、神木
大鵟	鹰科	国家Ⅱ级	西安、延安地区
毛脚鵟	鹰科	国家Ⅱ级	渭河流域
灰脸鵟鹰	鹰科	国家Ⅱ级	石泉、南郑
秃鹫	鹰科	国家Ⅱ级	榆林、延安地区、关中渭河流域或宝鸡、武功
白尾鹞	鹰科	国家Ⅱ级	西安、周至、安康、汉中
鸢	鹰科	国家Ⅱ级	全省各地
短趾雕	鹰科	国家Ⅱ级	榆林北部的毛乌素沙地
猎隼	隼科	国家Ⅱ级	榆林、武功
燕隼	隼科	国家Ⅱ级	眉县、周至、西安、大荔、黄龙
红脚隼	隼科	国家Ⅱ级	眉县、西安、太白、定边、榆林、神木、潼关
灰背隼	隼科	国家Ⅱ级	榆林、延安
红隼	隼科	国家Ⅱ级	全省各地
血雉	雉科	国家Ⅱ级	洋县、宁陕、太白、佛坪、周至
红腹角雉	雉科	国家Ⅱ级	周至、太白、洋县、宁陕、佛坪、镇坪
勺鸡	雉科	国家Ⅱ级	周至、太白、佛坪、旬阳、洋县、陇县
白冠长尾雉	雉科	国家Ⅱ级	洋县、佛坪、宁陕、平利、西乡、镇巴、石泉、太白
红腹锦鸡	雉科	国家Ⅱ级	秦巴山区
灰鹤	鹤科	国家Ⅱ级	西安、汉中、榆林、渭南及渭河、汉江、黄河沿岸
蓑羽鹤	鹤科	国家Ⅱ级	汉江、渭河流域的城固、周至
红翅绿鸠	鸠鸽科	国家Ⅱ级	佛坪、太白、汉中、安康、周至、眉县、商洛
红角鸮	鸱鸮科	国家Ⅱ级	汉中、宁陕、南郑、镇坪
领角鸮	鸱鸮科	国家Ⅱ级	留坝、宁陕
普通雕鸮	鸱鸮科	国家Ⅱ级	全省各地
毛脚鱼鸮	鸱鸮科	国家Ⅱ级	镇坪、周至
雪鸮	鸱鸮科	国家Ⅱ级	户县
领鸺鹠	鸱鸮科	国家Ⅱ级	周至
斑头鸺鹠	鸱鸮科	国家Ⅱ级	汉中、汉阴、西乡、宁陕、镇巴、平利
鹰鸮	鸱鸮科	国家Ⅱ级	宁陕、安康、镇巴
纵纹腹小鸮	鸱鸮科	国家Ⅱ级	周至、略阳、宁陕、镇巴、南郑、定边、榆林、神木
灰林鸮	鸱鸮科	国家Ⅱ级	宁陕、南郑
长耳鸮	鸱鸮科	国家Ⅱ级	西安、洋县、长安、平利

（续）

名　称	科	保护级别	分布区域
短耳鸮	鸱鸮科	国家Ⅱ级	汉中、渭南
山瑞鳖	鳖科	国家Ⅱ级	平利、旬阳
大鲵	隐鳃鲵科	国家Ⅱ级	秦巴山区
川陕哲罗鲑	鲑科	国家Ⅱ级	汉江水系上游支流中
秦岭细鳞鲑	鲑科	国家Ⅱ级	汉江支流湑水河等、渭河支流（千河、黑河）
中华虎凤蝶	凤蝶科	国家Ⅱ级	华阴、长安、周至、太白、宁陕
阿波罗绢蝶	绢蝶科	国家Ⅱ级	未发现该种在陕西有分布
狼	犬科	省重点	全省各地
赤狐	犬科	省重点	太白、佛坪、南郑、商南、石泉、宁陕、汉阴、平利
沙狐	犬科	省重点	榆林、定边、靖边、神木
貉	犬科	省重点	榆林、延安、绥德、柞水、宁陕、洛南、汉阴、平利
豹猫	猫科	省重点	全省各地
猪獾	鼬科	省重点	秦巴山区各县及陇县
狗獾	鼬科	省重点	榆林、甘泉、镇安、延安、陇县、宁陕、富县、定边
鼬獾	鼬科	省重点	镇坪、平利、洋县
花面狸	灵猫科	省重点	秦巴山区
小麂	鹿科	省重点	安康地区、汉中地区
毛冠鹿	鹿科	省重点	秦巴山区
狍	鹿科	省重点	全省各地
草鹭	鹭科	省重点	石泉、长安
苍鹭	鹭科	省重点	全省各地
大白鹭	鹭科	省重点	渭河、汉江及其支流沿岸
小白鹭	鹭科	省重点	汉江、丹江、渭河流域、全省低山河谷沿岸和稻田
夜鹭	鹭科	省重点	周至、洋县、城固、勉县
豆雁	鸭科	省重点	渭河、无定河、汉江、黄河流域及北部长城风沙草滩区的内陆湖泊
斑头雁	鸭科	省重点	渭河、汉江及黄河沿岸
赤麻鸭	鸭科	省重点	汉江、渭河流域及定边、榆林、神木
翘鼻麻鸭	鸭科	省重点	汉江流域
斑嘴鸭	鸭科	省重点	渭河、无定河、汉江流域及黄河沿岸和北部长城风沙草滩区的内陆湖泊
绿头鸭	鸭科	省重点	汉江、渭河流域及定边等地

（续）

名　称	科	保护级别	分布区域
赤嘴潜鸭	鸭科	省重点	渭南、潼关
斑头秋沙鸭	鸭科	省重点	长安、潼关
彩鹮	彩鹮科	省重点	定边、周至、华县
红翅凤头鹃	杜鹃科	省重点	宁陕、汉阴
画眉	画眉亚科	省重点	秦岭及巴山山地
红嘴相思鸟	画眉亚科	省重点	秦岭南坡及巴山地区
三趾鸦雀	画眉亚科	省重点	太白、汉阴
酒红朱雀	雀科	省重点	太白、留坝、周至
白眉朱雀	雀科	省重点	定边、太白
赤胸灰雀	雀科	省重点	太白、佛坪
黄喉鹀	鹀亚科	省重点	遍布秦岭及巴山地区
蓝鹀	鹀亚科	省重点	周至、太白、宁陕
潘氏闭壳龟	龟科	省重点	平利、镇坪、旬阳
太白壁虎	壁虎科	省重点	太白
王绵蛇	油蛇科	省重点	秦巴山区
宁陕小头蛇	油蛇科	省重点	宁陕
闪鳞蛇	闪鳞蛇科	省重点	目前省内未发现
秦岭蝮	蝰科	省重点	太白、宝鸡、周至、户县、长安、宁陕、柞水
秦巴北鲵	小鲵科	省重点	周至、宁陕
小角蟾	锄足蟾科	省重点	洋县、平利
宁陕齿突蟾	锄足蟾科	省重点	宁陕
中国林蛙	蛙科	省重点	全省各地
斑腿树蛙	树蛙科	省重点	宁强
金裳凤蝶	凤蝶科	省重点	南郑、宁强
玉带凤蝶	凤蝶科	省重点	宁陕、石泉、汉中、勉县
金凤蝶	凤蝶科	省重点	宁强、略阳、南郑、汉中
宽尾凤蝶	凤蝶科	省重点	略阳、汉中、宁强、勉县
枯叶蛱蝶	蛱蝶科	省重点	宁强、略阳、汉中
蟾眼蝶	眼蝶科	省重点	彬县、永寿

第二节
社会经济状况

1 行政区划与人口、民族

陕西省设西安、铜川、宝鸡、咸阳、渭南、延安、汉中、榆林、安康、商洛10个地级市和杨凌农业高新技术产业示范区，有3个县级市，81个县和23个市辖区，共107个县级单位(表1-5)；908个镇，678个乡，159个街道办事处，共1745个乡级单元；27343个村民委员会，1523个社区委员会，共28866个村级单元。至2009年年底，全省总人口3762.0万人，比上年增长0.40%，人口自然增长率为千分之四点零八，比上年上升千分之零点零三。其中：男性1934.0万人，女性1828万人，男女比为105.79:100；人口密度183.0人/平方公里。全省人口中，从业人员2069.0万人，在岗职工人数332.0万人，职工年平均工资为25942.0元。城镇居民人均可支配收入为12858.0元，农村居民人均纯收入为3136.0元，城镇居民人均消费支出为9772.0元，农村居民人均生活消费支出为2979.0元①。

陕西共有汉、回、满、蒙古、朝鲜、维吾尔、苗、藏等27个民族，汉族约占99.6%，少数民族人口中以回族居多。

表1-5 陕西省行政区划表

地 市	县(市、区)名称
西安市	新城区、碑林区、莲湖区、灞桥区、未央区、雁塔区、阎良区、临潼区、蓝田县、周至县、户县、高陵县
铜川市	王益区、印台区、耀州区、宜君县
宝鸡市	渭滨区、金台区、陈仓区、凤翔县、岐山县、扶风县、眉县、陇县、千阳县、麟游县、凤县、太白县
咸阳市	秦都区、渭城区、三原县、泾阳县、乾县、礼泉县、永寿县、彬县、长武县、旬邑县、淳化县、武功县、兴平市
渭南市	临渭区、华县、潼关县、大荔县、合阳县、澄城县、蒲城县、白水县、富平县、华阴市
延安市	宝塔区、延长县、延川县、子长县、安塞县、志丹县、吴起县、甘泉县、洛川县、宜川县、黄龙县、黄陵县
汉中市	汉台区、南郑县、城固县、洋县、西乡县、勉县、宁强县、略阳县、镇巴县、留坝县、佛坪县
榆林市	榆阳区、神木县、府谷县、横山县、靖边县、定边县、绥德县、米脂县、佳县、吴堡县、清涧县、子洲县
安康市	汉滨区、汉阴县、石泉县、宁陕县、岚皋县、平利县、镇坪县、旬阳县、白河县
商洛市	商州区、洛南县、丹凤县、商南县、山阳县、镇安县、柞水县
杨凌区	杨凌区

① 陕西省统计局. 陕西统计年鉴2009[M]. 北京：中国统计出版社，2009.

2 交通、通信

陕西省地处我国内陆腹地，是连接西北、西南的天然枢纽。近十年来，实施西部大开发，经济建设飞速发展，交通、通信等基础设施有了很大改善。陕西省交通、通信网络基本形成，道路四通八达。

2.1 交 通

铁路：全省有13条铁路，西安火车站及其编组站构成西北最大的铁路交通枢纽，分别连接着中国的西北、西南、华东和华北。至2009年年底，铁路正线延展里程6266公里，省内营业里程3751公里，运输网密度0.02公里/平方公里。

公路：全省公路主骨架以西安为中心向东西南北呈“米”字形辐射，各级公路通车总里程131038公里。等级公路里程107618公里，其中：高速公路2466公里，一级公路719公里，二级公路6347公里，三级公路14744公里。公路网密度0.64公里/平方公里①。

经过陕西的高速公路有：G5(北)京—昆(明)高速，从禹门口—西安—汉中—宁强棋盘关；G65包(头)茂(名)高速，从陕蒙界—榆林—西安—安康—毛坝；G20青(岛)—银(川)高速，从吴堡—子洲—靖边—定边—王圈梁；G30连(云港)—霍(尔果斯)高速，从潼关—西安—宝鸡—牛背梁；G40沪(上海)—陕(西安)高速，从西安—蓝田—商州—丹凤—商南；G70福(州)—银(川)高速，从陕甘界凤永路口—长武—彬县—永寿—咸阳—西安—商州—山阳—漫川关；G7011十(堰)—天(水)高速，从陕鄂界的下卡子—安康—汉中—陕甘界的白水江。目前，G22青(岛)—兰(州)高速，从陕晋界—宜川—富县—陕甘界，已被纳入陕西省交通发展规划。除此之外，途径陕西的国道共有8条。

水路：截至2009年年底，内河航道里程1066公里，运输网密度0.01公里/平方公里。

航空：西安航空港咸阳机场是国家一级机场，也是西北最大的空中交通枢纽。现开通国内外航线352条，通航城市129个，通航里程711624公里②。

2.2 通 信

中国电信、铁通固定电话全省覆盖，中国移动、中国联通两大运营商网络全省覆盖。固定电话用户8812380户，小灵通用户1534928户，移动电话用户19122464户，数字数据用户6587户，国际互联网用户2351717户；平均每百人拥有固定电话23.40部，每百人拥有移动电话数50.80部。此外，有线电视、数字化电视使用在县城以上城市普及。

3 经济发展及工农业生产情况

2009年，陕西省工农业总产值9629.60亿元，其中：工业总产值8348.86亿元，占工农业总产值的86.7%，农林牧渔业总产值1277.86亿元，占13.3%；林业产值41.47亿元，占工农业总产值的0.4%。全省国民生产总值6851.32亿元，第一产业753.72亿元，占生产总值的11.0%；

---

①② 陕西省统计局. 陕西统计年鉴2009[M]. 北京：中国统计出版社，2009.

第二产业 3842.08 亿元，占生产总值的 56.1%；第三产业 2255.52 亿元，占生产总值的 32.9%；人均生产总值 18246 元。

陕西省经济发展有以下特点：

(1)经济快速平稳增长。2004~2009 年，全省生产总值增速均保持在 13% 左右；经济发展的协调性进一步改善，煤、电、油运供求紧张状况明显缓解；经济增长的内在素质提高，优势行业快速增长，固定资产投资的资金构成进一步市场化。

(2)区域协调发展势头强劲。关中地区装备制造业、高新技术产业增势迅猛，会展经济蓬勃兴起，现代服务业快速增长，“一线两带”辐射带动作用明显增强，保持了率先发展的好势头。陕南以交通为重点的基础设施建设取得重大进展，现代中药、生态旅游等绿色产业快速发展，进入工业化和城市化的加速期，呈现出若干重点领域突破发展的新趋势。陕北能源化工基地的建设卓有成效，建成和开工一批重点项目，特别是拥有我国自主知识产权的 DMTO 工业化项目试验成功和工业示范项目的奠基，对陕北能源化工基地建设以至全国煤化工产业发展具有里程碑意义，陕北进入跨越发展的新时期。

(3)节能降耗和环境保护力度加大。落实节能降耗责任，加大检测检查力度，单位生产总值能耗明显下降。实行严格的环保制度，强化硬指标约束，成为全国实现减排目标的少数省份之一。创建卫生城市力度加大，美化绿化效果明显，大气质量持续好转。绿色正在成为三秦大地的主色调，再造一个山川秀美的新陕西正在变为现实。

(4)社会事业发展迅速。坚持公共教育资源向农村倾斜，全面落实“两免一补”政策，农村学生无网络服务能力提升工程全面启动，城市社区卫生服务覆盖面不断扩大。加快公益性文化建设步伐，实施文化遗产保护工程。加强农村“两馆一院一站一室”建设，高速公路通车总里程居西部第二位。调整最低工资标准，在全国率先实施农村居民最低生活保障制度，加大廉租房建设力度，一大批中低收入家庭改善了居住条件。药品、食品、卫生监管等工作全面加强，一些影响人民群众身体健康的问题正在得到解决。

4　湿地文化

4.1　湿地文化内涵

湿地一词源自英文 wetland，意即“潮湿的土地”。关于湿地的概念，目前最流行的是广义的说法，即地球上除海洋(水深 6 米以上)外的所有水体都是湿地。它有多种类型，河流、湖泊、沼泽、滩地、水库、水稻田等都属于湿地。它们共同的特点是表面常年或经常覆盖着水或充满着水，水是湿地的灵魂。

《全国湿地资源调查技术规程》中，对湿地的定义是指天然的或人工的，永久的或间歇性的沼泽地、泥炭地、水域地带，带有静止或流动、淡水或半咸水及咸水水体，包括低潮时水深不超过 6 米的海域。

湿地是孕育远古文明的源地，它给予了人类恩泽与馈赠，是人类不断繁衍生存的最基本条件。在人类长期生存繁衍中，湿地拥有了独特的文化价值，从而形成了丰富多彩的湿地文化。

湿地文化是指人们在利用湿地、改造湿地的过程中，创造出来的所有物质财富和精神财富的总和。其特点主要表现在：多样性和包容性。

湿地物种具有多样性，它蕴藏着丰富的物质资源，我国著名的水稻专家袁隆平发明的杂交水稻，其中一个遗传材料是采自海南省的湿地野生稻。湿地多样性是湿地充满活力的前提。

同样，湿地文化也具有多样性。从表现形式上看，湿地文化通常可分为物质的和精神的两种形态。其中物质文化是指源于湿地之中客观存在的物质实体，如水车、水井、船舶等生产生活用具，水田耕作技术等，它与湿地环境的关系非常密切。精神文化是指在物质文化的基础上形成的观念等意识形态文化。如吴侬软语、山水绘画、乡村音乐、观荷纳凉风俗、粉墙黛瓦建筑风格，等等，它与湿地环境的关系相对疏远，具有一定的稳定性。

湿地文化作为人类的创造物，它是与时俱进的，是不断发展变化的。在不同的历史时期，湿地文化表现出不同的特征。如苏州湖东湿地，在新石器时期有崧泽文化和良渚文化，在吴越时期表现为吴文化，在明清时期以水乡文化、园林文化为代表，在现代城市化进程中，湿地正在逐步缩小，并点缀在蓬勃发展的高楼林立之中，形成了现代湿地景观文化。这种多姿多彩的文化，构成了湿地文化从传统到现代的完整序列。

湿地文化的多样性还意味着差异性和独创性，因此各种湿地文化相互包容、交融，相互补充、借鉴，才能保证人与湿地融合带来的财富不断得到延续，才能使湿地文化充满活力和生命力，才能形成现代湿地文化的交相辉映、绚丽多彩。

4.2 陕西湿地文化

陕西省湿地文化内容丰富、特色鲜明。黄河是中华民族的母亲河，经过亘古不息的流淌，孕育出世界最古老、最灿烂的黄河文明。历史上的陕西，曾经长时期作为中国政治、经济和文化中心，更被誉为中华文化的摇篮。中华民族的始祖之一炎帝(神农氏)，在黄河渭水之边教人们播种收获，开创了我国历史上著名的农耕文化。

汉江和嘉陵江流域是巴蜀文化的重要分布区域，人们在江河之滨撒网捕鱼、播种插秧，孕育了区域独特的水乡文化。

陕西境内有很多与湿地文化有关的湿地人文资源。

4.2.1 壶口瀑布

黄河陕西段从榆林市的府谷县开始到渭南市的潼关县为止，全长715.6公里，全部处于晋陕大峡谷内。黄河在晋陕大峡谷区间，增加泥沙量占全黄河沙量的92%，而增水量占黄河水量的42.5%。其独特的地理环境孕育了特有的人文景观，其中最有名的当属壶口瀑布、龙门和潼关。

黄河在峡谷中行于陕西宜川县与山西吉县相对处，河面由250~300米宽，骤然收窄到30~50米宽，河水聚拢，收束为一股，跌落30米左右的悬崖，由此形成全国第二大瀑布——壶口瀑布。古籍《书·禹贡》曰：“盖河漩涡，如一壶然”，壶口即因此而得名。《古今图书集成》谓：“山西崖之脚，尽受黄河之水，倾泻奔放，自上而下，势如投壶。”有传说壶口是公元前2140年大禹治水时凿石导河之处，《水经注》即记载：“禹治水，壶口始”。

壶口主瀑布宽40米，落差30多米，瀑布涛声轰鸣，水雾升空，惊天动地，气吞山河，奔腾呼啸，跃入深潭，溅起浪涛翻滚，形似巨壶内黄水沸腾。巨大的浪涛，在形成的落差注入谷底后，激起一团团水雾烟云，景色分外奇丽。与瀑布相关的景观还有“千米龙槽”“水里冒烟”“长虹卧波”“旱地行船”等。1988 年被确定为国家重点风景名胜区，1991 年被评为“中国旅游胜地四十佳”，2002 年，晋升为国家地质公园。

抗日战争时期(1938 年 9 月)，诗人光未然写下了不朽的诗篇《黄河》，冼星海为诗谱曲，就此诞生了享誉中外的《黄河大合唱》。“风在吼，马在啸，黄河在咆哮，黄河在咆哮……”，一首黄河大合唱，唱出了黄河的风采，更唱出了中华民族战无不胜、奋发图强的英雄气概。壶口瀑布既是黄河的象征，更成了中华民族不惧艰险、勇于开拓、勇往直前的精神象征。

4.2.2　龙　门

龙门位于韩城市北 30 公里龙门镇境内的黄河峡谷出口处，此处两岸悬崖相对如门，传说唯“神龙”可跃，故称“龙门”。相传为大禹治水所凿，因而又称禹门口，流传“鲤鱼跳龙门”的故事就源于此。这里形势险要，两岸断崖绝壁，犹如刀劈斧削。左岸的龙门山与右岸的梁山隔河对峙，使河宽缩至 80 米左右，形如闸口，扼黄河咽喉，滚滚河水夺门冲出，气势磅礴。河水出龙门，河道即变宽，在 10 公里宽的河道中缓缓流动，弥漫浩渺。

有诗描绘：“禹门三级浪，平地一声雷。”诗人李白留有“黄河西来决昆仑，咆哮万里触龙门”的绝唱；据《名山记》载：黄河到此，直下千仞，水浪起伏，如山如沸。此地两岸悬崖断壁，地势险要。该地自古为晋、陕交通要隘，是兵家必争之地。

4.2.3　潼　关

潼关位于陕西省渭南市潼关县北，北临黄河，南踞山腰。黄河在此地由南北向转了个急转弯，折而向东，离开陕西进入河南境内。《水经注》载：“河在关内南流潼激关山，因谓之潼关。”

潼关地处秦、晋、豫三省交界处，是连接西北、华北、中原的咽喉要道，其地理位置具有战略意义。南有秦岭屏障，北有黄河天堑，关隘当险而立，史称“畿内首险”，是“三秦镇钥”。潼关关隘始建于东汉建安元年(196 年)，自汉末设县至今已有两千多年历史了。它是关中的东大门，历来为兵家必争之地。

潼关自古就是人类繁衍生息所在，传说中女娲抟土造人就是在此地。《水经注》载：“女娲陵在潼关东门外三华里左右的黄河岸边，且建有女娲祠”；黄河渭河在此交汇，因其黄河水黄、渭河水蓝，故在交汇后的黄河段形成了罕见的黄蓝两色河水奇观。

潼关胜景唐代大诗人李白有诗赞云：“君不见黄河之水天上来，奔流到海不复回……”，其他古人也有咏颂潼关的佳句“黄河挂北龙”“黄河九曲抱冲关”等，“不到黄河心不甘”的民间传说故事，使潼关魅力更加传神。

4.2.4　乾坤湾

天下黄河九十九道弯，在延川境内形成的五道大弯被统称为河曲，其科学名字为蛇曲。蛇曲是被河流冲刷形成的像蛇一样蜿蜒的地质地貌。延川黄河蛇曲是如今中国干流河道蛇曲规模最大、最好、最密集的蛇曲群，是罕见的景观。它由北而南地延伸，依次是：漩涡湾、延水湾、伏寺湾、乾坤湾、清水湾。

乾坤湾位于延川县城南 53 公里的土岗乡大程、小程村和伏义河村一带。黄河这条流淌了 160 万年的母亲河，在流经此处时，形成了一个“S”形大转弯，构成了一幅天然太极图，是黄河古道秦晋峡谷上一大天然景观，也是黄河古道上一道壮观亮丽的风景线。

2005 年，乾坤湾通过了国土资源部的审查，批准为第四批国家地质公园。

乾坤湾奇特的景观，留下了一个古老的神话。相传远古时，太昊伏羲氏在这里“仰则观象于天，俯则观法于地，观鸟兽之文与地之宜，近取诸身，远取诸物，于是始作八卦，以通神明之德，以类万物之情”。

在大湾的左河道中，托起一块鞋状的沙丘，人称鞋岛，是黄河中少见的在河之洲。这里水鸟翔集，成为鸟类的天堂，没有人为的干扰。至今，鞋岛鸟的种类仍是一个未知数，有待专家考察。再细看乾坤亭，地下是用大石铺成的阴阳太极图，和山下的乾坤湾相对应。亭柱上刻着两行大字：“天地造化乾坤湾，羲皇推演太极图”。传说，伏羲先祖在乾坤湾仰观天象，发明了太极八卦阴阳学理论。后人在此观光朝祖，祈拜求福。相邻的清水湾，具有同样奇特的神秘色彩。它像盖在黄河上的一顶硕大的草帽，景观很美。据说清水湾是大禹生活过的地方。

4.2.5 处女泉

距离陕西省合阳县城东20公里的黄河之滨，有一块黄河流域最大的河流湿地，名曰洽川湿地(属陕西黄河湿地省级自然保护区的一部分)。湿地北接司马迁祠，南望西岳华山，面积165平方公里。“万亩芦荡，千眼神泉，百种珍禽，十里荷塘，一条黄河，秦晋相望”是洽川湿地的真实写照。

湿地内的七处瀵泉天下独有，分别是处女泉、夏阳瀵、王村大、小瀵、渤池瀵、熨斗瀵、西鲤瀵。瀵水温度常年保持在29～31℃，泉水含有人体需要的氮、磷、钾、锶、铜等多种微量元素，经常洗浴，可以祛病健身，益寿延年。“瀵”在《新华字典》中为此专用。瀵泉边绿柳成荫，红荷映日，沐浴垂钓，游人如织，湖光山色，景色迷人，素有“小江南”之美称。

七泉中以“处女泉”最为神奇，泉水常年温度保持在31℃，冲力极大，人入水不沉，清波荡漾，鱼翔浅底，泉涌沙动，如绸拂身，有“沙浪浴”之美誉，是名副其实的“华夏一绝”。其得名来源于当地一个古老的民俗，传说周文王的母亲在出嫁前由姊妹陪伴到该泉洗浴净身。在幽静的黄河滩涂之中，在中华民族母亲河的怀抱里，在飘浮着白云的蓝天下，茂密的芦苇围成一道天然屏障，用清纯的泉水洗去姑娘满身的尘土和疲劳，光彩照人地去迎接人生的幸福时刻，泉由此而得名。也许是得益于处女泉灵气的滋润，洽川自古多美女、才女，如周武王之母太姒人，清代女诗人雷敬儿(史夫人)的故里都在洽川。据载，大禹的母亲、成汤的妃子和周文王的母亲太妊也都是洽川人。中国第一部诗歌总集《诗经》的开篇之作《关雎》中所描写的“关关雎鸠，在河之洲，窈窕淑女，君子好逑”说的就是此地，生动地描写了周文王和太姒人定情、迎娶的场面。洽川曾有“四圣母庙”，供奉禹母、汤妃、太妊、太姒人四圣母，是洽川独有的庙宇。

夏阳瀵是七眼瀵泉的“大哥大”，因在夏阳村东北而得名。其流量居洽川瀵泉之首，每秒钟达0.76立方米。昔日群众用来浇地至朝邑(今大荔县东)，官府也曾设员跨马巡渠，故又名“马瀵”。夏阳瀵南侧，是著名的“夏阳渡”，也称“木罂渡”或“淮阴渡”，即汉淮阴侯韩信木罂渡黄河，活捉魏王豹的遗址。西塬畔有“韩信城”“齐王坪”遗址。夏阳瀵周围丛生的芦苇，开阔的水面，一望无垠、美丽的天鹅湖，更是镶嵌于芦苇荡中的一颗璀璨的明珠。它不仅是大天鹅、丹顶鹤、鸳鸯等珍稀鸟类觅食和栖息的天堂，更是以其郁郁葱葱的一簇簇芦苇，形成一道道天然、严实的屏障，曲曲折折、迂回的水路常令乐不思蜀的游人迷惑了靠岸的方向。

清乾隆三十四年，关中名士许秉简在《洽川记略》序言中称“洽阳古莘园地，山有飞浮之异，水有神瀵之奇，大河浩荡，又自龙门环绕之，人烟辐辏，庐舍之屯，花鸟航舟之胜，不殊楚越，盖名区也。以故古帝高辛殒于斯，有商阿衡耕于斯，三代圣母诞于斯，子夏设教志于斯，达摩西游憩于斯，其他学士、大夫、孝子、贞节延于斯者，累代不绝。”

20世纪30年代著名散文学家王鲁彦赞叹洽川是“冬天里逃出来的春天”。原陕西省省长程安东对洽川湿地赞誉有加，为它题词“黄河中游一奇观”。

4.2.6 渭河流域文化

渭河是黄河的最大一级支流，发源于甘肃省渭源县鸟鼠山，东至陕西省渭南市潼关县汇入黄河，流域范围主要在陕西省中部。《山海经·海内东经》记载：“渭水出鸟鼠同穴山，东注河，入华阴北。”

渭河在陕西境内长502.4公里，流域面积为67108平方公里，占陕境黄河流域总面积的50%。有泾河、洛河等支流。中、下游渠道纵横，自汉至唐，皆为关中漕运要道。

渭河俗称陕西人民的母亲河、三秦儿女的生命河，渭河流域是中华民族最早的发祥地之一，是中国古代文明和政治中心，渭河文化可谓历史悠久，灿烂光辉，文化积淀很深。

渭河流域融汇了仰韶文化、二里头文化、齐家文化、马家窑文化、龙头山文化、梁家坪文化、张家坪文化、暖泉山文化以及半坡文化等古老文化，从传说中的舜、尧、大禹、华胥氏、伏羲氏、炎帝神农氏和黄帝，到战国时期的秦国，无不在渭河流域留下印记。

全国统一政权九个朝代中，渭河流域就占周秦汉隋唐五个朝代，西周文化、秦代文化、西汉文化、隋唐文化是中华文化艺术的几个高峰。西安作为世界四大古都之一，都城时间达1100多年。中华人文初祖炎帝、黄帝皆出于渭河流域，其他历史人物有周文王、周武王、周公旦、姜太公、秦始皇、汉武帝、唐太宗李世民、武则天、白起、李广、司马迁、苏武、班固、白居易、杜甫、孙思邈、颜真卿、柳公权、范仲淹等不胜枚举。

渭河流域历史文化遗迹众多，秦都城遗址及汉都城遗址；大唐皇城遗址；迄今保存最完整的古城墙；以供奉佛骨舍利闻名于世的法门寺是唐朝皇家寺院和世界佛教文化的中心；规模宏大的秦始皇陵以及世界第八奇迹的兵马俑和工艺绝伦的铜车马；气势宏伟的乾陵和昭陵以及其他沿渭河阵列的历代皇帝陵；五岳以险峻著称的华山；中华第一陵的黄帝陵等。其他著名文物古迹有：烽火戏诸侯骊山遗迹，炎帝活动过的天台山，著名道人张三丰主持修道的金台观，典雅秀丽的五丈原诸葛亮庙，姜子牙隐居垂钓的钓鱼台，雄伟壮观的周公庙，隋唐帝王皇家温泉汤峪温泉等。丝绸之路从这里走向西方，1936年发生震惊中外的西安事变都与渭河流域这块神奇的地方有关。此外蓝田猿人遗址、半坡遗址、西周车马坑、魏长城、灞陵桥、泾川县王母宫、合水县黄河古象化石等。民间艺术更是多姿多彩，独具一格。皮影、木偶、秦腔、剪纸、刺绣、社火、脸谱、泥塑、草编等都始终散发着周秦文化的遗风古韵，闪烁着中华文明的奇光异彩。

随着现代社会环保意识逐渐增强，国家投资力度增加，渭河生态环境日益好转，昔日的“渭水银河清，横天流平息”“一河清波、两岸绿色、鱼翔浅底、鸟语花香”“泾渭分明”“八水绕长安”的美景将重新再现。

4.2.7 八水绕长安

长安是西安的古称，从西周到唐代先后有二十一个王朝及政权建都于长安，总计建都时间超过1200年，是中国历史上影响力最大、建都时间最长、建都数量最多的都城。西安能够成为历代古都，除了凭借关中平原的地理优势之外，西安四周河流密集、水源充足，也是重要原因。

汉代长安城周围，共有8条河流，分别是泾水、渭水、灞水、浐水、沣水、滈水、潏水和涝水，均属黄河水系。泾水、渭水在长安北面，灞水、浐水贯穿东面，潏水、滈水绕过城南，沣水、涝水流经西面。西汉文学家司马相如在著名的辞赋《上林赋》中写到“荡荡乎八川分流，相背而异态”“八水绕长安”由此而来。

唐代的长安城仍被河流环绕，引清明渠、龙首渠等入城后出现山水园林荟萃景观，“八水绕长安”遂成为盛唐长安的专指。唐代由于河流改道，长安城南的潏、滈二水，交汇流入澧水，潏、滈、沣诸水形成一个庞大的人工湖泊——昆明池，这些河流、湖泊不仅为长安提供充足的水源，又对改善长安环境和调节长安的小气候，起到一定作用。

长安城东的灞河古名滋水，春秋时秦穆公称霸西戎后称为灞水。秦汉时曾在灞河上架有木桥，名曰“灞桥”。据《西安府志》记载，灞桥两岸，筑堤五里，栽柳万株，游人肩摩毂击，为长安之壮观。唐朝时候，在灞桥设有驿站，称作“灞亭”，人们多在此处迎送宾客，依依话别，并折下枝头柳枝相赠。“柳”者，留也！久而久之，“灞桥折柳赠别”变成了一种特有的习俗。每年三月，柳絮漫空飞扬，灞水、灞柳、灞亭，何其美哉，灞柳身为长安八景之一“灞柳风雪”即由此而来，无数文人墨客为之倾倒。

长安八景中就有三景与湿地有关。

咸阳古渡：长安八景之一。“咸阳古渡几千年”，就是咸阳的渭河渡口，横贯关中的渭河，从古秦都咸阳旁边流过。古桥遗迹，在隐没数百年后数年前重现人间。据咸阳地方志记载，“咸阳古渡”建筑于明嘉靖年间，渡口处建有一座木桥，通陇通蜀，过客众多，为秦中第一渡。“咸阳古渡”为古长安通往西北西南的咽喉要道，处于十分重要的地理位置。木桥遗址的发现，为研究明清时期西北地区的交通、经济、军事，以及渭河流域的桥梁建筑提供了一个重要的物证。

有诗云：“朔风漫舞万旌旄，别泪频摧杨柳凋。匹马征伐西域近，皇恩宣抚吐蕃遥。思乡蔡女尝为客，种树左君不事樵。孑孑艄公看古渡，几回清梦入唐朝。”说的正是“咸阳古渡”。

曲江流饮：长安八景之一。曲江流饮，曲江池位于西安市南郊、距城约5公里。它曾经是我国汉唐时期一处极为富丽优美的园林。常年的曲江池，两岸楼台起伏，宫殿林立，绿树环绕，水色明媚。每当新科进士及第，总要在曲江赐宴，新科进士在这里乘兴作乐，放杯至盘上，放盘于曲流上，盘随水转，轻漂漫泛转至谁前，谁就执杯畅饮遂成一时盛事，“曲江流饮”由此得名。

有诗云：“碧水盈池万丈深，轻摇折扇卧听琴。胡姬把盏蛮腰细，士子吟哦笔墨沉。金鲤化龙凭好句，魁星点斗掷黄金。君王赐酒一杯醉，斜荡小舟入柳荫。”是对“曲江流饮”的生动写照。

灞柳风雪：长安八景之一。灞桥位于西安城东12公里处，是一座颇有影响的古桥。早在秦汉时，人们就在灞河两岸筑堤植柳，阳春时节，柳絮随风飘舞，好像冬日雪花飞扬。自古以来，灞水、灞桥、灞柳就与送别相关联。唐朝时，在灞桥上设立驿站，凡送别亲人与好友东去，多在这里分手，有的还折柳相赠，唐时就有“都人送客到此，折柳赠别因此”的风气，为文人骚客所乐道。因此，曾将此桥叫“销魂桥”，流传着“年年伤别，灞桥风雪”的词句，“灞桥风雪”从此被喻为“关中八景”之一。

有诗云：“三春飞絮滚涛来，别泪轻挥莫自哀。市井徘徊知累苦，书斋消磨造梁材。左迁可赋滕王阁，戍守犹吟镇北台。帝阙长辞天地阔，东风何处不花开。”正是对“灞柳风雪”的真实描写。

4.2.8　泾渭分明

渭水是黄河最大的支流，发源于甘肃，经陕西而入黄河；泾水又是渭河的支流，发源于宁夏。二水在西安市高陵县船张村相汇。“泾渭分明”这一家喻户晓的成语即源出泾渭两河交汇处。说的是在泾水、渭水相会合处，清浊分明，分界清楚而不混，用以比喻界限清楚。古人认为是泾水浊而渭水清的。这据考证，唐代诗人杜甫的《秋雨叹》中：“浊泾清渭何当分”，大概是这则成语的雏形了。那么，现在还能不能在两河交汇处见到清水浊水同流一河、互不相融的景观呢？仍然是可以的。但是，当我们来到二河汇合的地方，看到的却是渭水浊于泾水。许多专家亲赴实地考察，看到的也是泾清渭浊的现象。

因此将这一成语解释为：“泾河水清，渭河水浑，泾河流入渭河时，清浊不混。”有人还就此撰文，认为是古人搞错了，应该是泾清而渭浊。这到底是怎么回事？难道真的是古人错了吗？实际上，从流经的地域来看，渭水自甘肃乌鼠山流经陕西入黄，流经的是关中平原、八百里秦川之地；而泾水全程流经的是黄土高原，是水土流失严重的地区。就河水含沙量而言，应该是泾水大于渭水的。据统计，目前泾河平均每年向渭河输送 3.04 亿吨泥沙，平均含沙量为每立方米 196 公斤；在未纳入泾河之前，渭河平均每年输送泥沙 1.78 亿吨，平均含沙量每立方米 26.8 公斤。从数字上看，还是泾浊渭清，尤其在枯水季节。但是，由于渭河流经地区土壤所含矿物成分的原因，当渭河含泥沙量达到每立方米 10 公斤时，水色便呈赤黄色了。从表面上看，泾渭分明的自然景观仍然存在，但已是渭水水色深于泾水了。因此，并不是古人搞错了，这是后人人为对环境造成的影响，不能不引起重视。

2001 年，经陕西省省长办公会议通过，西安泾渭湿地获准成为省级自然保护区。保护区位于西安市区以北 20 公里处，建设范围包括灞桥、未央和高陵两区一县的灞桥、泾河、渭河交汇区域，总面积 6352.7 公顷，是典型的温暖半湿润区河流湿地景观，以水禽及其湿地生态系统为主要保护对象，这将对改善西安市的生态环境产生巨大影响。

4.2.9　汉城湖

汉城湖位于西安市城区西北部，蓄满水的湖面最宽处 80 米，最窄处 30 米，水深 4 ~6 米，湖面总面积 850 亩，总湖容 137 万立方米，湖区及其周边以水文化和汉文化为主题的园林景观总面积 1031 亩，是集防洪安保、园林景观、水域生态、文物保护和都市农业灌溉为一体的国家水利风景区。

汉城湖原为团结水库，由西库、中库、东库及团结库四个水库组成，西边紧邻汉长安城遗址。据史料记载，在汉代，这里是长安城的护城河及漕运河道，西起今西安三桥车刘村，北至郭家村，负责当时京城的货物运输和城市安保。当时的河岸风景秀丽，每到春季，许多王公大臣都在岸边踏青游玩。

1951 年 12 月西安市城建局利用汉长安城护城河遗址在大白杨、李上壕、李下壕建设污水沉淀池，库容 35 万立方米。经过扩建续建，至 1971 年，库容已经达到了 200 万立方米。当时，水库里的水较清，周围群众还经营养鱼业，人们在此游泳、垂钓，一到晚上，更是乘凉的好地方。水库原设计是以调蓄、沉淀、氧化处理城市污水为主，承担着兴庆湖、护城河、老城区和西北郊部分区域的城市排污、雨洪排泄任务，下游通过漕运明渠排入渭河，是西安市城市排洪系统的重要组成部分。一直以来，团结水库为城郊农业发展、城市防洪行洪、污水氧化净化起到了积极作用。2005 年，西安市决定把团结水库及其周边打造成汉城湖国家水利风景区，并于 2011 年建成向全民开放。

4.2.10 千渭之会

千渭之会是指现今宝鸡市境内的千河与渭河交汇区域地带，也是一个历史地理概念。古时候的“汧渭之会”是秦国由西垂进入关中建立的第一个国都，地属宝鸡市，是华夏始祖炎帝的诞生地，也是周秦王朝的发祥地。“汧渭之会”后演变为“千渭之会”。

早在 4000 多年前，千渭之会就水草丰茂，是周、秦氏族繁衍活动的主要区域，大量的诗词都描写了此处优美秀丽的自然景观。《诗经·国风·秦风》中《蒹葭》记载“蒹葭苍苍，白露为霜。蒹葭萋萋，白露未晞。蒹葭采采，白露未已”“所谓伊人，在水一方”所描述的就是千河曾经美丽的风景。《诗经·车邻》有“……阪有漆，隰有栗。阪有桑，隰有杨”的描述。《史记·秦本记》：“三年(公元前 763 年)，文公以兵七百人东猎。四年，至汧渭之会”，记载了秦人由秦邑东迁至千渭之会新都邑的历史。唐代诗人王维《清溪》诗中“漾漾泛菱荇，澄澄映葭苇”，均是当时宝鸡千渭之会一带水草浩渺、湿地掩映的自然景色记载和描写。“千渭之会”曾经是秦人为周天子牧马之地。秦人因养马有功，被周天子赐以封地，世代努力，不断崛起壮大。秦文公在这里完成了由落后游牧经济向先进农耕经济的转变，为秦国的迅速发展奠定了雄厚的基础。秦国在宝鸡地区发展达 400 年，之后入主中原，问鼎天下。因此千谓之会是秦国发展史上的一个里程碑，宝鸡成为秦发祥之地，奠定了秦完成统一大业的政治和经济基础。

现今，千渭之会是宝鸡市生态环境建设的重要区域，是渭河综合治理工程的重要节点，是宝鸡未来城市中心地带，生态区位极其重要。2013 年，经国家林业局批准进行陕西千渭之会国家湿地公园建设试点，届时，又一个具有鲜明湿地文化特征的千渭之会国家湿地公园将会诞生于秦地渭水之滨。

4.2.11 郑国渠

郑国渠始建于公元前 246 年(秦王政元年)。秦王嬴政刚即位，韩桓惠王为了阻止秦国侵略，诱使秦国把人力物力消耗在水利建设上，派水工郑国到秦国执行“疲秦”之计，劝说秦国修建一个规模宏大的灌溉工程。秦王采纳了建议，并由郑国主持修建大型灌溉渠，经过十多年的努力，全渠完工，建成后命名为“郑国渠”。

郑国渠是以泾水为水源，西起仲山西麓谷口(今陕西泾阳西北王桥乡船头村西北)，利用西北微高、东南略低的地形，渠的主干线沿北山南麓自西向东伸展，流经今泾阳、三原、富平、蒲城等县，最后在蒲城县晋城村南注入洛河。干渠总长近 150 公里。沿途拦腰截断沿山河流，将冶水、清水、浊水、石川水等收入渠中，以加大水量。

工程实施中，秦王发现了韩国图谋，问罪郑国。郑国为自己脱罪：“始臣为间，然渠成亦秦之利也。臣为韩延数岁之命，而为秦建万世之功。”(《汉书·沟洫志》)秦王认为郑国所说有道理，仍让他负责建设。

郑国渠建成后，大大改变了关中的农业生产面貌，在关中平原北部，泾、洛、渭之间构成密如蛛网的灌溉系统，使干旱缺雨的关中平原得到灌溉，经济、政治效益显著。秦国征服诸侯一统天下也有郑国渠的一份功劳。《史记》《汉书》都说：“渠就，用注填阏之水，溉舄卤之地四万余顷，收皆亩一钟。于是关中为沃野，无凶年，秦以富强，卒并诸侯，因命曰郑国渠。”

4.2.12　南泥湾九龙泉

南泥湾是中国农垦事业和延安精神的发源地。南泥湾湿地(图 1-3)处于汾川河源头，湿地除了具有陕北黄土高原丘陵沟壑区罕见的人工稻田湿地以及永久性河流、库塘等湿地资源特点外，还承载了重要的历史文化内涵。主要包括红色文化、民俗文化等，核心内容即为“自力更生、艰苦奋斗”的南泥湾精神，是延安精神的重要组成部分，具有极为重要的历史文化价值。湿地区域内有毛主席视察南泥湾旧居、九龙泉、南泥湾大生产展览馆、八路军炮兵学校旧址、七一八团烈士纪念碑等红色旅游景点。民俗文化包括南泥湾的窑洞文化、秧歌、腰鼓、剪纸、民歌、唢呐等。

图 **1-3**　南泥湾湿地(温润泉摄)

1941 年，抗日战争最艰苦阶段，为摆脱困境、战胜敌人的封锁，党中央和毛泽东同志号召边区军民积极开展大生产运动。驻扎在南泥湾的八路军第三五九旅奉命开赴南泥湾屯田垦荒，在“一把镢头、一支枪，生产自给保卫党中央”的口号下，指战员披荆斩棘，艰苦奋战，实行战斗、生产、学习三结合，战胜了重重困难，把一个荒无人烟的南泥湾，变成了到处是庄稼、遍地是牛羊的“陕北的好江南”，成为全军大生产运动的一面光辉旗帜，也同时创造了宝贵的南泥湾精神。为缅怀英勇牺牲烈士，在南泥湾镇九龙泉村建有三五九旅烈士纪念碑。

毛泽东曾于 1943 年 10 月和任弼时、彭德怀等中央领导视察了南泥湾。当时居住于南泥湾管理处机关驻地镇阳湾村，现在旧址留有一排 5 孔土窑洞，坐北朝南，窑前有木构穿廊。

在南泥湾镇中心建有南泥湾大生产展览馆，新馆建筑面积 5500 平方米，使用面积 4500 平方米，馆中陈列的 1000 多幅历史照片和 800 多件革命文物，按历史顺序分列 11 个单元，400 多米长的展览馆大厅，记录了革命年代共产党人开展大生产运动真实场景。

九龙泉位于南泥湾湿地西南 7.5 公里处的崂山东麓，因泉水分九股流注而得名。九龙泉是汾川河(又名云岩河)发源地附近的一个常流泉，清澈的泉水分九股注入附近的若干池塘，又汇入新修的渠道，溪流终年不息。泉水上方修有亭子一座，周围松柏、果木成行，景色别致。此处还建有抗日烈士纪念碑一座，碑上有毛泽东同志的亲笔题词。

4.2.13　无定河流域的桃花水

无定河，古称生水、朔水、奢延水。黄河一级支流，发源于榆林市定边县白于山北麓，上游叫红柳河，流经靖边新桥后称为无定河。全长 491 公里，流域面积达 30260 平方公里，流经定边、靖边、米脂、绥德和清涧县，沿途纳榆溪河、芦河、大理河、淮宁河等支流，在清涧县河口注入黄河。无定河跨越长城内外，河流出入沙漠，平时河水澄澈，颇有塞北江南景色，宋代诗人苏轼有“应知无定河边柳，得其江南雪絮春”的诗句。

早在若干万年以前，它就哺育了陕北大地最初的告别树上生活的先民，让他们在自己的庇佑下去繁衍生息，去创造开拓。1922 年，法国天主教神父，地质生物学家桑志华，首次在这里发现了一颗河套人的门齿，此后我国考古学家又多次亲临实地考察。发掘出的大量文物证明，早在35000 年前，“河套人”就在这里生活着。20 世纪 40 年代，我国旧石器时代考古学家裴文中在他的一部专著中首先使用了“河套人”和“河套文化”这两个中文概念。这样，在无定河畔沉睡了几万年的“河套人”“河套文化”，终于被昭示在历史发展的长河中，在人类文明史上放射出了夺目的光辉。

新中国成立后无定河得以舒展它的美丽，经过对无定河流域治理，建设水电站，营造高产良田。现在整个无定河流域，桃红柳绿，碧水映日，林茂粮丰，香飘四季，人称“塞外小江南”。

榆溪河为无定河最大支流，又名榆溪、榆林河、西河，古称帝原水、明堂川。源出榆林市北刀免海子附近的泉水，南流纳漩河，西纳圪求水，东纳四道、三道河，又西纳白河水，在普济桥南北，分别纳二道、头道河水，再向南绕威严耸立的镇北台，入边墙，穿红石峡，过榆林城西，南有榆阳河、沙河、西沟注入，至鱼河堡汇入无定河。河水靠地下水补充，属中矿化度水，河水清澈，周围泉流较多，榆林城内普惠泉水甘甜，俗称“桃花水”。

桃花水又名普慧泉，这一股闻名遐迩的泉水，完全可以与庐山的聪明泉、大理的蝴蝶泉、济南的趵突泉、杭州的虎跑泉相媲美。泉水冬不结冰，雾飞氤氲，盛夏清凉，甘甜沁口。普惠泉还有一神话传说，榆林庄土著在庄南榆阳河取水饮用，很是辛苦。有一年夏天，接连数日傍晚孩子丢失，有人发现是一白龙挟风卷走小孩。有一方士劝众老者焚香祈祷。蓦见一身背葫芦、手拄拐杖的异人走来，对众人道：“看我收拾它!”片刻过后，风雨大作，一声霹雳状如拐杖，将孽龙缚住，向北方拖去。随即有股水从庄北一石洞流出，有老者品尝过后觉得清凉甘甜，还隐约有股酒气，遂对众人道：“想必是铁拐李制服了孽龙还奠了酒!”从此妖物匿迹，继而挖渠引水南流，每隔一段开一水口，以便取而用之。于是有了“泉水当街流”的景观。

据《榆林市志》记载，普惠泉水经有关方面科学测定“日流量 1468. 8 吨，矿化度 0. 183 克/升，总硬度 7. 43”。水温常年保持在 10 ~ 12℃，清澈透明。细菌学指标完全符合生活用水水质标准。氟化物、氰化物、砷、氯、铬、铝、镉等毒理学指标完全合格。铁、锰、铜、锌等挥发酸类化学指标合格。水的化学类型属重碳钙镁型，是国家标准的饮用水。1988 年经国家有关部门鉴定，普惠泉水为国家级优质饮用天然矿泉水。

一方水土养一方人。民间有“米脂的婆姨绥德的汉，榆林的女子赛天仙”的谚语流传。外来游人在榆林街头常常惊异于榆林女子的俊俏，风姿绰约，这得益于普惠泉。用其水沐浴，使人肌肤滑润，洗发柔软光泽，经久饮用则养颜美容，肤白肌嫩。榆林的姑娘们个个出落得腰似杨柳，面若桃花，因之又将普惠泉别称“桃花水”。

4.2.14 汉江文化

汉江发源于陕西省西南部汉中市宁强县大安镇的汉王山(嶓冢山)，东南流经陕西汉中、安康，出陕西后进入湖北西北部，在十堰的丹江口与汉江最大的支流——丹江汇合，注入丹江口水库，出水库后继续向东南流，过襄阳、宜城、钟祥、沙洋、天门、潜江、仙桃、汉川等地，在武汉市汉口龙王庙汇入长江。汉江是中国中部区域水质标准最好的大河，有人称其是中国目前唯一没被污染的大江。

中国古代称汉江为沔水、汉水，又名襄河，初名漾水，亦名漾川。在源地名漾水，流经沔县(现勉县)称沔水，东流至汉中始称汉水，自安康至丹江口段古称沧浪水，襄阳以下别名襄江、襄水。汉江是长江最长的支流，在历史上占有重要地位，常与长江、淮河、黄河并列，合称“江淮河汉”。是长江最长的支流，长 1532 公里，流域面积 17.43 万平方公里，占长江流域面积的 8.8%。

汉江文化是以汉朝文化为代表，其发源地就是汉江，它具有水乡文化的地域特色。历史上的汉朝，是刘邦夺得天下，便以其发迹之地——汉江取名“汉”来命名这个新建立的王朝。在整个中华民族的历史进程中，大汉民族、汉文化、汉朝、汉人、汉子、汉字、汉剧、汉隶、汉白玉、汉奸等这些称谓，都源自汉江，这在全国乃至世界的江河中恐怕都绝无仅有。在古代，汉江还被拿来对应天上的银河，《诗经》说“惟天有汉，监亦有光”。

4.2.15　汉水源

汉水源(图 1-4)即为汉江的源头，源于距陕西省汉中市宁强县城 10 多公里的汉王山(嶓冢山)。三千里汉江之水，从海拔 1000 多米的汉水源头倾泻而下，直入玉带河，流进汉江，汇入长江，生生不息，养育了数万万汉江儿女。李白有诗曰：“秦开蜀道置金牛，汉水源通星汉流。天子一行遗圣迹，锦城长作帝王州。”美丽的汉水源，丰饶富庶，人杰地灵，无数英雄在这里写下了辉煌的历史篇章，记录了人类文明，书写了社会进步。汉水之源风光美，原生态、无污染的自然风光，引来无数文人墨客、旅游爱好者、科考人员到此溯古探源、旅游观光；大自然挥毫泼墨，用“奇山高万丈、潭水深百尺、飞瀑凌空来、鸟鸣百花艳”的传神锦句，唱响了一方热土，使之变得闻名遐迩、风光迷人！

图 **1-4**　汉水源(何清华摄)

第二章 湿地类型

第一节 湿地类型与面积

1 湿地概况

根据《陕西省第二次湿地资源调查实施细则》，经调查统计，陕西省分布面积在8公顷(含8公顷)以上的湖泊湿地、沼泽湿地、人工湿地以及宽度10米以上，长度5公里以上的河流湿地总面积30.85万公顷，占全省总面积的1.50%。共有4个湿地类12个湿地类型，其中河流湿地面积25.76万公顷，占湿地总面积的83.50%；湖泊湿地面积0.76万公顷，占湿地总面积的2.46%；沼泽湿地面积1.10万公顷，占湿地总面积的3.58%；人工湿地面积3.23万公顷，占湿地总面积的10.46%。另据陕西省国土资源厅2010年统计数据，陕西省还有稻田湿地类型面积16.51万公顷(湿地面积中未作统计)。

陕西省湿地资源分布图，如图2-1。

陕西省重点调查湿地资源分布图，如图2-2。

2 各湿地类型的湿地面积

全省河流湿地中，永久性河流湿地面积17.15万公顷，占全省湿地总面积的55.60%；季节性河流湿地面积1.86万公顷，占全省湿地总面积的6.01%；洪泛平原湿地面积6.75万公顷，占全省湿地总面积的21.89%。湖泊湿地中，永久性淡水湖湿地面积0.31万公顷，占全省湿地总面积的0.99%；永久性咸水湖湿地面积0.27万公顷，占全省湿地总面积的0.86%；季节性咸水湖湿地面积0.19万公顷，占全省湿地总面积的0.61%。沼泽湿地中，草本沼泽湿地面积0.78万公顷，占全省湿地总面积的2.53%；内陆盐沼湿地面积0.29万公顷，占全省湿地总面积的0.95%；沼泽化草甸湿地面积0.03万公顷，占全省湿地总面积的0.09%。人工湿地中，库塘湿地面积2.45万公顷，占全省湿地总面积的7.95%；运河/输水河面积0.34万公顷，占全省湿地总面积的1.09%；水产养殖场面积0.44万公顷，占全省湿地总面积的1.42%。陕西省各类湿地面积结构，如图2-3。陕西省湿地类型面积统计见表2-1。

图 2-1 陕西省湿地资源分布图

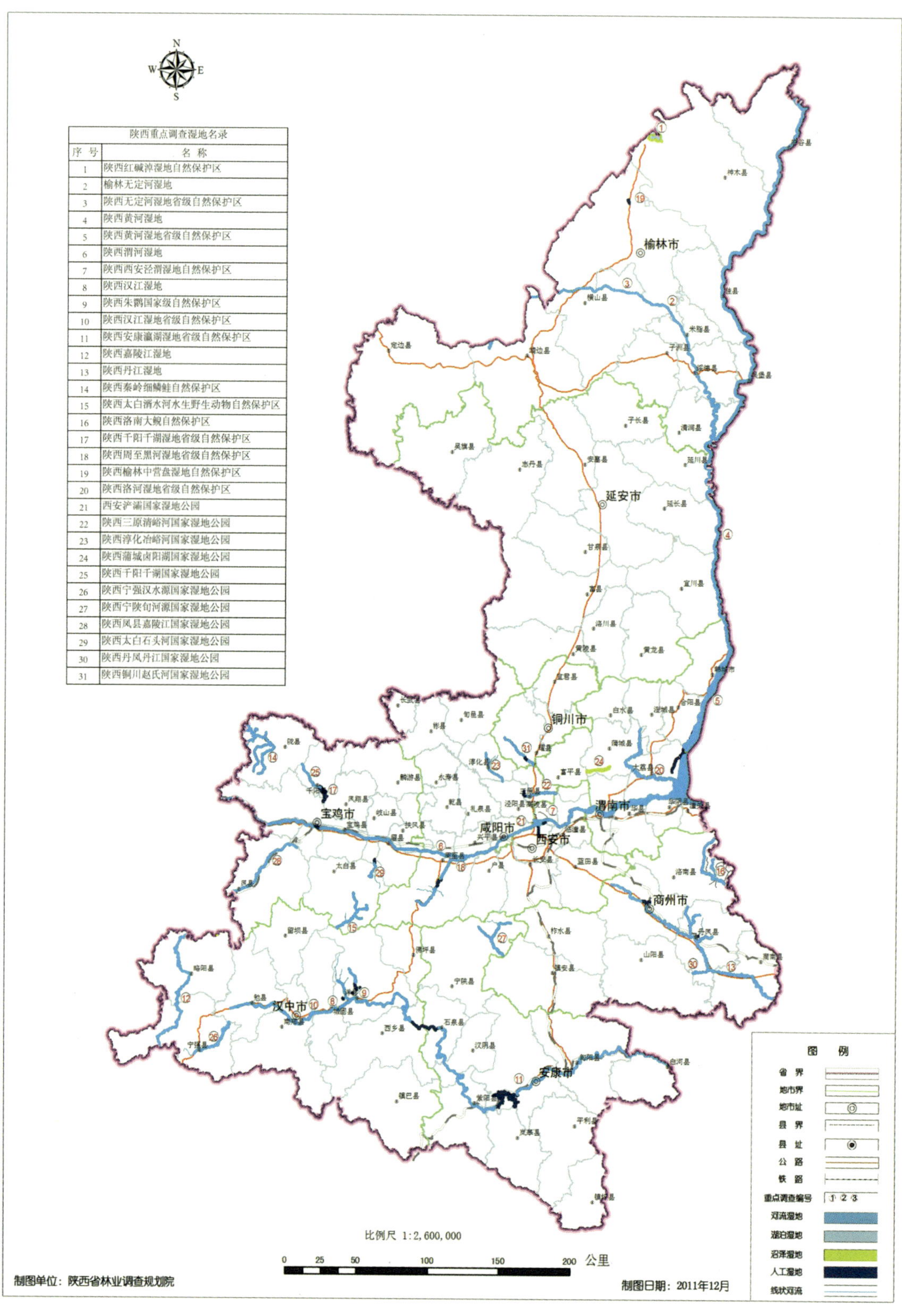

陕西重点调查湿地名录	
序号	名称
1	陕西红碱淖湿地自然保护区
2	榆林无定河湿地
3	陕西无定河湿地省级自然保护区
4	陕西黄河湿地
5	陕西黄河湿地省级自然保护区
6	陕西渭河湿地
7	陕西西安泾渭湿地自然保护区
8	陕西汉江湿地
9	陕西朱鹮国家级自然保护区
10	陕西汉江湿地省级自然保护区
11	陕西安康瀛湖湿地省级自然保护区
12	陕西嘉陵江湿地
13	陕西丹江湿地
14	陕西秦岭细鳞鲑自然保护区
15	陕西太白湑水河水生野生动物自然保护区
16	陕西洛南大鲵自然保护区
17	陕西千阳千湖湿地省级自然保护区
18	陕西周至黑河湿地省级自然保护区
19	陕西榆林中营盘湿地自然保护区
20	陕西洛河湿地省级自然保护区
21	西安浐灞国家湿地公园
22	陕西三原清峪河国家湿地公园
23	陕西淳化冶峪河国家湿地公园
24	陕西蒲城卤阳湖国家湿地公园
25	陕西千阳千湖国家湿地公园
26	陕西宁强汉水源国家湿地公园
27	陕西宁陕旬河源国家湿地公园
28	陕西凤县嘉陵江国家湿地公园
29	陕西太白石头河国家湿地公园
30	陕西丹凤丹江国家湿地公园
31	陕西铜川赵氏河国家湿地公园

图 **2-2** 陕西省重点调查湿地资源分布图

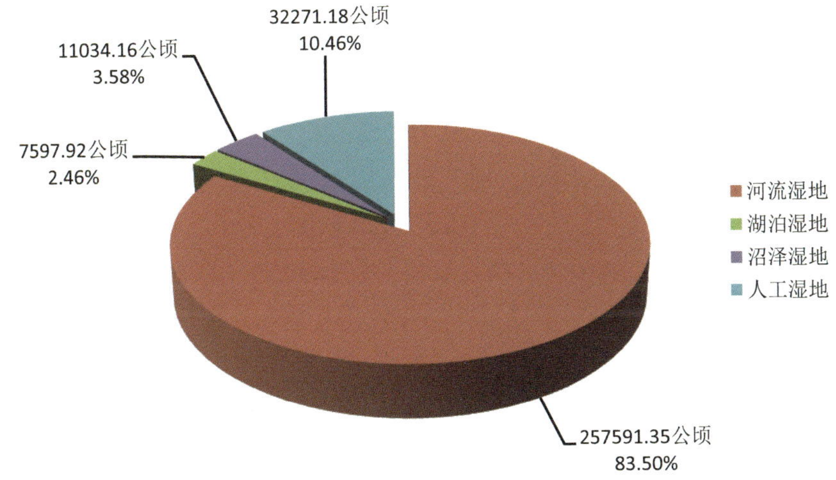

图 **2-3**　陕西省各类湿地面积结构图

表 2-1　陕西省湿地类型面积统计表

湿地类型		面积(公顷)	比例(%)
河流湿地	小　计	257591.35	83.50
	永久性河流湿地	171516.41	55.60
	季节性河流湿地	18550.54	6.01
	洪泛平原湿地	67524.40	21.89
湖泊湿地	小　计	7597.92	2.46
	永久性淡水湖湿地	3061.39	0.99
	永久性咸水湖湿地	2665.50	0.86
	季节性咸水湖湿地	1871.03	0.61
沼泽湿地	小　计	11034.16	3.58
	草本沼泽湿地	7811.08	2.53
	内陆盐沼湿地	2939.97	0.95
	沼泽化草甸湿地	283.11	0.09
人工湿地	小　计	32271.18	10.46
	库塘湿地	24531.36	7.95
	运河/输水河	3355.01	1.09
	水产养殖场	4384.81	1.42
合　计		308494.61	100

3 各湿地区的湿地类及面积

根据《全国湿地资源调查技术规程(试行)》要求，本次湿地调查全省共划分109个湿地区，其中单独湿地区7个，零星湿地区102个。单独湿地区中黄河湿地面积最大，湿地总面积6.22万公顷，其中河流湿地5.52万公顷，沼泽湿地0.31万公顷，人工湿地0.39万公顷；渭河湿地面积次之，湿地总面积3.32万公顷，其中河流湿地3.29万公顷，人工湿地0.03万公顷；无定河湿地面积最小，湿地总面积0.27万公顷，主要为河流湿地。零星湿地区中，湿地面积排在前三位的依次是定边县0.64万公顷、洛南县0.60万公顷、神木县0.54万公顷。陕西省各湿地区的湿地类及面积见表2-2。

表2-2 陕西省各湿地区湿地面积统计表(公顷)

湿地类型 / 湿地区	湿地面积	河流湿地	湖泊湿地	沼泽湿地	人工湿地
合　计	308494.61	257591.35	7597.92	11034.16	32271.18
红碱淖湿地区	4407.36	0	3020.21	1387.15	0
无定河湿地区	2729.76	2677.24	0	52.52	0
黄河湿地区	62233.12	55206.72	0	3142.12	3884.28
渭河湿地区	33201.94	32893.90	0	0	308.04
汉江湿地区	18699.16	14550.16	0	0	4149
嘉陵江湿地区	3007.04	3007.04	0	0	0
丹江湿地区	3274.88	2931.17	0	0	343.71
西安市辖区零星湿地区	1805.51	749.52	31.60	0	1024.39
阎良区零星湿地区	327.97	138.99	0	0	188.98
临潼区零星湿地区	1401.12	695.76	0	108.70	596.66
长安区零星湿地区	1901.93	1563.85	9.58	0	328.50
蓝田县零星湿地区	2232.12	2141.31	0	0	90.81
周至县零星湿地区	4633.19	4223.31	0	47.95	361.93
户县零星湿地区	1367.74	1320.44	0	0	47.30
高陵县零星湿地区	332.61	58.57	0	0	274.04
王益区零星湿地区	339.37	339.37	0	0	0
印台区零星湿地区	576.08	539.48	0	0	36.60
耀州区零星湿地区	2084.20	1730.95	0	0	353.25
宜君县零星湿地区	2657.14	2559.51	0	0	97.63
渭滨区零星湿地区	244.42	244.42	0	0	0

（续）

湿地区＼湿地类型	湿地面积	河流湿地	湖泊湿地	沼泽湿地	人工湿地
金台区零星湿地区	211.71	50.01	0	0	161.70
陈仓区零星湿地区	3455.67	2366.08	0	0	1089.59
凤翔县零星湿地区	716.35	177.60	0	0	538.75
岐山县零星湿地区	855.44	502.07	0	0	353.37
扶风县零星湿地区	680.50	149.37	0	0	531.13
眉县零星湿地区	684.41	489.32	0	0	195.09
陇县零星湿地区	3860.02	3778.07	0	18.05	63.90
千阳县零星湿地区	2206.61	1090.47	0	0	1116.14
麟游县零星湿地区	714.62	714.62	0	0	0
凤县零星湿地区	2602.95	2602.95	0	0	0
太白县零星湿地区	2414.38	2288.78	0	0	125.60
秦都区零星湿地区	111.19	59.62	0	0	51.57
杨凌区零星湿地区	173.97	96.28	0	0	77.69
渭城区零星湿地区	76.03	0	0	0	76.03
三原县零星湿地区	1035.07	724.55	0	9.04	301.48
泾阳县零星湿地区	1141.91	441.80	0	0	700.11
乾县零星湿地区	1021.97	250.47	0	0	771.50
礼泉县零星湿地区	1059.14	681.14	0	0	378
永寿县零星湿地区	413.47	313.19	0	0	100.28
彬县零星湿地区	1452.45	1347.91	0	0	104.54
长武县零星湿地区	619.74	604.93	0	0	14.81
旬邑县零星湿地区	976.05	966.37	0	0	9.68
淳化县零星湿地区	695.70	663.02	0	0	32.68
武功县零星湿地区	160.29	76.14	0	0	84.15
兴平市零星湿地区	104.75	2.85	0	0	101.90
临渭区零星湿地区	597.02	292.99	0	0	304.03
华县零星湿地区	704.52	334.77	0	0	369.75
潼关县零星湿地区	181.42	171.61	0	0	9.81
大荔县零星湿地区	1367.94	632.28	0	626.63	109.03
合阳县零星湿地区	480.49	355.54	0	0	124.95
澄城县零星湿地区	424.81	374.13	0	0	50.68

（续）

湿地类型 湿地区	湿地面积	河流湿地	湖泊湿地	沼泽湿地	人工湿地
蒲城县零星湿地区	2123.26	482.27	0	1462.80	178.19
白水县零星湿地区	899.33	707.70	0	0	191.63
富平县零星湿地区	394.60	173.63	0	69.09	151.88
韩城市零星湿地区	1909.66	1798.15	0	0	111.51
华阴市零星湿地区	884.65	635.21	0	0	249.44
宝塔区零星湿地区	1597.66	1468.29	0	0	129.37
延长县零星湿地区	750.05	741.95	0	0	8.10
延川县零星湿地区	1140.07	1102.69	0	0	37.38
子长县零星湿地区	1334.04	1128.70	0	0	205.34
安塞县零星湿地区	1773.24	1275.06	0	0	498.18
志丹县零星湿地区	2411.28	2411.28	0	0	0
吴起县零星湿地区	3212.79	2686.97	0	51.70	474.12
甘泉县零星湿地区	1605.22	1591.96	0	0	13.26
富县零星湿地区	2699.23	2592.59	0	22.14	84.50
洛川县零星湿地区	1655.24	1484.94	0	0	170.30
宜川县零星湿地区	1143.05	1127.68	0	0	15.37
黄龙县零星湿地区	884.92	840.57	0	0	44.35
黄陵县零星湿地区	1500.91	1422.92	0	0	77.99
汉台区零星湿地区	671.44	69.36	0	0	602.08
南郑县零星湿地区	2309.30	1686.49	0	0	622.81
城固县零星湿地区	2466.56	1893.62	0	0	572.94
洋县零星湿地区	2409.19	2126.12	0	0	283.07
西乡县零星湿地区	3244.07	3244.07	0	0	0
勉县零星湿地区	2604.36	2124.99	0	261.26	218.11
宁强县零星湿地区	2902.67	2727.37	0	0	175.30
略阳县零星湿地区	3910.88	3910.88	0	0	0
镇巴县零星湿地区	3649.36	3649.36	0	0	0
留坝县零星湿地区	2023.96	1940.86	0	21.85	61.25
佛坪县零星湿地区	1974.10	1974.10	0	0	0
榆阳区零星湿地区	4057.40	1576.94	0	312.02	2168.44
神木县零星湿地区	5369.56	4528.51	0	79.37	761.68

（续）

湿地区 \ 湿地类型	湿地面积	河流湿地	湖泊湿地	沼泽湿地	人工湿地
府谷县零星湿地区	2826.73	2504.96	0	0	321.77
横山县零星湿地区	4235.35	1691.16	0	1890.60	653.59
靖边县零星湿地区	4191.70	2178.85	0	284.61	1728.24
定边县零星湿地区	6441.95	660.46	4536.53	1097.72	147.24
绥德县零星湿地区	562.67	502.88	0	0	59.79
米脂县零星湿地区	348.53	281.53	0	0	67.00
佳县零星湿地区	718.19	685.13	0	0	33.06
吴堡县零星湿地区	62.48	62.48	0	0	0
清涧县零星湿地区	596.85	596.85	0	0	0
子洲县零星湿地区	780.21	780.21	0	0	0
汉滨区零星湿地区	2843.97	2642.64	0	0	201.33
汉阴县零星湿地区	958.70	852.90	0	0	105.80
石泉县零星湿地区	1063.85	1063.85	0	0	0
宁陕县零星湿地区	3279.22	3279.22	0	0	0
紫阳县零星湿地区	1807.80	1807.80	0	0	0
岚皋县零星湿地区	1920.35	1643.28	0	0	277.07
平利县零星湿地区	2082.04	1968.74	0	0	113.30
镇坪县零星湿地区	1325.64	1282.25	0	0	43.39
旬阳县零星湿地区	3322.43	3149.64	0	0	172.79
白河县零星湿地区	832.33	832.33	0	0	0
商州区零星湿地区	2317.77	2301.33	0	0	16.44
洛南县零星湿地区	5951.85	5771.23	0	67.61	113.01
丹凤县零星湿地区	3920.96	3887.31	0	0	33.65
商南县零星湿地区	2236.08	2200.18	0	0	35.90
山阳县零星湿地区	3990.47	3982.31	0	0	8.16
镇安县零星湿地区	4245.25	4224.02	0	21.23	0
柞水县零星湿地区	1461.94	1461.94	0	0	0

注：朱鹮核心区包含在汉江湿地区中，在重点调查湿地中进行了统计。

4　各流域的湿地类及面积

根据水利部全国一、二、三级流域分类规定，陕西省涉及一级流域 2 个、二级流域 6 个、三级流域 11 个。

4.1 一级流域的湿地类及面积

一级流域包括黄河区和长江区。

黄河区：黄河区在陕西包括 4 个二级流域，10 个三级流域。涉及榆林、延安、铜川、渭南、西安、咸阳、宝鸡和商洛(部分)8 个市。湿地总面积 21.36 万公顷，占全省湿地总面积的 69.25%。其中河流湿地 17.11 万公顷，湖泊湿地 0.76 万公顷，沼泽湿地 1.07 万公顷，人工湿地 2.42 万公顷。主要河流有黄河、无定河、芦河、榆溪河、延河、北洛河、赵氏河、泾河、渭河、千河、石头河、黑河、涝峪河、灞河、浐河、沣河、南洛河等；主要湖泊有神木红碱淖、蒲城卤阳湖等；人工湿地中库塘主要有营盘山水库、杨家湾水库、河口水库、西沙水库、王窑水库、冯家山水库、石头河水库、王家崖水库等；输水渠主要有宝鸡峡引渭总干渠、宝鸡市引渭高干渠等。

长江区：长江区在陕西包括 2 个二级流域，2 个三级流域。涉及汉中、安康和商洛(部分)3 个市。湿地总面积 9.49 万公顷，占全省湿地总面积的 30.75%。其中河流湿地 8.65 万公顷，沼泽湿地 0.03 万公顷，人工湿地 0.80 万公顷。主要河流有汉江、嘉陵江、丹江、乾佑河、白玉河、牧马河、红岩河、月河、旬河、任河、褒河等；人工湿地中库塘主要有瀛湖水库、石泉水库、二龙山水库、石门水库、南沙湖水库、八一水库等。

4.2 二级流域的湿地类及面积

二级流域包括内流区、河口镇至龙门、龙门至三门峡、三门峡至花园口、嘉陵江、汉江 6 个区。二级流域中湿地面积最大的为龙门至三门峡，最小的为三门峡至花园口。

4.2.1 黄河区二级流域

内流区：全省内流区位于榆林市定边县西北部，湿地总面积 1.01 万公顷，占全省湿地总面积的 3.28%。其中湖泊湿地 0.76 万公顷，沼泽湿地 0.25 万公顷，还有少量河流湿地(面积 67.88 公顷)。

河口镇至龙门：湿地总面积 4.82 万公顷，占全省湿地总面积的 15.63%。其中河流湿地 2.43 万公顷，沼泽湿地 0.27 万公顷，人工湿地 0.72 万公顷。

龙门至三门峡：湿地总面积 14.91 万公顷，占全省湿地总面积的 48.32%。其中河流湿地 12.69 万公顷，沼泽湿地 0.55 万公顷，人工湿地 1.66 万公顷，另外还有少量湖泊湿地(面积 41.18 公顷)。

三门峡至花园口：湿地总面积 0.62 万公顷，占全省湿地总面积的 2.02%。其中河流湿地 0.58 万公顷，人工湿地 0.04 万公顷，另外还有少量沼泽湿地(面积 67.61 公顷)。

4.2.2 长江区二级流域

嘉陵江：湿地总面积 1.27 万公顷，占全省湿地总面积的 4.12%。其中河流湿地 1.25 万公顷，人工湿地 0.02 万公顷。

汉江：湿地总面积 8.21 万公顷，占全省湿地总面积的 26.63%。其中河流湿地 7.40 万公顷，沼泽湿地 0.03 万公顷，人工湿地 0.79 万公顷。

4.3　三级流域的湿地类及面积

三级流域包括内流区、吴堡以上右岸、吴堡以下右岸、泾河张家山以上、北洛河状头以上、渭河宝鸡峡以上、龙门至三门峡干流区间、渭河咸阳至潼关、渭河宝鸡峡至咸阳、伊洛河、广元昭化以上、丹江口以上12个区。其中面积最大的区是丹江口以上，面积最小的区是渭河宝鸡峡以上。

4.3.1　黄河三级流域

内流区：三级流域内流区与二级流域内流区范围相同，湿地总面积1.01万公顷，占全省湿地总面积的3.28%。其中湖泊湿地0.76万公顷，沼泽湿地0.25万公顷，还有少量河流湿地(面积67.88公顷)。

吴堡以上右岸：湿地总面积1.70万公顷，占全省湿地总面积的5.52%。其中河流湿地1.57万公顷，人工湿地0.12万公顷，另外还有少量沼泽湿地(面积79.37公顷)。

吴堡以下右岸：湿地总面积3.12万公顷，占全省湿地总面积的10.11%。其中河流湿地2.26万公顷，沼泽湿地0.26万公顷，人工湿地0.60万公顷。

泾河张家山以上：湿地总面积0.47万公顷，占全省湿地总面积的1.51%。其中河流湿地0.45万公顷，人工湿地0.02万公顷。

北洛河状头以上：湿地总面积1.64万公顷，占全省湿地总面积的5.32%。其中河流湿地1.56万公顷，人工湿地0.08万公顷，另外还有少量沼泽湿地(面积22.14公顷)。

渭河宝鸡峡以上：湿地总面积0.40万公顷，占全省湿地总面积的1.30%。其中河流湿地0.40万公顷，另外还有少量人工湿地(面积49.18公顷)。

龙门至三门峡干流区间：湿地总面积4.54万公顷，占全省湿地总面积的14.70%。其中河流湿地3.86万公顷，沼泽湿地0.31万公顷，人工湿地0.36万公顷。

渭河咸阳至潼关：湿地总面积5.72万公顷，占全省湿地总面积的18.53%。其中河流湿地4.91万公顷，沼泽湿地0.23万公顷，人工湿地0.57万公顷，另外还有少量湖泊湿地(面积41.18公顷)。

渭河宝鸡峡至咸阳：湿地总面积2.15万公顷，占全省湿地总面积的6.97%。其中河流湿地1.51万公顷，人工湿地0.63万公顷，另外还有少量沼泽湿地(面积18.05公顷)。

伊洛河：湿地总面积0.62万公顷，占全省湿地总面积的2.02%。其中河流湿地0.58万公顷，人工湿地0.04万公顷，另外还有少量沼泽湿地(面积67.61公顷)。

4.3.2　长江三级流域

广元昭化以上：湿地总面积1.27万公顷，占全省湿地总面积的4.12%。其中河流湿地1.25万公顷，人工湿地0.02万公顷。

丹江口以上：湿地总面积8.22万公顷，占全省湿地总面积的26.63%。其中河流湿地7.40万公顷，沼泽湿地0.03万公顷，人工湿地0.79万公顷。

陕西省各流域的湿地类及面积，见表2 3。

表 2-3 陕西省各流域湿地类型统计表(公顷)

一级流域	二级流域	三级流域	湿地面积	河流湿地	湖泊湿地	沼泽湿地	人工湿地
合 计			308494.61	257591.40	7597.92	11034.16	32271.18
黄河区	小 计		213634.67	171071.90	7597.92	10729.82	24235.08
	内流区	计	10109.49	67.88	7556.74	2484.87	0
		内流区	10109.49	67.88	7556.74	2484.87	0
	河口镇至龙门	计	48226.42	24326.02	0	2670.82	7229.58
		吴堡以上右岸	17024.22	15723.27	0	79.37	1221.58
		吴堡以下右岸	31202.20	22602.75	0	2591.45	6008.00
	龙门至三门峡	计	149069.92	126914.00	41.18	5506.52	16608.19
		泾河张家山以上	4655.78	4495.71	0	0	160.07
		北洛河状头以上	16399.11	15568.71	0	22.14	808.26
		渭河宝鸡峡以上	4008.06	3958.88	0	0	49.18
		龙门至三门峡干流区间	45353.30	38634.53	0	3142.12	3576.65
		渭河咸阳至潼关	57150.32	49116.92	41.18	2324.21	5668.01
		渭河宝鸡峡至咸阳	21503.35	15139.28	0	18.05	6346.02
	三门峡至花园口	计	6228.84	5763.92	0	67.61	397.31
		伊洛河	6228.84	5763.92	0	67.61	397.31
长江区	小 计		94859.94	86519.50	0	304.34	8036.10
	嘉陵江	广元昭化以上	12711.16	12535.86	0	0	175.30
	汉江	丹江口以上	82148.78	73983.64	0	304.34	7860.80

5 各行政区的湿地类及面积

全省 10 个地市湿地总面积 30.85 万公顷，其中面积排列前 3 位的市依次为渭南市、榆林市和汉中市。各地市的湿地类及面积如图 2-4、见表 2-4。

(1)西安市：湿地总面积 1.83 万公顷，占全省湿地总面积的 5.95%，其中河流湿地面积 1.52 万公顷，沼泽湿地面积 0.02 万公顷，人工湿地面积 0.29 万公顷，另外还有少量湖泊湿地(面积 41.18 公顷)。

(2)铜川市：湿地总面积 0.57 万公顷，占全省湿地总面积的 1.83%，其中河流湿地面积 0.52 万公顷，人工湿地面积 0.05 万公顷。

(3)宝鸡市：湿地总面积 2.63 万公顷，占全省湿地总面积的 8.52%，其中河流湿地面积 2.19 万公顷，人工湿地面积 0.44 万公顷，另外还有少量沼泽湿地(面积 18.05 公顷)。

(4)咸阳市：湿地总面积 1.15 万公顷，占全省湿地总面积的 3.73%，其中河流湿地面积 0.86 万公顷，人工湿地面积 0.29 万公顷，另外还有少量沼泽湿地(面积 9.04 公顷)。

(5)渭南市：湿地总面积8.11万公顷，占全省湿地总面积的26.30%，其中河流湿地面积7.01万公顷，沼泽湿地面积0.53万公顷，人工湿地面积0.57万公顷。

(6)延安市：湿地总面积2.40万公顷，占全省湿地总面积的7.77%，其中河流湿地面积2.21万公顷，人工湿地面积0.18万公顷，另外还有少量沼泽湿地(面积73.84公顷)。

(7)汉中市：湿地总面积3.93万公顷，占全省湿地总面积的12.73%，其中河流湿地面积3.58万公顷，沼泽湿地面积0.03万公顷，人工湿地面积0.32万公顷。

(8)榆林市：湿地总面积4.60万公顷，占全省湿地总面积的14.92%，其中河流湿地面积2.74万公顷，湖泊湿地面积0.76万公顷，沼泽湿地面积0.51万公顷，人工湿地面积0.59万公顷。

(9)安康市：湿地总面积2.89万公顷，占全省湿地总面积的9.36%，其中河流湿地面积2.45万公顷，人工湿地面积0.44万公顷。

(10)商洛市：湿地总面积2.74万公顷，占全省湿地总面积的8.88%，其中河流湿地面积2.68万公顷，人工湿地面积0.06万公顷，另外还有少量沼泽湿地(面积88.84公顷)。

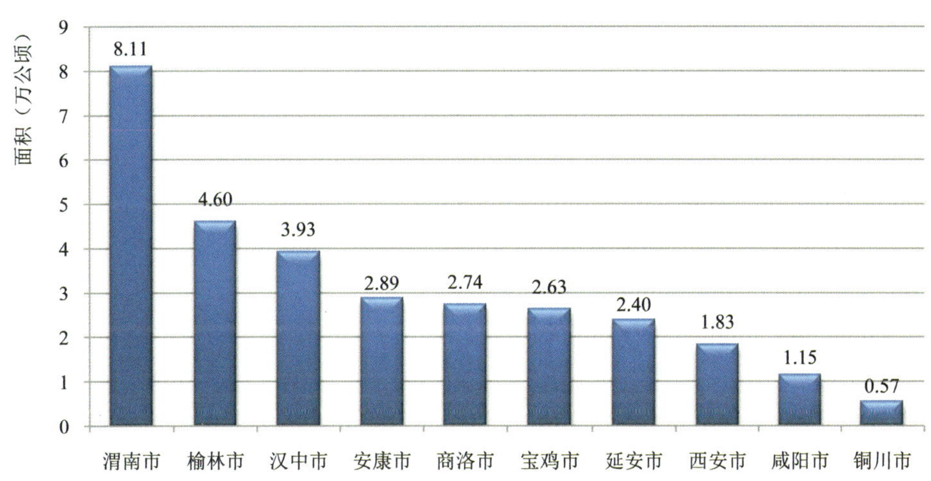

图 **2-4** 陕西省 **10** 个地市湿地类及面积结构图

表 2-4 各行政区湿地面积统计(公顷)

湿地类型 行政区	湿地面积	河流湿地	湖泊湿地	沼泽湿地	人工湿地
合 计	308494.61	257591.35	7597.92	11034.16	32271.18
渭南市县湿地区	81143.85	70108.03	0	5300.64	5735.18
榆林市县湿地区	46035.04	27433.50	7556.74	5103.99	5940.81
汉中市县湿地区	39273.70	35805.68	0	283.11	3184.91
安康市县湿地区	28889.60	24476.27	0	0	4413.33
商洛市县湿地区	27399.20	26759.49	0	88.84	550.87
宝鸡市县湿地区	26286.21	21911.79	0	18.05	4356.37

（续）

湿地类型 行政区	湿地面积	河流湿地	湖泊湿地	沼泽湿地	人工湿地
延安市县湿地区	23968.93	22136.83	0	73.84	1758.26
西安市县湿地区	18342.68	15217.49	41.18	156.65	2927.36
咸阳市县湿地区	11498.61	8572.96	0	9.04	2916.61
铜川市县湿地区	5656.79	5169.31	0	0	487.48

6 河流湿地

6.1 河流各湿地型及面积

全省河流湿地总面积25.76万公顷，占全省湿地总面积的83.50%。包括永久性河流湿地、季节性河流湿地和洪泛平原湿地3个湿地型。全省共有平均宽度10米以上、长度5公里以上的河流3777条，洪泛平原湿地583块。

6.1.1 永久性河流湿地

永久性河流湿地指常年有河水径流的河流，仅包括河床部分。全省永久性河流湿地面积达17.15万公顷，占河流湿地总面积的66.58%。

6.1.2 季节性或间歇性河流湿地

季节性河流湿地指一年中只有季节性(雨季)或间歇性有水径流的河流。全省季节性河流湿地面积达1.86万公顷，占河流湿地总面积的7.22%。

6.1.3 洪泛平原湿地

洪泛平原湿地指在丰水季节由洪水泛滥的河滩、河心洲、河谷、季节性泛滥的草地以及保持了常年或季节性被水浸润内陆三角洲。全省洪泛平原湿地面积6.75万公顷，占河流湿地总面积的26.20%(图2-5)。

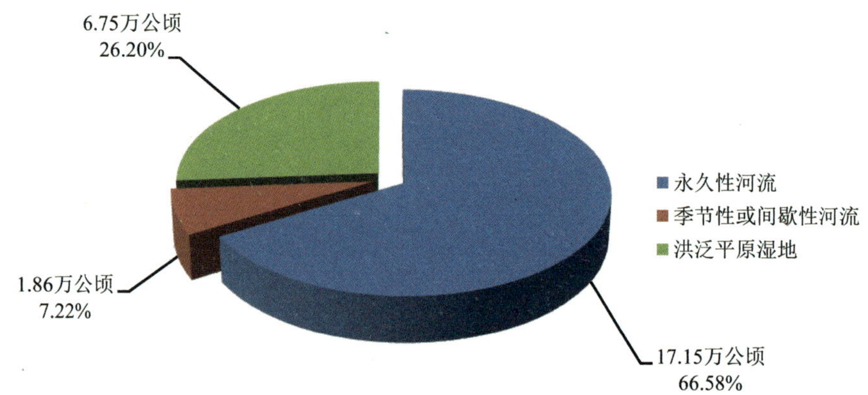

图2-5 陕西省河流湿地各湿地型面积结构图

6.2　各湿地区的湿地型及面积

全省109个湿地区中，河流湿地面积分布见表2-5。各湿地区中河流湿地面积排在前3位的为黄河湿地区、渭河湿地区和汉江湿地区三个单独湿地区，其中面积最大的为黄河湿地区，河流湿地面积5.52万公顷，占全省河流湿地总面积的21.43%；其次为渭河湿地区，河流湿地面积3.29万公顷，占全省河流湿地总面积的12.77%；第三为汉江湿地区，河流湿地面积1.46万公顷，占全省河流湿地总面积的5.65%。

表2-5　陕西省各湿地区河流湿地面积统计表(公顷)

湿地类型 / 湿地区	合计	永久性河流	季节性或间歇性河流	洪泛平原湿地
合计	257591.35	171516.41	18550.54	67524.40
红碱淖湿地区	0	0	0	0
无定河湿地区	2677.24	2140.80	0	536.44
黄河湿地区	55206.72	22928.80	0	32277.92
渭河湿地区	32893.90	5927.72	0	26966.18
汉江湿地区	14550.16	11214.86	0	3335.30
嘉陵江湿地区	3007.04	3007.04	0	0
丹江湿地区	2931.17	2535.34	0	395.83
西安市辖区零星湿地区	749.52	232.65	26.75	490.12
阎良区零星湿地区	138.99	136.29	2.70	0
临潼区零星湿地区	695.76	373.98	321.78	0
长安区零星湿地区	1563.85	1086.64	114.09	363.12
蓝田县零星湿地区	2141.31	1188.01	953.30	0
周至县零星湿地区	4223.31	3034.20	159.96	1029.15
户县零星湿地区	1320.44	1074.11	220.14	26.19
高陵县零星湿地区	58.57	58.57	0	0
王益区零星湿地区	339.37	339.37	0	0
印台区零星湿地区	539.48	408.16	131.32	0
耀州区零星湿地区	1730.95	1564.19	166.76	0
宜君县零星湿地区	2559.51	2559.51	0	0
渭滨区零星湿地区	244.42	0	244.42	0
金台区零星湿地区	50.01	0	50.01	0
陈仓区零星湿地区	2366.08	490.76	1843.62	31.70
凤翔县零星湿地区	177.60	0	177.60	0

（续）

湿地类型 湿地区	合计	永久性河流	季节性或间歇性河流	洪泛平原湿地
岐山县零星湿地区	502.07	0	502.07	0
扶风县零星湿地区	149.37	25.46	123.91	0
眉县零星湿地区	489.32	98.95	390.37	0
陇县零星湿地区	3778.07	2252.31	1372.38	153.38
千阳县零星湿地区	1090.47	300.16	594.42	195.89
麟游县零星湿地区	714.62	281.53	433.09	0
凤县零星湿地区	2602.95	2047.42	555.53	0
太白县零星湿地区	2288.78	1583.54	705.24	0
秦都区零星湿地区	59.62	59.62	0	0
杨凌区零星湿地区	96.28	0	96.28	0
渭城区零星湿地区	0	0	0	0
三原县零星湿地区	724.55	458.85	65.06	200.64
泾阳县零星湿地区	441.80	74.74	14.89	352.17
乾县零星湿地区	250.47	118.11	132.36	0
礼泉县零星湿地区	681.14	526.60	154.54	0
永寿县零星湿地区	313.19	127.77	185.42	0
彬县零星湿地区	1347.91	907.70	163.37	276.84
长武县零星湿地区	604.93	414.41	58.52	132.00
旬邑县零星湿地区	966.37	817.55	148.82	0
淳化县零星湿地区	663.02	528.78	134.24	0
武功县零星湿地区	76.14	26.84	49.30	0
兴平市零星湿地区	2.85	2.85	0	0
临渭区零星湿地区	292.99	246.75	46.24	0
华县零星湿地区	334.77	262.77	72.00	0
潼关县零星湿地区	171.61	57.44	114.17	0
大荔县零星湿地区	632.28	576.59	55.69	0
合阳县零星湿地区	355.54	8.90	346.64	0
澄城县零星湿地区	374.13	299.07	75.06	0
蒲城县零星湿地区	482.27	482.27	0	0
白水县零星湿地区	707.70	519.52	188.18	0
富平县零星湿地区	173.63	91.10	82.53	0

（续）

湿地类型 湿地区	合　计	永久性河流	季节性或间歇性河流	洪泛平原湿地
韩城市零星湿地区	1798. 15	1536. 65	261. 50	0
华阴市零星湿地区	635. 21	410. 06	57. 09	168. 06
宝塔区零星湿地区	1468. 29	1427. 51	40. 78	0
延长县零星湿地区	741. 95	730. 39	11. 56	0
延川县零星湿地区	1102. 69	1006. 41	96. 28	0
子长县零星湿地区	1128. 70	826. 95	301. 75	0
安塞县零星湿地区	1275. 06	1188. 50	86. 56	0
志丹县零星湿地区	2411. 28	1055. 08	1356. 20	0
吴起县零星湿地区	2686. 97	1854. 02	832. 95	0
甘泉县零星湿地区	1591. 96	1248. 21	343. 75	0
富县零星湿地区	2592. 59	2571. 48	21. 11	0
洛川县零星湿地区	1484. 94	981. 88	503. 06	0
宜川县零星湿地区	1127. 68	1120. 31	7. 37	0
黄龙县零星湿地区	840. 57	765. 79	74. 78	0
黄陵县零星湿地区	1422. 92	1280. 22	142. 70	0
汉台区零星湿地区	69. 36	69. 36	0	0
南郑县零星湿地区	1686. 49	1686. 49	0	0
城固县零星湿地区	1893. 62	1730. 49	0	163. 13
洋县零星湿地区	2126. 12	2126. 12	0	0
西乡县零星湿地区	3244. 07	3235. 37	0	8. 70
勉县零星湿地区	2124. 99	2124. 99	0	0
宁强县零星湿地区	2727. 37	2727. 37	0	0
略阳县零星湿地区	3910. 88	3910. 88	0	0
镇巴县零星湿地区	3649. 36	3649. 36	0	0
留坝县零星湿地区	1940. 86	1940. 86	0	0
佛坪县零星湿地区	1974. 10	1974. 10	0	0
榆阳区零星湿地区	1576. 94	1163. 33	413. 61	0
神木县零星湿地区	4528. 51	4528. 51	0	0
府谷县零星湿地区	2504. 96	2446. 77	0	58. 19
横山县零星湿地区	1691. 16	824. 02	867. 14	0
靖边县零星湿地区	2178. 85	1472. 59	706. 26	0

（续）

湿地类型 湿地区	合计	永久性河流	季节性或间歇性河流	洪泛平原湿地
定边县零星湿地区	660.46	229.53	430.93	0
绥德县零星湿地区	502.88	215.75	287.13	0
米脂县零星湿地区	281.53	17.91	188.45	75.17
佳县零星湿地区	685.13	657.70	27.43	0
吴堡县零星湿地区	62.48	50.97	11.51	0
清涧县零星湿地区	596.85	504.01	92.84	0
子洲县零星湿地区	780.21	665.18	115.03	0
汉滨区零星湿地区	2642.64	2642.64	0	0
汉阴县零星湿地区	852.90	852.90	0	0
石泉县零星湿地区	1063.85	1063.85	0	0
宁陕县零星湿地区	3279.22	3269.10	0	10.12
紫阳县零星湿地区	1807.80	1807.80	0	0
岚皋县零星湿地区	1643.28	1625.12	0	18.16
平利县零星湿地区	1968.74	1968.74	0	0
镇坪县零星湿地区	1282.25	1282.25	0	0
旬阳县零星湿地区	3149.64	3126.47	0	23.17
白河县零星湿地区	832.33	832.33	0	0
商州区零星湿地区	2301.33	2301.33	0	0
洛南县零星湿地区	5771.23	5771.23	0	0
丹凤县零星湿地区	3887.31	3887.31	0	0
商南县零星湿地区	2200.18	2200.18	0	0
山阳县零星湿地区	3982.31	3944.81	0	37.50
镇安县零星湿地区	4224.02	4024.69	0	199.33
柞水县零星湿地区	1461.94	1461.94	0	0

6.3 各流域的湿地型及面积

全省有 2 个一级流域，6 个二级流域，12 个三级流域。一级流域黄河区河流湿地总面积 17.11 万公顷，占全省河流湿地总面积的 66.41%；长江区河流湿地总面积 8.65 万公顷，占全省河流湿地总面积的 33.59%。黄河区是陕西省河流湿地主要分布区，主要河流有黄河、无定河、芦河、延河、北洛河、泾河、渭河、浐河、灞河、石头河等。长江区主要河流有嘉陵江、汉江、丹江、旬河等。

一、二、三级流域各湿地型及面积见表2-6。

表2-6　陕西省各流域河流湿地面积统计表(公顷)

<table>
<tr><th>一级流域</th><th>二级流域</th><th>三级流域</th><th>合计</th><th>永久性河流</th><th>季节性或间歇性河流</th><th>洪泛平原湿地</th></tr>
<tr><td colspan="3">合　计</td><td>257591.35</td><td>171516.41</td><td>18550.54</td><td>67524.40</td></tr>
<tr><td rowspan="17">黄河区</td><td colspan="2">小　计</td><td>171071.85</td><td>90144.81</td><td>17593.88</td><td>63333.16</td></tr>
<tr><td rowspan="2">内流区</td><td>计</td><td>67.88</td><td>67.88</td><td>0</td><td>0</td></tr>
<tr><td>内流区</td><td>67.88</td><td>67.88</td><td>0</td><td>0</td></tr>
<tr><td rowspan="3">河口镇至龙门</td><td>计</td><td>38326.02</td><td>30648.99</td><td>3683.34</td><td>3993.69</td></tr>
<tr><td>吴堡以上右岸</td><td>15723.27</td><td>13066.73</td><td>90.83</td><td>2565.71</td></tr>
<tr><td>吴堡以下右岸</td><td>22602.75</td><td>17582.26</td><td>3592.51</td><td>1427.98</td></tr>
<tr><td rowspan="8">龙门至三门峡</td><td>计</td><td>126914.03</td><td>53678.62</td><td>13895.94</td><td>59339.47</td></tr>
<tr><td>泾河张家山以上</td><td>4495.71</td><td>2965.54</td><td>1121.33</td><td>408.84</td></tr>
<tr><td>北洛河状头以上</td><td>15568.71</td><td>12099.64</td><td>3469.07</td><td>0</td></tr>
<tr><td>渭河宝鸡峡以上</td><td>3958.88</td><td>2060.98</td><td>1574.89</td><td>323.01</td></tr>
<tr><td>龙门至三门峡干流区间</td><td>38634.53</td><td>15668.61</td><td>657.80</td><td>22308.12</td></tr>
<tr><td>渭河咸阳至潼关</td><td>49116.92</td><td>15723.41</td><td>2458.42</td><td>30935.09</td></tr>
<tr><td>渭河宝鸡峡至咸阳</td><td>15139.28</td><td>5160.44</td><td>4614.43</td><td>5364.41</td></tr>
<tr style="display:none"></tr>
<tr><td rowspan="2">三门峡至花园口</td><td>计</td><td>5763.92</td><td>5749.32</td><td>14.60</td><td>0</td></tr>
<tr><td>伊洛河</td><td>5763.94</td><td>5749.34</td><td>14.60</td><td>0</td></tr>
<tr style="display:none"></tr>
<tr><td rowspan="3">长江区</td><td colspan="2">小　计</td><td>86519.50</td><td>81371.60</td><td>956.66</td><td>4191.24</td></tr>
<tr><td>嘉陵江</td><td>广元昭化以上</td><td>12535.86</td><td>12305.71</td><td>230.15</td><td>0</td></tr>
<tr><td>汉　江</td><td>丹江口以上</td><td>73983.64</td><td>69065.89</td><td>726.51</td><td>4191.24</td></tr>
</table>

6.4　各行政区的湿地型及面积

全省10个地市中河流湿地排列前3位的是渭南市、汉中市和榆林市。其中面积最大的属渭南市，河流湿地总面积7.01万公顷，占全省河流湿地总面积的27.22%；其次为汉中市，河流湿地总面积3.58万公顷，占全省河流湿地总面积的13.90%；第三为榆林市，河流湿地总面积2.74万公顷，占全省河流湿地总面积的10.65%。

各行政区河流湿地的湿地型及面积见表2-7。

表 2-7　陕西省各行政区河流湿地面积统计表(公顷)

行政区＼湿地类型	合　计	永久性河流	季节性或间歇性河流	洪泛平原湿地
合　计	257591.35	171516.41	18550.54	67524.40
渭南市县湿地区	70108.03	20705.27	1299.10	48103.66
汉中市县湿地区	35805.68	32369.53	0	3436.15
榆林市县湿地区	27433.50	20606.98	3140.33	3686.19
安康市县湿地区	24476.27	24353.84	0	122.43
商洛市县湿地区	26759.49	26126.83	0	632.66
宝鸡市县湿地区	21911.79	10486.69	6992.66	4432.44
延安市县湿地区	22136.83	18135.29	3818.85	182.69
西安市县湿地区	15217.49	8627.29	1798.72	4791.48
咸阳市县湿地区	8572.96	5233.46	1202.80	2136.70
铜川市县湿地区	5169.31	4871.23	298.08	0

7　湖泊湿地

7.1　湖泊各湿地型及面积

湖泊湿地是由地面上大小形状不一、充满水体的天然洼地组成的湿地，包括各种天然湖、池、荡、漾、泡、海、错、淀、洼、潭、泊等各种水体名称。湖泊湿地有永久性淡水湖、永久性咸水湖、季节性咸水湖 3 种类型。陕西省湖泊湿地较少，总面积 0.76 万公顷，占全省湿地总面积的 2.46%。其中永久性淡水湖面积 0.31 万公顷，占湖泊湿地总面积的 40.29%，集中分布在神木县，主要为神木红碱淖；永久性咸水湖面积 0.27 万公顷，占湖泊湿地总面积的 35.08%；季节性咸水湖面积 0.19 万公顷，占湖泊湿地总面积的 24.63%。永久性咸水湖和季节性咸水湖集中分布在定边县境内的内流区，主要有明水湖、窝沙湖、公布井湖、坝湖、花马池、莲花池、波罗池、红崖池、敖包池、滥泥池等(图 2-6)。

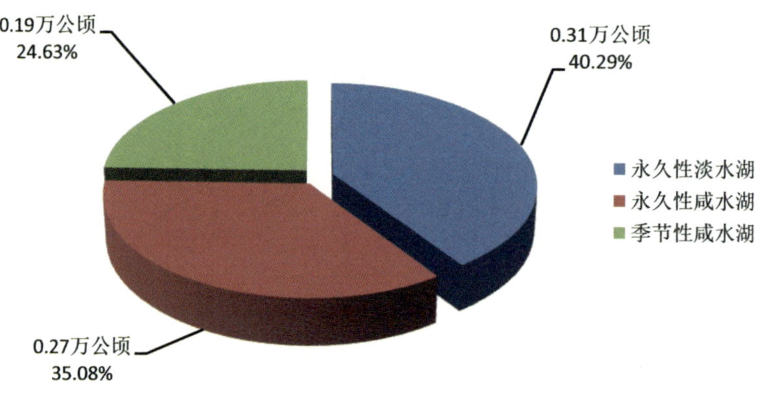

图 2-6　陕西省湖泊各湿地型面积结构图

7.2 各湿地区的湿地型及面积

全省湖泊湿地主要分布在红碱淖单独湿地区以及定边县、西安市辖区和长安区等零星湿地区。其中定边县零星湿地区湖泊湿地面积0.45万公顷，占全省湖泊湿地总面积的59.71%；红碱淖单独湿地区湖泊湿地面积0.30万公顷，占全省湖泊湿地总面积的39.75%；另外西安市辖区和长安区零星湿地区分布有少量湖泊湿地(面积41.18公顷)，占全省湖泊湿地总面积的0.54%(表2-8)。

表2-8 陕西省各湿地区湖泊湿地分布表(公顷)

湿地类型 / 湿地区	合计	永久性淡水湖	永久性咸水湖	季节性咸水湖
合计	7597.92	3061.39	2665.50	1871.03
红碱淖湿地区	3020.21	3020.21	0	0
西安市辖区零星湿地区	31.60	31.60	0	0
长安区零星湿地区	9.58	9.58	0	0
定边县零星湿地区	4536.53	0	2665.50	1871.03

7.3 各流域的湿地型及面积

全省有2个一级流域，6个二级流域，12个三级流域。湖泊湿地仅分布在黄河区一级流域，湿地总面积0.76万公顷。二级流域中内流区湖泊湿地面积0.76万公顷，占湖泊湿地总面积的99.46%；龙门至三门峡分布有少量湖泊湿地(面积41.18公顷)，占湖泊湿地总面积的0.54%。三级流域内流区湖泊湿地面积0.76万公顷，渭河咸阳至潼关分布有少量湖泊湿地(面积41.18公顷)。

一、二、三级流域各湿地型及面积见表2-9。

表2-9 陕西省各流域湖泊湿地分布表(公顷)

一级流域	二级流域	三级流域	合计	永久性淡水湖	永久性咸水湖	季节性咸水湖
合计			7597.92	3061.39	2665.50	1871.03
黄河区	小计		7597.92	3061.39	2665.50	1871.03
	内流区	计	7556.74	3020.21	2665.50	1871.03
		内流区	7556.74	3020.21	2665.50	1871.03
	河口镇至龙门	计	0	0	0	0
		吴堡以上右岸	0	0	0	0
		吴堡以下右岸	0	0	0	0
	龙门至三门峡	计	41.18	41.18	0	0
		泾河张家山以上	0	0	0	0
		北洛河狀头以上	0	0	0	0
		渭河宝鸡峡以上	0	0	0	0

（续）

一级流域	二级流域	三级流域	合 计	永久性淡水湖	永久性咸水湖	季节性咸水湖
黄河区	龙门至三门峡	龙门至三门峡干流区间	0	0	0	0
		渭河咸阳至潼关	41. 18	41. 18	0	0
		渭河宝鸡峡至咸阳	0	0	0	0
	三门峡至花园口	计	0	0	0	0
		伊洛河	0	0	0	0
长江区	小 计		0	0	0	0
	嘉陵江	广元昭化以上	0	0	0	0
	汉 江	丹江口以上	0	0	0	0

7.4 各行政区的湿地型及面积

湖泊湿地仅分布在榆林和西安2个地市。其中榆林市湖泊湿地面积0. 76 万公顷，占湖泊湿地总面积的99. 46%；西安市分布有少量湖泊湿地(面积41. 20 公顷)，占湖泊湿地总面积的0. 54%。

各行政区的湖泊湿地型及面积，见表2-10。

表2-10 陕西省各行政区湖泊湿地分布表(公顷)

湿地类型 行 政 区	合 计	永久性淡水湖	永久性咸水湖	季节性咸水湖
合 计	7597. 92	3061. 39	2665. 5	1871. 03
榆林市县湿地区	7556. 74	3020. 21	2665. 5	1871. 03
西安市县湿地区	41. 18	41. 18		

8 沼泽湿地

8.1 沼泽各湿地型及面积

陕西省沼泽湿地总面积1. 10 万公顷，占全省湿地总面积的3. 58%，包括草本沼泽、内陆盐沼和沼泽化草甸三种类型。其中草本沼泽湿地面积0. 76 万公顷，占沼泽湿地总面积的74. 78%；内陆盐沼面积0. 23 万公顷，占沼泽湿地总面积的22. 25%；沼泽化草甸面积0. 03 万公顷，占沼泽湿地总面积的2. 97%(图2-7)。

8.2 各湿地区的湿地型及面积

全省109 个湿地区中沼泽湿地面积排在前三位是黄河湿地单独湿地区以及横山县和蒲城县零星湿地区，其中面积最大的是黄河湿地，沼泽湿地面积0. 31 万公顷，占沼泽湿地总面积的30. 75%；其次是横山县零星湿地区，沼泽湿地面积0. 19 万公顷，占沼泽湿地总面积的18. 51%；

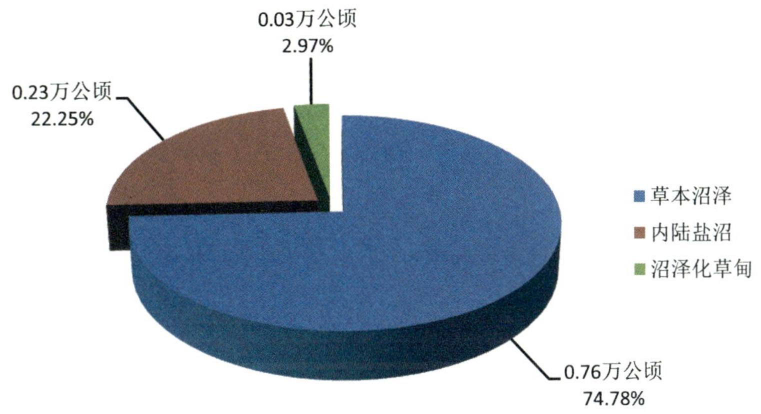

图 **2-7**　陕西省沼泽湿地各湿地型及面积结构图

蒲城县零星湿地区，沼泽湿地面积0.15万公顷，占沼泽湿地总面积的14.38%。黄河湿地单独湿地区和横山县零星湿地区中全为草本沼泽；蒲城县零星湿地区中全为内陆盐沼。

各湿地区的沼泽湿地型及面积，见表2-11。

表 2-11　陕西省各湿地区沼泽湿地分布表(公顷)

湿地类型 / 湿地区	合计	草本沼泽	内陆盐沼	沼泽化草甸
合计	11034.16	7811.08	2939.97	283.11
红碱淖湿地区	1387.15	1387.15	0	0
无定河湿地区	52.52	52.52	0	0
黄河湿地区	3142.12	3142.12	0	0
渭河湿地区	0	0	0	0
汉江湿地区	0	0	0	0
嘉陵江湿地区	0	0	0	0
丹江湿地区	0	0	0	0
西安市辖区零星湿地区	0	0	0	0
阎良区零星湿地区	0	0	0	0
临潼区零星湿地区	108.70	108.70	0	0
长安区零星湿地区	0	0	0	0
蓝田县零星湿地区	0	0	0	0
周至县零星湿地区	47.95	47.95	0	0
户县零星湿地区	0	0	0	0

（续）

湿地类型 湿地区	合计	草本沼泽	内陆盐沼	沼泽化草甸
高陵县零星湿地区	0	0	0	0
王益区零星湿地区	0	0	0	0
印台区零星湿地区	0	0	0	0
耀州区零星湿地区	0	0	0	0
宜君县零星湿地区	0	0	0	0
渭滨区零星湿地区	0	0	0	0
金台区零星湿地区	0	0	0	0
陈仓区零星湿地区	0	0	0	0
凤翔县零星湿地区	0	0	0	0
岐山县零星湿地区	0	0	0	0
扶风县零星湿地区	0	0	0	0
眉县零星湿地区	0	0	0	0
陇县零星湿地区	18.05	18.05	0	0
千阳县零星湿地区	0	0	0	0
麟游县零星湿地区	0	0	0	0
凤县零星湿地区	0	0	0	0
太白县零星湿地区	0	0	0	0
秦都区零星湿地区	0	0	0	0
杨凌区零星湿地区	0	0	0	0
渭城区零星湿地区	0	0	0	0
三原县零星湿地区	9.04	9.04	0	0
泾阳县零星湿地区	0	0	0	0
乾县零星湿地区	0	0	0	0
礼泉县零星湿地区	0	0	0	0
永寿县零星湿地区	0	0	0	0
彬县零星湿地区	0	0	0	0
长武县零星湿地区	0	0	0	0
旬邑县零星湿地区	0	0	0	0
淳化县零星湿地区	0	0	0	0
武功县零星湿地区	0	0	0	0
兴平市零星湿地区	0	0	0	0

（续）

湿地类型 湿地区	合计	草本沼泽	内陆盐沼	沼泽化草甸
临渭区零星湿地区	0	0	0	0
华县零星湿地区	0	0	0	0
潼关县零星湿地区	0	0	0	0
大荔县零星湿地区	626.63	0	626.63	0
合阳县零星湿地区	0	0	0	0
澄城县零星湿地区	0	0	0	0
蒲城县零星湿地区	1462.80	0	1462.80	0
白水县零星湿地区	0	0	0	0
富平县零星湿地区	69.09	0	69.09	0
韩城市零星湿地区	0	0	0	0
华阴市零星湿地区	0	0	0	0
宝塔区零星湿地区	0	0	0	0
延长县零星湿地区	0	0	0	0
延川县零星湿地区	0	0	0	0
子长县零星湿地区	0	0	0	0
安塞县零星湿地区	0	0	0	0
志丹县零星湿地区	0	0	0	0
吴起县零星湿地区	51.70	51.70	0	0
甘泉县零星湿地区	0	0	0	0
富县零星湿地区	22.14	22.14	0	0
洛川县零星湿地区	0	0	0	0
宜川县零星湿地区	0	0	0	0
黄龙县零星湿地区	0	0	0	0
黄陵县零星湿地区	0	0	0	0
汉台区零星湿地区	0	0	0	0
南郑县零星湿地区	0	0	0	0
城固县零星湿地区	0	0	0	0
洋县零星湿地区	0	0	0	0
西乡县零星湿地区	0	0	0	0
勉县零星湿地区	261.26	0	0	261.26
宁强县零星湿地区	0	0	0	0

（续）

湿地类型 湿地区	合计	草本沼泽	内陆盐沼	沼泽化草甸
略阳县零星湿地区	0	0	0	0
镇巴县零星湿地区	0	0	0	0
留坝县零星湿地区	21.85	0	0	21.85
佛坪县零星湿地区	0	0	0	0
榆阳区零星湿地区	312.02	312.02	0	0
神木县零星湿地区	79.37	79.37	0	0
府谷县零星湿地区	0	0	0	0
横山县零星湿地区	1890.60	1890.60	0	0
靖边县零星湿地区	284.61	284.61	0	0
定边县零星湿地区	1097.72	316.27	781.45	0
绥德县零星湿地区	0	0	0	0
米脂县零星湿地区	0	0	0	0
佳县零星湿地区	0	0	0	0
吴堡县零星湿地区	0	0	0	0
清涧县零星湿地区	0	0	0	0
子洲县零星湿地区	0	0	0	0
汉滨区零星湿地区	0	0	0	0
汉阴县零星湿地区	0	0	0	0
石泉县零星湿地区	0	0	0	0
宁陕县零星湿地区	0	0	0	0
紫阳县零星湿地区	0	0	0	0
岚皋县零星湿地区	0	0	0	0
平利县零星湿地区	0	0	0	0
镇坪县零星湿地区	0	0	0	0
旬阳县零星湿地区	0	0	0	0
白河县零星湿地区	0	0	0	0
商州区零星湿地区	0	0	0	0
洛南县零星湿地区	67.61	67.61	0	0
丹凤县零星湿地区	0	0	0	0
商南县零星湿地区	0	0	0	0
山阳县零星湿地区	0	0	0	0
镇安县零星湿地区	21.23	21.23	0	0
柞水县零星湿地区	0	0	0	0

8.3　各流域的湿地型及面积

一级流域黄河区沼泽湿地总面积 1.07 万公顷，占沼泽湿地总面积的 97.24%；长江区沼泽湿地总面积0.03 万公顷，占沼泽湿地总面积的2.76%。近年来，由于围垦、造田等人为活动因素的影响，陕西沼泽湿地面积大幅度减少，现黄河流域分布有少量沼泽湿地外，长江流域沼泽湿地已极其少见。

各流域的沼泽湿地型及面积，见表 2-12。

表 2-12　陕西省各流域沼泽湿地分布表(公顷)

<table>
<tr><th>一级流域</th><th>二级流域</th><th>三级流域</th><th>合　计</th><th>草本沼泽</th><th>内陆盐沼</th><th>沼泽化草甸</th></tr>
<tr><td colspan="3">合　计</td><td>11034.16</td><td>7811.08</td><td>2939.97</td><td>283.11</td></tr>
<tr><td rowspan="16">黄河区</td><td colspan="2">小　计</td><td>10729.82</td><td>0</td><td>0</td><td>0</td></tr>
<tr><td rowspan="2">内流区</td><td>计</td><td>2484.87</td><td>1703.42</td><td>781.45</td><td>0</td></tr>
<tr><td>内流区</td><td>2484.87</td><td>1703.42</td><td>781.45</td><td>0</td></tr>
<tr><td rowspan="3">河口镇至龙门</td><td>计</td><td>2670.82</td><td>2670.82</td><td>0</td><td>0</td></tr>
<tr><td>吴堡以上右岸</td><td>79.37</td><td>79.37</td><td>0</td><td>0</td></tr>
<tr><td>吴堡以下右岸</td><td>2591.45</td><td>2591.45</td><td>0</td><td>0</td></tr>
<tr><td rowspan="8">龙门至三门峡</td><td>计</td><td>5506.52</td><td>5506.52</td><td>0</td><td>0</td></tr>
<tr><td>泾河张家山以上</td><td>0</td><td>0</td><td>0</td><td>0</td></tr>
<tr><td>北洛河状头以上</td><td>22.14</td><td>22.14</td><td>0</td><td>0</td></tr>
<tr><td>渭河宝鸡峡以上</td><td>0</td><td>0</td><td>0</td><td>0</td></tr>
<tr><td>龙门至三门峡干流区间</td><td>3142.12</td><td>3142.12</td><td>0</td><td>0</td></tr>
<tr><td>渭河咸阳至潼关</td><td>2324.21</td><td>2324.21</td><td>0</td><td>0</td></tr>
<tr><td>渭河宝鸡峡至咸阳</td><td>18.05</td><td>18.05</td><td>0</td><td>0</td></tr>
<tr><td>　</td><td></td><td></td><td></td><td></td></tr>
<tr><td rowspan="2">三门峡至花园口</td><td>计</td><td>67.61</td><td>67.61</td><td>0</td><td>0</td></tr>
<tr><td>伊洛河</td><td>67.61</td><td>67.61</td><td>0</td><td>0</td></tr>
<tr><td rowspan="3">长江区</td><td colspan="2">小　计</td><td>304.34</td><td>21.23</td><td>0</td><td>283.11</td></tr>
<tr><td>嘉陵江</td><td>广元昭化以上</td><td>0</td><td>0</td><td>0</td><td>0</td></tr>
<tr><td>汉江</td><td>丹江口以上</td><td>304.34</td><td>21.23</td><td>0</td><td>283.11</td></tr>
</table>

8.4　各行政区的湿地型及面积

全省 10 个地市中，沼泽湿地面积最大的是渭南市，沼泽湿地面积 0.53 万公顷，占沼泽湿地总面积的49.04%；其次是汉中市，沼泽湿地面积0.51 万公顷，占沼泽湿地总面积的46.26%；第三是榆林市，沼泽湿地面积0.03 万公顷，占沼泽湿地总面积的 2.57%；另外，西安、商洛、延安、宝鸡、咸阳5市有少量沼泽湿地(共有湿地面积346.42公顷)，占沼泽湿地总面积的3.39%。

各行政区的沼泽湿地型及面积，见表2-13。

表2-13 陕西省各行政区沼泽湿地分布表(公顷)

湿地类型 行政区	合 计	草本沼泽	内陆盐沼	沼泽化草甸
合 计	11034.16	7811.08	2939.97	283.11
渭南市县湿地区	5300.64	3142.12	2158.52	0
汉中市县湿地区	5103.99	4322.54	781.45	0
榆林市县湿地区	283.11	0	0	283.11
安康市县湿地区	0	0	0	0
商洛市县湿地区	88.84	88.84	0	0
宝鸡市县湿地区	18.05	18.05	0	0
延安市县湿地区	73.84	73.84	0	0
西安市县湿地区	156.65	156.65	0	0
咸阳市县湿地区	9.04	9.04	0	0
铜川市县湿地区	0	0	0	0

9 人工湿地

9.1 人工各湿地型及面积

全省人工湿地总面积3.23万公顷，占全省湿地总面积的10.46%，包括库塘、运河/输水河和水产养殖场三种湿地类型(不包括稻田)。其中库塘湿地面积2.43万公顷，占人工湿地总面积的75.90%；运河/输水河面积0.33万公顷，占人工湿地总面积的10.41%；水产养殖场面积0.44万公顷，占人工湿地总面积的13.69%(图2-8)。

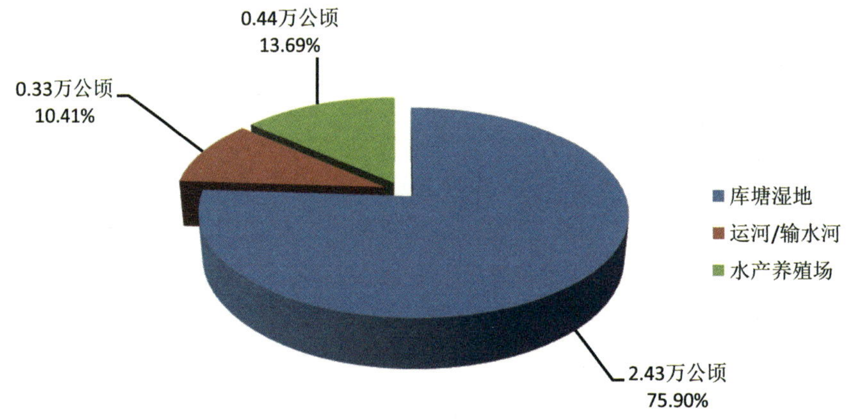

图2-8 陕西省人工湿地各湿地型及面积结构图

9.2　各湿地区的湿地型及面积

全省109个湿地区中人工湿地面积排在前三位的是汉江湿地、黄河湿地两个单独湿地区以及榆阳区零星湿地区，其中湿地面积最大的是汉江湿地区，人工湿地面积0.41万公顷，占人工湿地总面积的12.86%；其次是黄河湿地区，人工湿地面积0.39万公顷，占人工湿地总面积的12.04%；榆阳区零星湿地区，人工湿地面积0.22万公顷，占人工湿地总面积的6.72%。汉江湿地中主要为库塘湿地；黄河湿地中，水产养殖场面积0.38万公顷，另外还有少量库塘湿地(面积61.57公顷)；榆阳区零星湿地区库塘湿地面积0.17万公顷，输水渠面积0.02万公顷，水产养殖场面积0.03万公顷。

各湿地区的人工湿地型及面积，见表2-14。

表2-14　陕西省各湿地区人工湿地分布表(公顷)

湿地类型 / 湿地区	合　计	库塘湿地	运河/输水河	水产养殖场
合　计	32271.18	24531.36	3355.01	4384.81
红碱淖湿地区	0	0	0	0
无定河湿地区	0	0	0	0
黄河湿地区	3884.28	61.57	0	3822.71
渭河湿地区	308.04	279.80	0	28.24
汉江湿地区	4149.00	4149.00	0	0
嘉陵江湿地区	0	0	0	0
丹江湿地区	343.71	343.71	0	0
西安市辖区零星湿地区	1024.39	981.52	42.87	0
阎良区零星湿地区	188.98	19.58	169.40	0
临潼区零星湿地区	596.66	327.11	269.55	0
长安区零星湿地区	328.50	214.66	105.26	8.58
蓝田县零星湿地区	90.81	90.81	0	0
周至县零星湿地区	361.93	327.69	34.24	0
户县零星湿地区	47.30	33.15	0	14.15
高陵县零星湿地区	274.04	65.26	208.78	0
王益区零星湿地区	0	0	0	0
印台区零星湿地区	36.60	36.60	0	0
耀州区零星湿地区	353.25	353.25	0	0
宜君县零星湿地区	97.63	97.63	0	0
渭滨区零星湿地区	0	0	0	0

（续）

湿地类型 湿地区	合计	库塘湿地	运河/输水河	水产养殖场
金台区零星湿地区	161.70	0	161.70	0
陈仓区零星湿地区	1089.59	803.89	285.70	0
凤翔县零星湿地区	538.75	511.81	26.94	0
岐山县零星湿地区	353.37	244.71	108.66	0
扶风县零星湿地区	531.13	186.50	285.72	58.91
眉县零星湿地区	195.09	0	126.50	68.59
陇县零星湿地区	63.90	63.90	0	0
千阳县零星湿地区	1116.14	1116.14	0	0
麟游县零星湿地区	0	0	0	0
凤县零星湿地区	0	0	0	0
太白县零星湿地区	125.60	125.60	0	0
秦都区零星湿地区	51.57	0	51.57	0
杨凌区零星湿地区	77.69	40.46	37.23	0
渭城区零星湿地区	76.03	6.72	69.31	0
三原县零星湿地区	301.48	261.02	40.46	0
泾阳县零星湿地区	700.11	480.72	219.39	0
乾县零星湿地区	771.50	726.89	44.61	0
礼泉县零星湿地区	378.00	319.57	58.43	0
永寿县零星湿地区	100.28	100.28	0	0
彬县零星湿地区	104.54	104.54	0	0
长武县零星湿地区	14.81	14.81	0	0
旬邑县零星湿地区	9.68	9.68	0	0
淳化县零星湿地区	32.68	32.68	0	0
武功县零星湿地区	84.15	31.40	52.75	0
兴平市零星湿地区	101.90	10.44	67.18	24.28
临渭区零星湿地区	304.03	224.97	79.06	0
华县零星湿地区	369.75	352.73	17.02	0
潼关县零星湿地区	9.81	9.81	0	0
大荔县零星湿地区	109.03	0	109.03	0
合阳县零星湿地区	124.95	102.41	22.54	0
澄城县零星湿地区	50.68	43.84	6.84	0

（续）

湿地区 \ 湿地类型	合　计	库塘湿地	运河/输水河	水产养殖场
蒲城县零星湿地区	178.19	46.68	131.51	0
白水县零星湿地区	191.63	178.29	13.34	0
富平县零星湿地区	151.88	68.11	83.77	0
韩城市零星湿地区	111.51	111.51	0	0
华阴市零星湿地区	249.44	221.04	28.40	0
宝塔区零星湿地区	129.37	129.37	0	0
延长县零星湿地区	8.10	8.10	0	0
延川县零星湿地区	37.38	37.38	0	0
子长县零星湿地区	205.34	205.34	0	0
安塞县零星湿地区	498.18	498.18	0	0
志丹县零星湿地区	0	0	0	0
吴起县零星湿地区	474.12	474.12	0	0
甘泉县零星湿地区	13.26	13.26	0	0
富县零星湿地区	84.50	84.50	0	0
洛川县零星湿地区	170.30	170.30	0	0
宜川县零星湿地区	15.37	15.37	0	0
黄龙县零星湿地区	44.35	44.35	0	0
黄陵县零星湿地区	77.99	77.99	0	0
汉台区零星湿地区	602.08	602.08	0	0
南郑县零星湿地区	622.81	622.81	0	0
城固县零星湿地区	572.94	572.94	0	0
洋县零星湿地区	283.07	283.07	0	0
西乡县零星湿地区	0	0	0	0
勉县零星湿地区	218.11	218.11	0	0
宁强县零星湿地区	175.30	175.30	0	0
略阳县零星湿地区	0	0	0	0
镇巴县零星湿地区	0	0	0	0
留坝县零星湿地区	61.25	61.25	0	0
佛坪县零星湿地区	0	0	0	0
榆阳区零星湿地区	2168.44	1658.78	198.06	311.60
神木县零星湿地区	761.68	761.68	0	0

（续）

湿地类型 湿地区	合计	库塘湿地	运河/输水河	水产养殖场
府谷县零星湿地区	321.77	321.77	0	0
横山县零星湿地区	653.59	497.97	124.46	31.16
靖边县零星湿地区	1728.24	1728.24	0	0
定边县零星湿地区	147.24	147.24	0	0
绥德县零星湿地区	59.79	11.28	48.51	0
米脂县零星湿地区	67.00	40.78	26.22	0
佳县零星湿地区	33.06	33.06	0	0
吴堡县零星湿地区	0	0	0	0
清涧县零星湿地区	0	0	0	0
子洲县零星湿地区	0	0	0	0
汉滨区零星湿地区	201.33	201.33	0	0
汉阴县零星湿地区	105.80	105.80	0	0
石泉县零星湿地区	0	0	0	0
宁陕县零星湿地区	0	0	0	0
紫阳县零星湿地区	0	0	0	0
岚皋县零星湿地区	277.07	277.07	0	0
平利县零星湿地区	113.30	96.71	0	16.59
镇坪县零星湿地区	43.39	43.39	0	0
旬阳县零星湿地区	172.79	172.79	0	0
白河县零星湿地区	0	0	0	0
商州区零星湿地区	16.44	16.44	0	0
洛南县零星湿地区	113.01	113.01	0	0
丹凤县零星湿地区	33.65	33.65	0	0
商南县零星湿地区	35.90	35.90	0	0
山阳县零星湿地区	8.16	8.16	0	0
镇安县零星湿地区	0	0	0	0
柞水县零星湿地区	0	0	0	0

9.3 各流域的湿地型及面积

一级流域黄河区人工湿地面积2.42万公顷，占人工湿地总面积的75.10%；长江区人工湿地面积0.80万公顷，占人工湿地总面积的24.90%。二级流域中河口镇至龙门区人工湿地面积0.72

万公顷，占人工湿地总面积的22.40%；龙门至三门峡人工湿地面积1.66万公顷，占人工湿地总面积的51.46%；三门峡至花园口人工湿地面积0.04万公顷，占人工湿地总面积的1.23%；嘉陵江人工湿地面积0.02万公顷，占人工湿地总面积的0.54%；汉江人工湿地面积0.79万公顷，占人工湿地总面积的24.36%。

各流域的人工湿地型及面积，见表2-15。

表2-15 陕西省各流域人工湿地分布表(公顷)

一级流域	二级流域	三级流域	合 计	库塘湿地	运河/输水河	水产养殖场
合 计			32271.18	24531.36	3355.01	4384.81
黄河区	小 计		24235.08	16511.85	3355.01	4368.22
	内流区	计	0	0	0	0
		内流区	0	0	0	0
	河口镇至龙门	计	7229.58	6489.57	397.25	342.76
		吴堡以上右岸	1221.58	1221.58	0	0
		吴堡以下右岸	6008.00	5267.99	397.25	342.76
	龙门至三门峡	计	16608.19	9624.97	2957.76	4025.46
		泾河张家山以上	160.07	160.07	0	0
		北洛河状头以上	808.26	792.06	16.20	0
		渭河宝鸡峡以上	49.18	8.41	40.77	0
		龙门至三门峡干流区间	3576.65	275.49	22.54	3278.62
		渭河咸阳至潼关	5668.01	3593.41	1502.25	572.35
		渭河宝鸡峡至咸阳	6346.02	4795.53	1376.00	174.49
	三门峡至花园口	计	397.31	397.31	0	0
		伊洛河	397.31	397.31	0	0
长江区	小 计		8036.10	8019.51	0	16.59
	嘉陵江	广元昭化以上	175.30	175.30	0	0
	汉江	丹江口以上	7860.80	7844.21	0	16.59

9.4 各行政区的湿地型及面积

陕西省10个地市中，人工湿地面积最大的是汉中市，人工湿地面积0.59万公顷，占人工湿地总面积的18.41%；其次是渭南市，人工湿地面积0.57万公顷，占人工湿地总面积的17.77%；第三是安康市，人工湿地面积0.44万公顷，占人工湿地总面积的13.68%。榆林市以库塘湿地为主，渭南市黄河湿地区是陕西省主要的水产养殖场，宝鸡市以库塘湿地为主，同时以宝鸡峡引渭干渠、宝鸡市引渭高干渠等为主的输水河占有一定的面积。

各行政区的人工湿地型及面积，见表2-16。

表2-16 陕西省各行政区人工湿地分布表(公顷)

行政区＼湿地类型	合　计	库塘湿地	运河/输水河	水产养殖场
合　计	32271. 18	24531. 36	3355. 01	4384. 81
渭南市县湿地区	5735. 18	1420. 96	491. 51	3822. 71
汉中市县湿地区	5940. 81	5200. 80	397. 25	342. 76
安康市县湿地区	4413. 33	4396. 74	0	16. 59
榆林市县湿地区	3184. 91	3184. 91	0	0
商洛市县湿地区	550. 87	550. 87	0	0
宝鸡市县湿地区	4356. 37	3205. 41	995. 22	155. 74
延安市县湿地区	1758. 26	1758. 26	0	0
西安市县湿地区	2927. 36	2074. 53	830. 10	22. 73
咸阳市县湿地区	2916. 61	2251. 40	640. 93	24. 28
铜川市县湿地区	487. 48	487. 48	0	0

第二节 湿地的分布规律

陕西省是我国西北地区内陆省份，纵跨黄河、长江两大流域，总面积20. 58万平方公里，其中黄河流域占64. 80%，长江流域占35. 20%。特殊的地理位置决定了陕西特殊的湿地特点及分布规律。

1 湿地特点

1. 1 区域环境特殊，湿地总面积比重偏小

由于陕西省地处我国西北内陆，整体属干旱半干旱地区，水资源是制约陕西省生态、经济、社会发展的主要因素，水资源的缺乏导致了与水有直接关系的湿地的发育和存在。陕西省湿地总面积30. 85万公顷，仅占全省总面积的1. 50%，湿地总面积比重偏小。

1. 2 湿地类型多样，呈现地域分布特征

陕西省湿地类型包括河流湿地、湖泊湿地、沼泽湿地和人工湿地4大类中的永久性河流湿地、季节性河流湿地、洪泛平原湿地、永久性淡水湖湿地、永久性咸水湖湿地、季节性咸水湖湿

地、草本沼泽湿地、内陆盐沼湿地、沼泽化草甸湿地、库塘湿地、输水河和水产养殖场12个湿地类型，湿地类数和湿地类型数分别占全国湿地类数和湿地类型数的80.00%和35.29%，湿地种类呈现出多样化的特点。

陕西地处黄河、长江两大流域，黄河流域面积约占全省总面积的64.80%，长江流域面积占全省总面积的35.20%，从地域上黄河流域为湿地的形成提供了广泛的载体。河流湿地在全省广泛分布，主要集中在黄河和汉江及其一二级支流；湖泊湿地主要分布在黄河流域的定边县、榆阳区和神木县等内流区；沼泽湿地主要分布在黄河流域的定边县、榆阳区、横山县、靖边县以及蒲城县和合阳县等；人工湿地全省广泛分布，并以库塘湿地为主。

1.3　各类湿地面积比重差异较大，河流湿地特征南北差异明显

从各类湿地面积比重来看，河流湿地面积最大，面积占全省湿地总面积的83.50%；其次是人工湿地，面积占全省湿地总面积的11.46%；第三是沼泽湿地，面积占全省湿地总面积的3.58%；第四是湖泊湿地，面积占全省湿地总面积的2.46%。显然，河流湿地是陕西省的主要湿地类型，面积约占全省湿地总面积的80%，其他类型的湿地，面积仅占到全省湿地总面积的16.50%。

黄河流域河流一般是上游多支流，沟谷纵横，河段开阔，暴涨暴落，洪、枯水量相差悬殊，加之地处黄土高原，土壤侵蚀严重，河水携带大量泥沙，严重冲刷河床并造成泥沙堆积，因而形成较大面积的低河漫滩；而长江流域的河流虽地处秦巴山区，属北亚热带气候，降水量充沛，但一般属山溪性河流，河床狭窄，比降大，水流湍急。

1.4　特殊的地理环境，导致沼泽湿地面积较少

沼泽是地面排水不畅、长期潮湿、生长喜湿和喜水植物、有泥炭堆积的洼地或平地。陕西北部河流虽河道开阔，河漫滩面积较大，但由于降水量小，蒸发量大，洪、枯水量悬殊，水源补给不足，不具备形成大面积沼泽的条件；而陕南地区除汉江外，一般河流河谷多为“V”形，河床狭窄，沿途多是岩岸，流速较大，江河边缘难以形成沼泽，从而导致陕西省沼泽湿地面积偏少。

1.5　库塘湿地在区域生态、经济、社会发展中作用突出

陕西省库塘湿地以水库为主，本次调查全省有8公顷以上的库塘湿地466座，面积2.45万公顷。水库数量上以黄河流域占绝大多数，但水库面积从相对数量来看长江流域较黄河流域大，这与其地理位置和气候、水文条件相一致。黄河流域由于降水量少、河流洪枯水量悬殊、泥沙含量大，水库的主要用途是蓄洪、灌溉和提供水源；而长江流域水库除了蓄洪、灌溉用途外，主要用于发电。

另外，从陕西省水利厅了解到，陕西省王圪堵、南沟门、亭口、东庄等4座大型水库已被列入了国家发改委、水利部公布的《全国大型水库建设规划(2008～2012年)》，建设数量居全国第一。目前，王圪堵水库、南沟门水库项目建议书已经国家发改委批准，亭口水库项目建议书通过了国家发改委的委托评估，东庄水库项目建议书已上报国家国家发改委、水利部。

1.6 湿地生物多样性丰富，是重要的物种基因库

陕西省湿地资源虽少，但湿地生物多样性依然丰富，特别是湿地鸟类种类多，数量大，保护等级高。根据调查和文献资料统计，陕西省共有湿地鸟类9目24科121种，其中属国家Ⅰ级保护7种，Ⅱ级保护12种，省级重点保护19种。本次调查湿地野生动物共计312种，其中，除鸟类外，还有鱼类6目15科78属136种和亚种，两栖类2目7科14属28种，爬行类2目5科17属22种，哺乳类3目4科5种。本次调查湿地维管植物共62科177属361种(恩格勒系统，1964)。其中蕨类植物4科4属5种，被子植物58科173属356种(含变种、变型)。被子植物中野大豆为国家Ⅱ级保护植物，桤木和穗状狐尾藻为省级重点保护植物。

1.7 区位优势明显，是我国几大主要江河发源地

陕西省是我国汉江、丹江和嘉陵江等几大江河的发源地，是南水北调中线引水工程主要水源地，区域地位十分重要。其中，汉江发源于陕西省宁强县大安镇的汉王山(嶓冢山)，省内流经勉县、城固、洋县、西乡、石泉、汉阴、汉滨、旬阳、白河等县，自白河县中厂乡流出进入湖北，境内流域面积约62235平方公里，流长约652公里。丹江发源于陕境秦岭东部的凤凰山南麓(陕西省商洛市商州区西北部)，经商洛市商州区、丹凤县、商南县，于荆紫关附近(商南县汪家店乡月亮湾)出陕，境内流域面积约7551平方公里，流长约243公里。嘉陵江发源于陕西省凤县西北部秦岭南麓的代王山嘉陵谷(凉水泉沟)，嘉陵江也由此得名，省内流经凤县、略阳、宁强，自宁强县阳平关出陕入川，流域总面积16万平方公里，总流长1119公里。无定河发源于榆林市定边县白于山北麓，上游叫红柳河，流经靖边新桥后称为无定河，流经定边、靖边、米脂、绥德、清涧县，自清涧县河口注入黄河，境内流域面积约30260平方公里，流长491公里，沿途纳榆溪河、芦河、大理河、淮宁河等支流。

1.8 历史悠长，湿地文化底蕴深厚

陕西省湿地文化内容丰富、特色鲜明。黄河是中华民族的母亲河，经过亘古不息的流淌，孕育出世界最古老、最灿烂的文明。历史上，从中石器时代起，黄河流域就成了我国远古文化发展的中心。中华民族的始祖之一炎帝(神农氏)，在黄河渭水之边教人们播种收获，开创了我国历史上著名的农耕文化。汉江和嘉陵江流域是巴蜀文化的重要分布区域，人们在江河之滨撒网捕鱼、播种插秧，孕育了区域独特的水乡文化。富有特色湿地文化内涵的湿地资源众多，典型的主要有：黄河干流的壶口瀑布、黄河龙门，渭河文化中的千渭之会，八水绕长安，长安八景中的咸阳古渡、曲江流饮、灞柳风雪，汉江嘉陵江流域的汉江文化、水乡文化，延安南泥湾湿地中的九龙泉等，它们都富有深厚的历史文化底蕴。

2 湿地分布规律

2.1 黄河流域湿地率高于长江流域

陕西省湿地从长江、黄河两大流域来看，长江流域湿地面积9.49万公顷，占湿地总面积的

30.75%，区域湿地率1.32%；黄河流域湿地面积21.36万公顷，占湿地总面积的69.25%，区域湿地率1.6%。就湿地率而言，黄河流域高于长江流域，见表2-17。

表2-17 陕西湿地按一级流域统计表

流 域	流域面积(万公顷)	湿地面积(万公顷)	湿地面积占比(%)	区域湿地率(%)
全 省	2058.00	30.85	100	1.50
黄河区	1337.70	21.36	69.25	1.60
长江区	720.30	9.49	30.75	1.32

2.2 关中地区湿地率高于陕南地区，陕南地区湿地率高于陕北地区

陕西省湿地从陕南、陕北和关中三大地区来看，陕南湿地面积9.56万公顷，占湿地总面积的30.98%，区域湿地率1.37%；关中湿地面积14.29万公顷，占湿地总面积的46.33%，区域湿地率2.58%；陕北湿地面积7万公顷，占湿地总面积的22.69%，区域湿地率0.87%。就湿地率而言，关中高于陕南，陕南高于陕北。各湿地类型的分布规律是：陕西省关中地区以河流湿地为主，人工湿地中的库塘(水库)、输水渠和水产养殖场数量较多，面积较大，同时也是为数不多的沼泽湿地主要分布区；陕南以河流湿地为主，有部分库塘湿地(水库)分布；陕北以河流湿地为主，有部分库塘湿地(水库)分布，同时也是陕西省湖泊湿地集中分布区，见表2-18。

表2-18 陕西湿地按地区统计表

地 区	地区面积(万公顷)	湿地面积(万公顷)	湿地面积占比(%)	地区湿地率(%)
全 省	2058.00	30.85	100	1.50
陕南地区	698.21	9.56	30.98	1.37
关中地区	553.72	14.29	46.33	2.58
陕北地区	806.07	7.00	22.69	0.87

2.3 渭南市湿地面积、湿地面积率和湿地率在全省高居首位

陕西省湿地从行政区来看，湿地面积排前三的市依次是：渭南市、榆林市、汉中市，铜川市湿地面积最小；湿地面积率排前三的市依次是：渭南市、榆林市、汉中市，铜川市湿地面积率最低；湿地率排前三的市依次是：渭南市、西安市、汉中市，延安市湿地率最低；渭南市湿地面积、湿地面积率和湿地率在全省各市排名中均高居首位，以黄河湿地为代表，其在湿地典型性、湿地生物多样性以及物种多度等方面具有突出的特点，在陕西省湿地保护管理中占据举足轻重的地位，见表2-19。

表 2-19 陕西湿地按行政区统计表

行政区	行政区面积(万公顷)	湿地面积(万公顷)	湿地面积占比(%)	行政区湿地率(%)
全 省	2058. 00	30. 85	100	1. 50
榆林市县湿地区	435. 78	4. 60	14. 92	1. 06
延安市县湿地区	370. 29	2. 40	7. 77	0. 65
咸阳市县湿地区	101. 19	1. 15	3. 73	1. 14
西安市县湿地区	99. 83	1. 83	5. 95	1. 84
渭南市县湿地区	130. 00	8. 11	26. 30	6. 24
铜川市县湿地区	40. 70	0. 57	1. 83	1. 39
商洛市县湿地区	192. 92	2. 74	8. 88	1. 42
汉中市县湿地区	270. 00	3. 93	12. 73	1. 45
宝鸡市县湿地区	182. 00	2. 63	8. 52	1. 44
安康市县湿地区	235. 29	2. 89	9. 36	1. 23

第三章 湿地生物资源

第一节 湿地植物和植被

1　湿地植物区系和植物种类

1.1　湿地植物物种组成

陕西省地处我国南北交汇带，地域上由北向南跨越中温带、暖温带和北亚热带三个气候带，加上盘亘于陕西南部的秦岭山脉所起的分隔作用，形成了植物区系成分复杂，种类丰富多样，显示出过渡性明显的特点。

陕西湿地面积虽小，但湿地类型多样，具有丰富的湿地生态系统。本次调查对全省范围内的河流、湖泊、沼泽和各种人工湿地进行了全面调查，调查共设置各类调查样方 1623 个，经统计共有湿地维管植物 62 科 177 属 361 种(恩格勒系统，1964)。其中蕨类植物 4 科 4 属 5 种，被子植物 58 科 173 属 356 种(含变种、变型)。被子植物中，双子叶植物 41 科 116 属 238 种，单子叶植物 17 科 57 属 118 种(附录 1)。显然，被子植物是陕西湿地植物区系的主要组成成分。

在 62 科湿地植物中，多于 5 个种(不含变种或变型，即不管 1 个种下有几个变种或变型，均按 1 种对待)的科共 25 个，即莎草科(34)、禾本科(28)、菊科(25)、毛茛科(22)、虎耳草科(15)、眼子菜科(13)、藜科(12)、龙胆科(12)、蓼科(12)、石竹科(11)、十字花科(11)、灯心草科(10)、杨柳科(9)、伞形科(9)、蔷薇科(8)、报春花科(8)、唇形科(8)、败酱科(7)、香蒲科(6)、罂粟科(6)、柽柳科(6)、玄参科(6)、千屈菜科(5)、百合科(5)、柳叶菜科(5)。其中超过 20 种的禾本科、莎草科、菊科和毛茛科等属于世界性大科，广布于世界各地，在本省分布亦相当广泛，是湿地植物群落的主要构建者。眼子菜科、菱科等均是内陆暖温带地区淡水生境条件下的植物群类，这些植物主要分布于秦岭及其以南各地。无疑，以上各科是本省湿地植物区系特色的体现，具有淡水温带植物区系的性质。

1.2 陕西湿地被子植物的数量统计

1.2.1 科的数量统计

调查结果表明，陕西湿地中共有被子植物58个科，包括单子叶植物17科，双子叶植物41科；其中含10种以上的科有11科，含9种的有灯心草科等3个科，含8种的有蔷薇科、报春花科、唇形科等3个科；含7种的仅有败酱科1个科；含6种的有香蒲科、罂粟科、玄参科和柽柳科等4个科；百合科、千屈菜科和柳叶菜科等3个科各含有5种；含4种的有泽泻科、荨麻科、豆科、胡桃科和苋科等4个科；含3种的有水鳖科、天南星科和浮萍科等3个科；含2种的有鸭跖草科、桦木科、车前科、忍冬科等8个科；有17个科在陕西湿地中仅含有1种植物(表3-1)。

表3-1 陕西省湿地被子植物科的数量统计

含种的数量	科数	总属数	总种数	含种的数量	科数	总属数	总种数
>10种的科	11	85	196	含4种的科	5	13	20
含9种的科	3	9	27	含3种的科	3	6	9
含8种的科	3	13	24	含2种的科	8	11	17
含7种的科	1	2	7	含1种的科	17	17	17
含6种的科	4	10	24	合计	58	173	356
含5种的科	3	7	15				

1.2.2 属的数量统计

在陕西湿地中生长的58科被子植物中，共有173个属；统计结果表明，含10种以上的属仅有眼子菜属1个属；含5种以上的属有12个属；含4种的有10个属；含3种的有19个属；有33属含有2种；有98属仅含有1个种，见表3-2。

表3-2 陕西湿地被子植物中含5种以上的属的数量统计

属名	种数	分布区类型	属名	种数	分布区类型
眼子菜属	13	1	香蒲属	6	1
蓼属	9	1	莎草属	6	1
藨草属	8	1	虎耳草属	6	8
灯心草属	8	1	荸荠属	5	1
毛茛属	8	1	飘拂草属	5	2
柳属	8	8	柳叶菜属	5	8
金腰子属	8	8			
共计13个属，占本地区总属数的0.75%；95种，占本地区总种数的26.76%					

1.3 湿地植物属的地理分布

按照吴征镒(2006)关于种子植物分布区类型的划分，陕西湿地中被子植物173属，分别属于其中的13种类型。

1.3.1　世界分布类型(1 型)

陕西湿地被子植物中有世界分布型(类型 1)54 属，150 种。种数较多的眼子菜属(13 种)；其次是蓼属(9 种)；灯心草属、毛茛属、藨草属各有 8 种；莎草属、香蒲属各有 6 种；荸荠属有 5 种；滨藜属、珍珠菜属、碎米荠属、蔊菜属各有 4 种；拉拉藤属、老鹳草属各有 5 种。苋属、鬼针草属、龙胆属、碱蓬属等 10 个属各含有 3 种；马唐属、车前属、浮萍属等 9 个属；仅含有 1 种的有剪股颖属、金鱼藻属、角果藻属、紫萍属、虎尾藻属、栅叶藻属等 23 属，见表 3-3。

表 3-3　陕西湿地中被子植物属的地理成分

分布区类型	属　数	占总属数(%)	种　数	占总种数(%)
1. 世界分布	54	31.21	150	42.25
2. 泛热带分布	22	18.49	29	14.08
4. 旧世界热带分布	3	2.52	4	1.94
5. 热带亚洲至热带大洋洲分布	2	1.68	2	0.98
6. 热带亚洲至热带非洲分布	2	1.68	2	0.98
7. 热带亚洲(印度、马来西亚)分布	4	3.36	5	2.42
2~7 型小计	33	27.73	42	20.40
8. 北温带分布	59	49.58	120	58.25
9. 东亚和北美洲间断分布	3	2.52	5	2.43
10. 旧世界温带分布	14	11.76	23	11.16
11. 温带亚洲分布	2	1.68	2	0.98
12. 地中海、西亚至中亚分布	2	1.68	3	1.45
14. 东亚分布	6	5.05	11	5.33
8~14 型小计	86	72.27	164	79.60
合　计	173	100	356	100

世界分布型在陕西湿地中占有较大比例，分别占到总属数的 31.21% 和总种数的 42.25%。但是由于世界分布型在确定植物区系关系、地理分布特点时意义不大，所以在各分布类型统计分析时通常扣除不计。

1.3.2　热带亚热带分布型(2~7 型)

陕西湿地被子植物中热带亚热带分布型共有 33 属、42 种，分别占本地区总属数的 27.73%，总种数的 20.49%。这一类型中泛热带分布型(类型 2)最多，共有 22 属，29 种，分别占本地区总属数的 18.49% 和总种数的 14.15%。其中飘拂草属含有 5 种；母草属、冷水花属、扁莎草属各有 2 种；谷精草属、水鳖属、苦草属等 18 个属各含有 1 种。这一类型中具有较多的中生植物，典型的湿生或水生植物多见于关中以南及其秦巴山区的暖性湿地中。

除此之外，旧世界热带分布型(类型 4)在陕西湿地中只有 3 属 4 种；热带亚洲至热带大洋洲分布型(类型 5)只有 2 属 2 种；热带亚洲至热带非洲分布型(类型 6)只有 2 属 2 种；热带亚洲(印度、马来西亚)分布型(类型 7)也只有 4 属 5 种。这些分布型在陕西湿地被子植物中所占成分很少，区系成分意义不大。

1.3.3 温带分布型(8 ~ 14 型)

温带分布型在陕西湿地植物中分布有 86 属，164 种，分别占总属数的 72.27%，总种数的 79.60%，充分表明陕西湿地植物中属的地理成分是以温带分布类型为主的特点。

这一类型中又以北温带分布型(类型 8)最多，共有 59 属，120 种。占本地区总属数的 49.58%、总种数的 58.25%。这一类型中金腰子属、柳属各含有 8 种；虎耳草属含有 6 种；柳叶菜属含有 5 种；蒿属、委陵菜属、蒲公英属各含有 4 种；葱属、紫堇属等 7 个属各含有 3 种；泽泻属、慈姑属、花锚属等 15 属各含有 2 种；梅花藻属、黑三棱属、驴蹄草属等 30 属各含有 1 种。这一类型中典型的水生植物包括泽泻属、慈姑属、黑三棱属、梅花藻属等；碱毛茛属多见于陕西北部碱性湿地中；风毛菊属、驴蹄草属等多见于秦巴山地的高海拔沼泽湿地或草地。

东亚和北美洲间断分布型(类型 9)在陕西湿地植物中仅有 2 属 4 种。菖蒲属 3 种均为湿生植物，多见于陕西南部秦巴山地的溪流或山地沼泽湿地中。莲属仅有 1 种，多为栽培植物。

旧世界温带分布型(类型 10)一般是指广泛分布于欧洲、亚洲中—高纬度的温带和寒温带、或最多个别延伸到亚洲—非洲热带山地或至澳大利亚的属。这一类型在陕西湿地植物中也有较好发育，共有 14 属 23 种，分别占总属数的 11.76% 和总种数的 11.16%。水芹属、水棘针属、菱属、花蔺属、扁莎草属等都是典型的湿地植物；柽柳属植物在我国主要分布于华北和西北的干旱半干旱地区的冲积、淤积盐碱化平原和滩地上，具有抗旱、抗盐、抗热、喜沙、喜水的特性。在陕西湿地中常见有 4 种，多见于盐渍性的湖泊、沼泽和湿地边缘。水柏枝属在陕西湿地中常见有宽叶水柏枝和宽苞水柏枝 2 种，见于陕北各地盐渍化的河滩之中。

温带亚洲分布型(类型 11)在陕西湿地植物中仅有鸦跖花属和无尾果属 2 属 2 种，鸦跖花属共有 4 种，我国均产，陕西仅有鸦跖花 1 种；无尾果属我国有 3 种，陕西产 1 种。该 2 属均为中生植物，见于秦巴山地高海拔的湿地或沼泽草地中；鸦跖花属常出现在秦岭海拔 3000 米以上的高寒草甸或沼泽湿地中。

地中海、西亚至中亚分布型(类型 12)在陕西湿地植物中仅有盐爪爪属和盐生草属 2 属 3 种，这 2 属均为典型的盐生植物，在我国主要分布于东北、华北和西北地区的干旱和高度盐渍化的地区。在陕西湿地中见于榆林红碱淖及定边县盐池等地。生于盐湖沿岸及盐碱地。

东亚分布型(类型 14)在陕西湿地被子植物中分布有 6 个属 11 种，分别占该地区总属数的 5.05%，总种数的 5.33%。其中枫杨属为中生性的乔木属，在陕西湿地中常见有 3 种，多见于山地河岸边；败酱属为中生植物，多见于山地沟谷、河滩或草地之中；绢毛菊属和泥胡菜属均为中生植物，绢毛菊多见于秦巴山地高海拔沼泽湿地或草地之中，泥胡菜在陕西大多河滩草地上较常见；沿阶草属、蕺菜属均为湿生植物，多见于河滩或沟谷湿地之中。

陕西湿地植物中缺乏中亚分布型(类型 13)和中国特有分布型(类型 15)。

1.4 陕西湿地被子植物区系特点

1.4.1 以世界分布型为主

同任何湿地一样，由于特殊的水分条件，陕西湿地被子植物的区系成分，不论是科级水平还是属级水平都是以世界分布型为主，在陕西湿地所有的58科被子植物中，世界分布科有34科134属286种。分别占本地区总科数的58.62%，总属数的77.46%，总种数的80.56%。这样的区系成分组成，与其特殊的生态环境有密切的关系。

1.4.2　温带成分特别是北温带成分居多

陕西湿地被子植物区系组成的第二个特点是温带成分特别是北温带成分居多。在所有的173个属中，北温带成分占有59属120种。分别占总属数的49.58%和总种数的58.25%。这一特点与陕西的地理环境和气候是分不开的：陕西秦岭以北地区处于北温带地区，秦岭南坡以南海拔1000米以上的秦巴山地也属于温带气候，这些地区出现的湿地中，被子植物的区系组成自然是以温带成分为主。

1.4.3　陕西自然环境的复杂性构成了湿地植物结构的复杂性

秦岭以南的汉江流域、丹江流域的湿地中，热带亚热带分布型最为多见，泛热带分布型(类型2)的飘拂草属、鸭跖草属、谷精草属、节节菜属、苦草属、马鞭草属、合萌属；旧世界热带分布型(类型4)的雨久花属、水鳖属、水竹叶属；热带亚洲至热带大洋洲分布型(类型5)的黑藻属以及热带亚洲分布型(类型7)的糯米团属、薏苡属等属是陕南亚热带湖泊，沼泽湿地或草地中常见的组成成分。

陕西关中地区渭河流域的湿地大多属于暖温带湿地，北温带成分是这一地区湿地植物的主要区系组成成分。特别值得一提的是，在秦岭高海拔地区湿地或季节性沼泽湿地中，出现了一大批中生植物，如金莲花属、风毛菊属、薹草属、柳叶菜属、报春花属等。

陕西北部黄土高原地区的湿地及湖泊多为咸水湖或碱性湿地，因此在这些湿地中出现大量的抗盐、抗旱、抗寒、喜沙、喜水的植物，常见的有柽柳属、水柏枝属、碱毛茛属、梅花藻属、盐爪爪属、盐生草属、盐角草属、滨藜属、碱蓬属等。

1.5　重点保护野生湿地植物

调查发现，陕西省内仅有国家Ⅱ级保护野生湿地植物1种，省级重点保护野生湿地植物2种(表3-4)。

表3-4　外业调查发现的重点保护野生湿地植物统计表

物种名称	保护等级	中国特有	外业调查发现地区
野大豆	国家Ⅱ级		黄河湿地
桤木	省级		嘉陵江湿地
穗状狐尾藻	省级		渭河湿地

2　湿地植被

2.1　湿地植被类型、面积及分布

经调查统计，全省湿地群落共分4个植被型组9个植被型68个群系(表3-5)，湿地植被总面积4.89万公顷，占湿地总面积的15.89%。

表 3-5 陕西省湿地植物类型和分布表

植被型组	植被型	序号	群系名称	分布区
落叶阔叶林湿地植被型组	Ⅰ落叶阔叶林湿地植被型	1	①青杨群系(Form. *Populus cathayana*)	秦巴渭河、汉江支流河流
		2	②枫杨群系(Form. *Pterocarya stenoptera*)	秦巴渭河、汉江支流
		3	③旱柳群系(Form. *Salix matsudana*)	全省各河流湿地
		4	④垂柳群系(Form. *Salix babylonica*)	渭河及其支流
		5	⑤桤木群系(Form. *Alnus cremastogyne*)	汉江上游及嘉陵江中游支流
灌丛湿地植被型组	Ⅱ落叶阔叶灌丛湿地植被型	6	①中国沙棘群系(Form. *Hippophae rhamnoides* subsp. *sinensis*)	黄河支流湿地
		7	②杯腺柳群系(Form. *Salix cupularis*)	太白山亚高山湿地
		8	③小红柳群系(Form. *Salix microstachya*)	黄河及其支流、汉江及支流
		9	④沙生柳群系(Form. *Salix psammohila*)	陕北各河流的河滩和沙地
		10	⑤红皮柳群系(Form. *Salix sinopurpurea*)	陕北各河流的河滩和沙地
		11	⑥乌柳群系(Form. *Salix cheilophila*)	陕北各河流的河滩和沙地
		12	⑦水柏枝群系(Form. *Myricaria bracteata*)	渭河及其支流石头河湿地
	Ⅲ盐生灌丛湿地植被型	13	①柽柳群系(Form. *Tamarix chinensis*)	黄河及其支流
		14	②盐角草群系(Form. *Salicornia europaea*)	定边盐沼
		15	③盐生草群系(Form. *Halogeton arachnoids*)	定边盐沼
		16	④碱蓬群系(Form. *Suaeda heteroptera*)	红碱淖、洽川湿地
		17	⑤平卧碱蓬群系(Form. *Suaeda prostrata*)	红碱淖湿地
		18	⑥盐地碱蓬群系(Form. *Suaeda salsa*)	定边盐沼湿地
草丛湿地植被型组	Ⅳ莎草型湿地植被型	19	①薹草、灯心草沼泽(Form. *Carex* spp.，*Juncus effusus* ssp.)	秦巴各河流
		20	②华扁穗草群系(Form. *Blysmus sinocompressus*)	秦巴各河流
		21	③荆三棱藨草群系(Form. *Scirpus planiculmis*)	黄河流域的池塘、山地湿地、河滩及湖边
		22	④藨草群系(Form. *Scirpus triqueter*)	秦巴山地的池塘、山地湿地、河滩及湖边
		23	⑤东方藨草群系(Form. *Scirpus sylvaticus* var. *maximowiczii*)	秦巴山地的池塘、山地湿地、河滩及湖边
		24	⑥刚毛藨草群系(Form. *Scirpus selaceus*)	渭河湿地的河滩
		25	⑦扁秆藨草群系(Form. *Scirpus planiculmis*)	秦巴地区池塘、山地湿地及河滩
		26	⑧水葱群系(Form. *Scirpus tabernaemontani*)	全省各河流
		27	⑨沼泽蔺群系(Form. *Eleocharis palustris*)	秦巴地区的湖边和山间洼地
		28	⑩中型针蔺群系(Form. *Eleocharis intersita*)	秦巴地区的湖边和山间洼地
		29	⑪刚毛荸荠群系(Form. *Eleocharis valleculosa*)	渭河流域的洼地和山间洼地

（续）

植被型组	植被型	序号	群系名称	分布区
草丛湿地植被型组	Ⅴ禾草型湿地植被型	30	①芦苇群系（Form. *Phragmites communis*）	全省各河流、湖泊及沼泽
		31	②甜茅群系（Form. *Glyceria acutiflora*）	全省各河流的河滩
		32	③荻群系（Form. *Miscanthus sacchariflorus*）	秦巴各河流
		33	④獐毛群系（Form. *Aeluropus sinensis*）	陕北河流湿地
		34	⑤稗群系（Form. *Echinochloa crusgalli*）	全省各河流、湖泊、水塘及沼泽
		35	⑥拂子茅群系（Form. *Calamagrostis* ssp.）	陕北各河流
		36	⑦狗牙根群系（Form. *Cynodondactylon*）	全省各河流、水塘湿地
		37	⑧荩草群系（Form. *Arthraxon hispidos*）	全省各河流湿地
		38	⑨水稻群系（Form. *Oryza sativa*）	全省各地栽培
		39	⑩斑茅群系（Form. *Erianthus arundinaceus*）	汉江、丹江中下游河流湿地
	Ⅵ杂类草湿地植被型	40	①香蒲沼泽（Form. *Typha angustata*）	全省各河流、湖泊、水塘及沼泽
		41	②宽叶香蒲群系（Form. *Typha latilolia*）	无定河
		42	③小香蒲群系（Form. *Typha minima*）	无定河
		43	④水烛群系（Form. *Typha angustifolia*）	无定河
		44	⑤白菖蒲群系（Form. *Acorus calamus*）	黄土高原以南各河流、水塘及沼泽
		45	⑥翅茎灯心草群系（Form. *Juncus alatus*）	黄土高原以南各河流、沼泽地
		46	⑦节节草群系（Form. *Hippochaete ramosissimum*）	黄土高原以南各河流
		47	⑧慈姑群系（Form. *Sagittaria sagittifoolia*）	全省各河流、稻田、水塘沼泽
		48	⑨长叶碱毛茛群系（Form. *Halerpestes ruthenica*）	无定河
		49	⑩葎草群系（Form. *Humulus japonicus*）	渭河以南各河流湿地
		50	⑪酸模叶蓼群系（Form. *Polygonum lapathifolium*）	全省各河流、沼泽地及水塘
浅水植物湿地植被型组	Ⅶ漂浮植物湿地植被型	51	①满江红群系（Form. *Azolla imbircata*）	全省各河流、水塘及稻田
		52	②紫萍群系（Form. *Spirodela polyrrhiza*）	全省各河流、水塘及稻田
		53	③槐叶苹群系（Form. *Salvinia natans*）	全省各河流、水塘及稻田
		54	④浮萍、品藻群落（Form. *Lemna minor*, *Lemna trisulca*）	全省各河流、水塘及稻田
	Ⅷ浮叶植物湿地植被型	55	①睡莲群系（Form. *Nymphaeu tetragona*）	洽川湿地见有栽培
		56	②莲群系（Form. *Nelumbo nucifera*）	全省各河流、水塘
		57	③浮叶眼子菜（Form. *Potamogcton natans*）	全省各河流、水塘
		58	④喜旱莲子草（Form. *Alligator alternanthera*）	入侵于汉江流域稻田、水塘
		59	⑤芡群系（Form. *Euryale ferox*）	陕南各地，栽培于池塘中
		60	⑥大茨藻群系（Form. *Najas marina*）	浐河、灞河湿地

（续）

植被型组	植被型	序号	群系名称	分布区
浅水植物湿地植被型组	Ⅸ 沉水植物湿地植被型	61	①菹草群系（Form. *Potamogeton crispus*）	全省各河流、水塘
		62	②微齿眼子菜群系（Form. *Potamogeton pectinatus*）	全省各河流、水塘
		63	③小眼子菜群系（Form. *Potamogeton pusillus*）	红碱淖
		64	④穿叶眼子菜群系（Form. *Potamogeton perfoliatus*）	全省各地的池塘、水库浅水区和季节性积水区
		65	⑤竹叶眼子菜群系（Form. *Potamogeton malaianus*）	全省各河流及水库有水流的水域
		66	⑥黑藻群系（Form. *Hydrilla verticillata*）	全省各河流、水塘
		67	⑦罗氏轮叶黑藻群系（Form. *Hydrilla verticillata* var. *roxburghii*）	全省各地的池塘、水库浅水区及季节性积水区
		68	⑧穗状狐尾藻群系（Form. *Myriophyllum spicatum*）	全省各河流、水塘

2.2 湿地植被的保护状况

近年来，陕西省湿地资源保护有了长足的发展，截至2009年，已批准建立各类湿地自然保护区12个，湿地公园11个，区域湿地资源得到了有效保护。为了实现全省湿地植物资源的永续利用，必须重视对湿地植物资源的保护，建立有效的保护管理体系和管理机制。

湿地植被的主要功能在于生态学上的意义，在保护物种、平衡环境方面是难以估量的人类财富（陈伟烈，1995）。它的生物生产力相当高，能提供纤维（如芦苇）、编织原料（如水烛，图3-1）、牧畜放牧、药用植物（如槐叶苹，图3-2）等方面的资源。归纳起来可以分十大类：食用植物类，例如莼菜、荸荠、莲、慈姑等；药用植物类，例如：黑三棱、泽泻等；轻工业类，例如：芦苇、芡实、节节草等；手工业类，例如：香蒲属植物、灯心草等；观赏植物类，例如：睡莲属植物、千屈菜等；饲料植物类，例如：苦草等；外贸商品类，例如：莲子、藕粉等；环保类，主要用于净化污水，例如：芦苇、香蒲等；绿肥类，例如：苹属植物等都是肥效很好的绿肥植物。

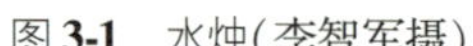

图**3-1** 水烛（李智军摄）

图**3-2** 槐叶苹（任毅摄）

陕西省湿地植物资源从总体上看由于数量不大，开发利用种类较少。目前，人工种植成规模的湿地植物主要为清水莲菜，大多沿渭河、汉江、丹江等较大江河两岸种植。据调查，较为典型的有兴平市田阜乡段家村的万亩荷塘，从最初的35亩清水莲菜，发展到目前的2万亩，年产清水莲菜4万多吨，实现年销售收入1.20亿元。2009年，段家村农民人均纯收入达6120元中，来自清水莲菜产业的收入就达4800元。现今，兴平市田阜乡段家村已成立了兴平井冠清水莲菜专业合作社，拥有1个清水莲菜洗菜厂，抽真空封口机等包装设备近10台，合作社下设4个作业队和2个服务队。清水莲菜已经成功销售到了西安沃尔玛、人人乐等大型超市和农贸市场。另外，兴平市政府以清水莲菜种植为依托，进一步开发旅游产业，现已在兴平市田阜乡段家村连续3年成功举办了陕西兴平荷花节，每年吸引省内外数十万游客到此观光旅游，带动了当地旅游业的较大发展。

第二节
湿地动物资源

1　湿地野生动物种类和特点

1.1　湿地野生动物种类

湿地动物资源调查是湿地资源调查的重要内容之一，其主要调查对象是在湿地生境中生存的脊椎动物以及占优势和数量很大的某些无脊椎动物，包括鱼类、两栖类、爬行类、鸟类、兽类以及贝类、虾类等。本次调查共布设样线136条，经统计和文献资料，陕西省湿地野生动物共计312种，其中，鸟类9目24科121种、鱼类6目15科78属136种(含亚种)、两栖类2目7科14属28种、爬行类2目5科17属22种、哺乳类3目4科5种。陕西省湿地动物总数占全省动物种数的37.4%，陕西省湿地动物总数占全国动物种数的8.7%(表3-6)。

表3-6　陕西省湿地野生动物统计表

项　目	鱼　类	两栖类	爬行类	鸟　类	哺乳类	合　计
陕西省湿地动物种数	136	28	22	121	5	312
陕西省动物种数	136	28	51	465	149	829
中国动物种数	1010	295	412	1319	509	3545
陕西省湿地动物种数占陕西省动物种数%	100	100	43.10	26.00	2.00	37.40
陕西省湿地动物种数占中国动物种数%	13.50	9.50	5.30	9.20	0.60	8.70

1.2 分布特点

1.2.1 秦岭是我国古北界和东洋界动物地理分布的界线，具有过渡性特征

秦岭以北属古北界，动物种类以蒙新区和华北区分布的种类为主。秦岭以南为东洋界，动物以华中区和西南区分布的种类为主。

1.2.2 湿地动物垂直分布明显

湿地鱼类具有明显的地带性。它们分别聚居于一定海拔高度的主要栖息地带内。秦岭细鳞鲑分布于海拔700米以上的秦岭北坡的溪流水域；贝氏哲罗鲑主要分布于海拔1100米以上的褒河上游的深潭中；大鲵分布于海拔800～1200米；中华蟾蜍分布于海拔500～1200米；鳖分布于海拔800米以下。

黑眉锦蛇和王锦蛇只分布在海拔800米以下的地区。湿地鸟类以白鹭为常见种，其余为芒鹭以及雁鸭科的种类，多分布于海拔400～800米，但池鹭可分布到海拔1100～2400米的中山带。湿地兽类的鼩鼱科种类一般分布在海拔800～1100米。

1.2.3 国家保护动物种类多

陕西湿地共有国家级重点保护动物19种，其中国家Ⅰ级保护动物7种、国家Ⅱ级保护动物12种，分别占国家Ⅰ、Ⅱ级保护动物的7.50%和4.70%，见表3-7。

表3-7 陕西省湿地国家重点保护野生动物物种数统计表

保护动物级别	鱼 类	两栖类	爬行类	鸟 类	兽 类	合 计
陕西Ⅰ级保护动物种数	0	0	0	7	0	7
国家Ⅰ级保护动物数	4	0	0	41	48	93
陕西占国家Ⅰ级保护数%	0	0	0	17.10	0	7.50
陕西省Ⅱ级保护动物数	2	1	1	8	0	12
国家Ⅱ级保护动物数	11	6	18	184	39	258
陕西Ⅱ级占国家Ⅱ级数%	18.20	16.70	5.60	4.30	0	4.70

2 湿地鸟类

2.1 湿地鸟类种类

根据本次调查结果，目前陕西省共有湿地鸟类9目24科121种。其中属国家Ⅰ级保护的有朱鹮(图3-3)、丹顶鹤、遗鸥、中华秋沙鸭、黑鹳、东方白鹳、大鸨等7种；国家Ⅱ级保护的有斑嘴鹈鹕、白琵鹭、大天鹅(图3-4)、小天鹅、灰鹤、蓑羽鹤、鸳鸯、毛脚渔鸮等12种。属省级重点保护的有斑头秋沙鸭、斑嘴鸭、彩鹬等。列为全国陆生脊椎动物资源重点调查对象有斑头雁、豆雁、赤麻鸭、白眉鸭、针尾鸭、绿头鸭(图3-5)、罗纹鸭、赤膀鸭、赤颈鸭、花脸鸭、绿翅鸭(图3-6)、普通秋沙鸭、白眼潜鸭、鹊鸭、翘鼻麻鸭、凤头潜鸭、普通鸬鹚等19种。红头潜鸭(图3-4)为1999年调查中发现的陕西省鸟类新记录，仅分布于陕西省关中平原东部的黄河湿地自

然保护区和汉江流域，群体数量达400余只。白琵鹭为陕北和关中地区的地方新记录。

图 **3-3**　朱鹮(孙承骞摄)

图 **3-4**　大天鹅与红头潜鸭(冯宁摄)

图 **3-5**　绿头鸭(冯宁摄)

图 **3-6**　绿翅鸭(张斌摄)

湿地鸟类目、科种数统计分别见表3-8、表3-9。

表 3-8　陕西省湿地鸟类各目种数统计表

目	种　数	百分比(%)
鸊鷉目	3	2.50
鹈形目	2	1.70
鹳形目	17	14.00
雁形目	29	24.00
鹤形目	11	9.10
鸻形目	49	40.50
鸮形目	1	0.80
佛法僧目	4	3.30
雀形目	5	4.10

表 3-9 陕西省湿地鸟类各科种数统计表

科	种 数	百分比(%)	科	种 数	百分比(%)
鸊鷉科	3	2.50	鹮嘴鹬科	1	0.80
鹈鹕科	1	0.80	反嘴鹬科	2	1.70
鸬鹚科	1	0.80	燕鸻科	1	0.80
鹭科	13	10.70	鸻科	9	7.40
鹳科	2	1.70	鹬科	23	19.00
鹮科	2	1.70	鸥科	6	5.00
鸭科	29	24.00	燕鸥科	5	4.10
三趾鹑科	1	0.80	鸥鹗科	1	0.80
鹤科	3	2.50	翠鸟科	3	2.50
秧鸡科	7	5.80	佛法僧科	1	0.80
水雉科	1	0.80	河乌科	1	0.80
彩鹬科	1	0.80	鹡科	4	3.30

2.2 湿地鸟类的分布

(1)朱鹮仅分布于陕西省南部的洋县、城固、西乡、宁陕、汉台区、勉县这一不太广泛的区域，并显著倾向于在村庄附近栖息。朱鹮的活动区与湿地的分布密切相关，而村庄都分布在湿地附近。朱鹮与人类保持一定的预警距离，同时也对农民的日常活动表现出一定的适应性。

(2)遗鸥仅分布在陕西省北部神木县的红碱淖湿地，每年夏季大约占全球90%以上的遗鸥会光临红碱淖，这里已是目前全球已知遗鸥繁殖的最大种群和遗鸥繁殖地。遗鸥一般栖息于海拔1200～1500米的沙漠咸水湖和淡水湖中，繁殖期在5月初至7月初，杂食性，繁殖期以水生昆虫等动物性食物为主。

(3)除朱鹮、遗鸥外，大多数珍稀湿地鸟类如丹顶鹤、黑鹳、灰鹤、白琵鹭等多集中栖息于黄河湿地保护区的黄河滩涂湿地内。

(4)雁鸭类属全省广布种类，在本次调查所发现的29种雁行目种类中，全省分布的种类达7种，其中斑嘴鸭和普通秋沙鸭在全省各处的湿地中均为优势种或常见种；豆雁以黄河湿地保护区和陕北无定河流域为优势或常见种类；绿头鸭以汉水流域为优势种类；红头潜鸭以黄河湿地保护区群体数量最大，汉水流域偶见；鸳鸯虽属广布种类，但在本次调查中仅在汉江西乡段发现。大多数种类的分布有明显的局限性，如针尾鸭、花脸鸭、翘鼻麻鸭仅局限于汉水流域；赤膀鸭、赤颈鸭、白眉鸭、白眼潜鸭局限于关中东部的黄河滩涂湿地；绿翅鸭、罗纹鸭、鹊鸭仅局限在关中东部的黄河滩涂和汉水流域。

(5)鹭科鸟类为全省广布种，但以秦巴山区湿地及周围的丘陵地带数量最为巨大。大部分为夏候鸟，初冬季节在陕北河流、湖泊湿地中有极少个体停留；关中东部的黄河湿地保护区内分布个体较多，大白鹭（图 3-7）、苍鹭（图 3-8）常见，偶尔可遇到大麻鳽。汉水流域以及附近的塘库区仅有少量个体分布，常见的有小白鹭（图 3-9）和苍鹭。

2.3　湿地鸟类的数量状况

从本次调查的结果看，雁鸭类为陕西省湿地鸟类的优势种类，它们一般集群活动，种类多，数量较大。不同地区湿地鸟类的种群构成有较大差异。地处陕西北部的红碱淖湿地，2000 年首次发现世界濒危鸟类、国家Ⅰ级保护野生动物遗鸥之后，到 2010 年遗鸥种群数量已达 13000 余只（包括亚成体）①，这里已是目前全球已知遗鸥繁殖的最大种群和遗鸥繁殖地。本次调查中，在红碱淖湿地的西北部发现遗鸥 3 群，每群数量 2500～3000 只。另外，常见湿地鸟类还有大天鹅、红嘴鸥、斑嘴鸭、赤麻鸭、西伯利亚银鸥（图 3-10）、棕头鸥（图 3-11）、小䴙䴘等。黄河湿地保护区湿地鸟类种类较多，达 40 余种，优势种类有豆雁、斑嘴鸭、赤麻鸭、苍鹭、大白鹭等；普通秋沙鸭、斑头秋沙鸭等较为常见；珍稀物种多集中于该地区，包括丹顶鹤、大鸨、黑鹳、白琵鹭、

图 **3-7**　大白鹭（徐振武摄）

图 **3-8**　苍鹭（关克摄）

图 **3-9**　小白鹭（冯宁摄）

图 **3-10**　西伯利亚银鸥（张斌摄）

① 陕西榆林红碱劳遗鸥保护项目．湿地国际，2009，7.

大天鹅等；其他如鹊鸭、罗纹鸭、琵嘴鸭、绿头鸭、绿翅鸭、普通鸬鹚、红嘴鸥以及鹬科的一些种类数量较少。本次调查观察到汉江湿地有鸟类23种，雁鸭类为汉江湿地鸟类的优势种类；绿翅鸭、鹊鸭、罗纹鸭、斑嘴鸭、小䴙䴘和普通秋沙鸭等7种为常见种；其余如白鹭、凤头麦鸡、斑头秋沙鸭、针尾鸭、普通鸬鹚、翘鼻麻鸭、斑头雁、赤嘴潜鸭、红嘴鸥等12种为稀有种。

图 **3-11** 棕头鸥(徐振武摄)

陕西常见的湿地重点保护鸟类：

(1)朱鹮：被誉为"东方宝石"，是世界上最为濒危的鸟类之一，被列为国家Ⅰ级保护野生动物。仅分布于陕西省南部的洋县、城固、西乡、宁陕、汉台区、勉县这一区域，是世界上现存的唯一的朱鹮自然种群。1981年在我国重新发现朱鹮时，种群数量仅7只，巢区1～2个，局限于秦岭南坡1200米左右的中山区。为了提高朱鹮自我生存和繁殖能力，2007年首次开展朱鹮异地野化放飞试验。到2010年5月，在宁陕县实施异地野化放飞的朱鹮成功繁殖出3只子二代幼鸟，这3只幼鸟分别于5月19日、21日、23日出壳，它们的"父亲"是2008年在宁陕县城关镇朱家嘴村出生的子一代幼鸟，"母亲"是人工饲养放飞的朱鹮，这标志着中国朱鹮异地野化放飞取得成功。经过近30年的研究保护，朱鹮种群数量不断增长，截至2010年数量已增加到1400多只，其中野外种群数量突破700余只。

(2)丹顶鹤：为国家Ⅰ级保护动物。为近年来发现的陕西省鸟类新记录，在陕西省东部的黄河湿地保护区内和稍靠北部的合阳段黄河滩分布，是目前所知的我国丹顶鹤分布的最西省份。1995年3月10日曾在合阳中雷村的黄河滩涂发现过140只的群体(吴家炎等，1998)。1995年10月26日在合阳县茶峪口河漫滩发现15只的群体(陕西省林业勘察设计院，1997)。2000年1月8日在合阳坊镇东王乡以南约2公里处抽黄干渠东侧的沼泽湿地中发现1只，距集群觅食的黑鹳群30～40米。根据当地的调查访问结果，每年约有30～40只群体在合阳坊镇东王太李湾一带活动，在大荔县赵渡乡也曾有40只的大群出现。活动季节从12月初到翌年3月上旬都能见到，时间长达3个多月。

(3)遗鸥：为国家Ⅰ级保护动物。2000年在神木县红碱淖湿地首次发现，据资料统计，2006年繁殖巢数达2985个，繁殖种群数达5970只，到目前为止，遗鸥种群数量达13000余只，成为目前最大遗鸥种群和遗鸥繁殖地[Wetlands International(2002)统计结果，全球范围内遗鸥的总数在10000～12000只]。2010年9月13日，到红碱淖湿地外业调查时，在湿地的西北部发现遗鸥3群，每群数量2500～3000只。

(4)黑鹳：为国家Ⅰ级保护动物。以前认为在陕西省为旅鸟，1985年在延安黄龙发现繁殖群体。冬季迁至合阳大荔段黄河滩涂分布。2000年4月在合阳县坊镇东王乡以南约2公里抽黄干渠东侧的沼泽湿地和渔池边沿发现3个黑鹳群体。第一群30只，其中22只并排停歇在沼泽地边，个体间距0.3～0.4米，8只在沼泽地中觅食，个体间距20～30米；第二群7只，与1只丹顶鹤组成松散群体，在沼泽地中觅食；第三群19只，与数十只大白鹭和苍鹭在鱼池边沿休息，该鱼池中还有约200只普通秋沙鸭和30只斑头秋沙鸭。所发现的3群黑鹳总数量57只。2010年8月18日下午3点，在大荔县黄河滩涂段发现1个黑鹳群体，数量6只。

(5)东方白鹳：为国家Ⅰ级保护动物。在陕西省可能为迷鸟，个体大，引人注目，极少见到，仅在20世纪80年代初在安康平利发现2只，被猎人误杀1只，标本现保存于安康林特局。1995年10月25日在合阳县全兴寨芦苇边发现1只。据反映，陕西省黄河湿地自然保护区内有东方白鹳活动，本次调查未发现。

(6)大鸨：为国家Ⅰ级保护动物。曾在陕北定边发现，栖于河流附近的农田中。1995年10月25日、26日和11月上旬分别在合阳县的太里、夏阳，大荔县的辛村均发现个体，在华阴县五合乡渭河南岸的麦田里发现一群体38只。2000年在渭河沿岸、合阳段黄河滩涂农田中共发现大鸨3群，数量分别为5、9、80只。在大鸨群体中，亚成体的比例可占到10%。警觉性甚高，观察者近至100米内即飞往他处。全省估计数量约200只。本次调查在泾渭湿地中发现1只。

(7)斑嘴鹈鹕：为国家Ⅱ级保护动物。仅于1999年11月3日在榆林神木的红碱淖发现1只，数量极稀少，个体大，与大型的天鹅混群活动。

(8)大天鹅：为国家Ⅱ级保护动物。在红碱淖和黄河保护区有较大群体分布。11月20日前在红碱淖分布的大天鹅约有1500只，湖面封冻后经无定河和芦河交汇处南下分布，12月15日在该处停歇的大天鹅约1500只。此后继续向南迁徙至合阳到大荔的黄河段及周围的鱼池中分布，总数量有3000只，以此估算陕西省大天鹅的总数量在5000只左右。

(9)白琵鹭：为国家Ⅱ级保护动物。在陕西省为稀有的旅鸟，以前仅在汉中的南郑发现。1999年11月4日和2000年1月8日分别在神木县的红碱淖(1只)合阳县坊镇东王乡以南2公里处抽黄干渠东侧的沼泽地(13只)中发现了分布的个体，为陕西省分布新记录。2010年9月16日在神木县的红碱淖湿地发现3只。成体与大白鹭、苍鹭混群活动觅食，亚成体(1只)体羽呈污灰白色，单独活动，警觉性差，易遭人为猎杀。

2.4 栖息地及其保护状况

陕西省自然条件复杂多样，植被类型众多，南北气候差异显著，与其他动物相似，湿地鸟类种类、数量较为丰富。从栖息地环境质量看，陕北、陕南总体情况要好于关中地区。

红碱淖湿地：陕北北部风沙区的红碱淖属高原性内陆淡水湖泊，湖面海拔高程1200米，平均水深2米，最大水深20米，总蓄水量为7亿立方米。淖上水光粼粼，烟波浩渺，水生生物丰富，无工业污染排放，水质良好，湖内盛产鲤、鲫、鲢等淡水鱼16种，为湿地鸟类栖息提供了丰富的食物资源。据调查统计，共有30余种湿地鸟类在这里繁衍生息，主要有国家Ⅰ级保护鸟类遗鸥、国家Ⅱ级保护动物大天鹅、小天鹅以及鸬鹚、鱼鹰、野鸭、鸳鸯等。

1996年建立陕西红碱淖湿地自然保护区，对红碱淖湿地及湿地动植物实施保护。自实施红碱淖湿地保护以来，虽然湿地内以遗鸥、红嘴鸥为主的湿地鸟类等野生动物得到了有效保护，种群数量不断增加，但由于各种原因，湿地面积却逐年缩小。资料显示，近10年的时间，红碱淖湿地面积由原来的十几万亩急剧减少到现在的不到6万亩(湿地中国，2010)。著名湿地生态专家陈克林认为原因有两个，一是注水河流遭到拦截；二是工业的进入，大量用水和破坏地下水系所致。

无定河湿地：陕北北部无定河流域面积21000平方公里，河面宽阔，西部风沙区地下水资源丰富，河道两侧芦苇丛生，是湿地鸟类良好的栖息场所(图3-12)。横山县境内的芦河与无定河交汇的三角洲地带地势开阔，水草茂盛，每年有大群湿地鸟类栖息于此，是部分湿地鸟类南迁的主要驿站，主要种类有大天鹅(千余只)、豆雁、赤麻鸭、鹮嘴鹬(图3-13)、普通燕鸥(图3-14)等。凤头麦鸡在当地为留鸟，有一定资源量。

黄河一级支流秃尾河、窟野河，二级支流芦河等河面较窄，流量小，河道周围人为活动频繁，有一定工业和生活污染，几乎无水禽活动。

黄河湿地(图3-15)：陕西黄河湿地是目前陕西省划定的最大湿地保护范围，北从府谷县墙头乡的墙头村沿黄河向南一直到渭南市潼关县的秦东镇十里铺村，包含陕西黄河湿地省级自然保护区的部分区域。陕西黄河湿地省级自然保护区地处关中平原东端，包括大荔、华阴、潼关三县(市)境内的黄河、渭河、洛河滩地，区内地势平坦开阔，有大片芦苇沼泽、草甸沼泽和人工开挖的鱼池、莲池和旱地，它是黄河湿地的精华。合阳黄河滩涂湿地中地下水热资源丰富，温泉水常年溢出地面形成"瀵泉"，在合阳县境内大约有8处"瀵泉"水灌入黄河，日出水7.30万立方米，在冬季冰冷的河面上和芦苇沼泽之间形成了一股暖流，涉及区域寒冬季节不能完全冻结，各种湿地鸟类集中于此活动觅食。植物群落的多样性、丰富的植物资源(图3-16)、地热资源以及大量的水生生物都为湿地鸟类的栖息活动提供了良好的场所，形成了湿地鸟类种类的多样性和迁徙的连

图**3-12** 无定河保护区(高升智摄)

图**3-13** 鹮嘴鹬(冯宁摄)

图**3-14** 普通燕鸥(关克摄)

图**3-15** 黄河湿地(王生民摄)

续性。近年来的调查发现，区内共有湿地鸟类42种，以雁鸭类为优势种群，总数量达数十万只。尤其区内还包括国家重点保护对象丹顶鹤、黑鹳、大鸨、白鹳、灰鹤、大天鹅、白琵鹭、鸳鸯等。

(a)宽叶香蒲

(b)芦苇

图**3-16**　黄河湿地植物(王生民摄)

渭河湿地(图3-17)：20世纪70年代以前，渭河流域水量充沛，河面宽阔，湿地鸟类资源丰富。近40年来随着周边地区的经济发展、人口增加、气候变化等因素导致渭河水流量显著减少。加之渭河两侧支流工业废水的排放，污染十分严重，下游水质严重恶化，水生生物匮乏，湿地鸟类数量减少。本次调查仅发现少量斑头秋沙鸭、苍鹭、大白鹭等活动。由于地质地貌的差异，渭河北部的支流位于黄土台塬之上，几条主要支流洛河、泾河、千河等的河水中夹带大量泥沙，水质浑浊，水生生物贫乏，湿地鸟类种类数量极少。而南侧支流如灞河、浐河、黑河、石头河等源于秦岭北坡，多为石质河床，水质清澈，水生生物丰富，涉禽种类较多。但因河面狭窄，人为活动频繁，多为一些小型种类，如沙锥、矶鹬、剑鸻、冠鱼狗、鹡鸰等。

灞河、浐河湿地(图3-18)：西安近郊的灞河、浐河中下游由于多年人为开发利用(取石、淘沙)，河床破坏严重，尤其两河交汇处的水域已经变得支离破碎。近年来，随着泾渭湿地自然保护区、浐灞国家级湿地公园和浐灞生态园区建设，灞河、浐河中下游湿地保护状况有所改观，可见少量斑嘴鸭、小䴙䴘、蓝翡翠(图3-19)、鸬鹚、大白鹭、苍鹭和鹬科的小型种类活动。

涝河湿地：西安西部户县的涝河，多年前因造纸废水的大量排放水质及河道污染严重，无任何湿地鸟类活动。

石头河湿地(图3-20、图3-21)：位于太白、眉县的石头河水质良好，鱼、蟹等水生动物丰富，有一定量的湿地鸟类活动。但由于石头河水库的修建，下游水量季节性变化明显，河面较窄，加之两岸人为活动频繁，无大型湿地鸟类栖息。

汉江湿地(图3-22)：汉江横贯陕西省南部的汉中、安康盆地，支流众多，源远流长，是湿地鸟类觅食的良好场所。本次调查在汉江流域共发现雁鸭类、鸥类及鹭类21种。多分布于汉中以东至安康旱阳河、吕河之间的广大区域。勉县以西汉江上游河床较窄，大型湿地鸟类较少。汉江支流玉带河、白家河、褒河与汉江的交汇处仅是夏末秋初鹭类家族群集活动之处。汉江城固、洋县段是目前世界珍禽朱鹮终年活动觅食的地方，应特别加以观察保护。尤其在冬季，朱鹮与各种雁鸭类、鹭类等混群活动，人为毒杀其他湿地鸟类的非法猎捕也将会导致朱鹮的死亡，有关部门应特别注意。

图 **3-17** 渭河湿地(池鹭)(冯宁摄)

图 **3-18** 灞河、浐河湿地(北水苦荬)(任毅摄)

图 **3-19** 蓝翡翠(冯宁摄)

图 **3-20** 石头河湿地(任毅摄)

图 **3-21** 石头河湿地秋景(张海云摄)

图 **3-22** 汉江湿地(洋县段)(刘华摄)

汉中、安康盆地水资源丰富，气候温暖潮湿，雨量充沛，植被多种多样。汉江两岸的丘陵区塘库密布，为湿地鸟类栖息提供了良好的场所。由于大面积稻田的种植更为湿地鸟类活动创造了得天独厚的觅食基地。全省的10余种鹭类在此均有大量分布，村落及周围的次生林是它们集群营巢的繁殖地，而周围的河流、稻田、草地、库塘边缘等处则是极好的觅食地。尤其以白鹭、苍鹭、池鹭、牛背鹭为多，群体总数量在百万只以上，应在加强资源保护的同时，探讨如何加以合理利用。

丹江湿地(图3-23)：丹江为汉江最长一级支流。发源于秦岭地区(陕西省商洛市西北部)的凤凰山南麓，经商洛市商州区、丹凤县、商南县，于荆紫关附近(商南县汪家店乡月亮湾)出陕，是我国南水北调中线引水工程——丹江口水库主要水源地，水质良好。由于丹江水面较窄，加之两岸人为活动频繁，大型湿地鸟类较少。本次调查发现红头潜鸭、赤麻鸭、绿头鸭、白胸苦恶鸟、普通鸬鹚、白腰草鹬、普通翠鸟等小型种类14种。

图**3-23** 丹江湿地(郝清泉摄)

3 湿地鱼类

3.1 种 类

本次调查中(许涛清、王开峰)新发现物种1个——巴山高原鳅，新记录1个——中华沙鳅。根据调查和资料统计，陕西省鱼类共有136种和亚种，隶属6目15科78属(表3-10)。其中鲑形目1科2属2种；鲤形目3科，鳅科3个亚科中，条鳅亚科2属10种、沙鳅亚科2属6种、花鳅亚科3属4种，鲤科12个亚科，其中鱼丹亚科3属3种、雅罗鱼亚科9属9种、鲴亚科3属5种、鲢亚科2属2种、鳑鲏亚科3属8种、鲌亚科7属14种、鮈亚科14属25种、鳅鮀亚科1属4种、鲃亚科4属4种、野鲮亚科1属1种、裂腹鱼亚科2属3种、鲤亚科2属2种；平鳍鳅科2属2种；鲇形目4科，鲇科1属2种、鲿科4属13种、钝头鮠科1属4种、鮡科1属1种；鳉形目1科1属1种；合鳃鱼目1科1属1种；鲈形目5科，鮨科1属3种、塘鳢科1属1种、鰕虎鱼科1属3种、鳢科2属2种、刺鳅科1属1种。除鳗鲡为洄游性鱼类以外，其他均为纯淡水鱼类。

在陕西鱼类区系中，鲤形目的种数最多，共有101种，占总种数的74.26%，其次是鲇形目计20种，占总种数的14.70%，这两个目的鱼类共占全省鱼类总种数的88.97%，其中鲤科鱼类

81 种，占总种数的 59.56%，其次为鳅科，有 20 种占总种数的 14.70%，再其次是鲿科 13 种，占总种数的 9.56%，其余 9 个科共计 15 种，占总种数的 11.03%。在鲤科的 12 个亚科中鮈亚科的种类(25)，占鲤科鱼类总种数(80)的 31.30%。

表 3-10　陕西省鱼类名录及地理分布表

名录＼分布	长江水系												黄河水系											内陆水系	数量状况	保护等级
		汉水支流												渭河支流					直入黄河							
	汉水	褒河	湑水河	子午河	旬河	丹江	玉带河	牧马河	岚河	任河	堵河	嘉陵江	黄渭干流	千河	泾河	洛河	石头河	黑河	坝河	延河	无定河	秃尾河	窟野河	南洛河	红碱淖		
一、鲑形目 SALMONIFORMES																											
(一)鲑科 Salmonidae																											
1. 贝氏哲罗鲑 *Hucho bleekeri*	★	★																								罕见	Ⅱ
2. 秦岭细鳞鲑 *Brachymystax lenok*		★	★	▽									★	★		▽	★	★								可见	Ⅱ
二、鲤形目 CYPRINIFORMES																											
(二)鳅科 Cobitidae																											
条鳅亚科 Noemacheilinae																											
3. 红尾副鳅 *Paracobitis variegatus*	★	▽	▽	▽		▽		▽	▽		▽	★	▽				▽	▽								常见	
4. 短体副鳅 *P. potanini*												★														常见	
5. 背斑高原鳅 *Triplophysa stoliczkae dorsonotata*												★	★							★						常见	
6. 巴山高原鳅 *T. bashanensis spnow*												★	★							★						常见	
7. 黄龙高原鳅 *T. huanglongesis*													▽													常见	
8. 岷县高原鳅 *T. minxianensis*													★				▽	▽								常见	
9. 陕西高原鳅 *T. shaanxiensis*													★		▽	▽										常见	
10. 粗壮高原鳅 *T. robusta*												▽	★													常见	
11. 贝氏高原鳅 *T. bleekeri*	★	▽	▽			▽						▽														常见	
12. 达里湖高原鳅 *T. dalaica*												▽	★													常见	
沙鳅亚科 Botiinae																											
13. 中华沙鳅 *Batia sapereiliaris*	★				▽	▽						▼	★													可见	
14. 花斑副沙鳅 *Parabotia fasciata*	★				▽	▽						▼	★													可见	
15. 点面副沙鳅 *P. maculosa*	★																									可见	
16. 紫薄鳅 *Leptobotia taeniops*	▽				▽																					可见	
17. 东方薄鳅 *L. orientalis*	▽					▽							▽													可见	
18. 汉水扁尾薄鳅 *L. tientaiensis hansuiensis*	▽								▽	▽	▽															可见	
花鳅亚科 Cobitinae																											
19. 中华花鳅 *Cobitis sinensis*	▽	▽	▽	▽	▽	▽	▽		▽	▽		★	★				▽									可见	
20. 北方花鳅 *C. granoei*													▽													可见	

（续）

名录＼分布	长江水系												黄河水系												内陆水系	数量状况	保护等级
		汉水支流												渭河支流					直入黄河								
	汉水	褒河	湑水河	子午河	旬河	丹江	玉带河	牧马河	岚河	任河	堵河	嘉陵江	黄渭干流	千河	泾河	洛河	石头河	黑河	坝河	延河	无定河	秃尾河	窟野河	南洛河	红碱淖		
21. 泥鳅 *Misgurnus anguillicaudatus*		▽		▽	▽	▽		▽		▽	▽	★	★					▽								可见	
22. 大鳞副泥鳅 *Paramisgurnus dabryanus*																					▽	▽				可见	
（三）鲤科 Cyprinidae																											
鱼丹亚科 Danioninae																											
23. 中华细鲫 *Aphyocypris chinensis*	▽			▽								▼	★													罕见	
24. 马口鱼 *Opsariichthys bidens*	★		▽	▽	▽	▽	▽	▽	▽	▽	▽	★	★	▽	▽	▽	▽	▽	▽	▽	▽	▽	▽	▽	▽	常见	
25. 宽鳍鱲 *Zacco platypus*	★	▽	▽	▽	▽	▽	▽	▽	▽	▽	▽	★	▽	▽	▽	▽			▽	▽	▽			▽		常见	
雅罗鱼亚科 Leuciscinae																											
26. 青鱼 *Mylopharyngodon piceus*	★					▽						▼	▼													罕见	
27. 鯮 *Luciobrama macrocephalus*	★																									罕见	
28. 草鱼 *Ctenopharyngodon idellus*	★				▽							★	★			▽										可见	
29. 拉氏鲅 *Phoxinus lagowskii*	★	▽	▽	▽			▽	▽	▽	▽	▽	★	★	▽	▽	▽	▽	▽	▽							常见	
30. 瓦氏雅罗鱼 *Leuciscus waleckii*													★			▽										可见	
31. 赤眼鳟 *Squaliobarbus curriculus*	★				▽							▼														可见	
32. 鳡 *Ochetobius elongatus*	★																									可见	
33. 鳡 *Elopichthys bambusa*	★				▽							▼														可见	
34. 大鳞黑线鳘 *Atrilinea macrolepis*											▽															罕见	
鲴亚科 Xenolyprininae																											
35. 银鲴 *Xenocypris argentea*	★				▽							▼	▼													可见	
36. 黄尾鲴 *X. davidi*	★					▽						▼	▼													可见	
37. 细鳞鲴 *X. microlepis*	★					▽						▼	▼													可见	
38. 圆吻鲴 *Distoechodon tumirostris*	★											▼														可见	
39. 逆鱼 *Pscudobrama simoni*	★																									可见	
鲢亚科 Hypophthalmichthyinae																											
40. 鳙 *Aristichthys nobilis*	★											★	★													常见	
41. 白鲢 *Hypophthalmichthys molitrix*	★											★	★													常见	
鳑鲏亚科 Acheilognathinae																											
42. 中华鳑鲏 *Rhodeus sinensis*	★					▽						▼		▽				▽								常见	
43. 高体鳑鲏 *R. ocellatus*	▽											▼	★	▽				▽								常见	
44. 彩石鲋 *Pseudoperilampus lighti*	▽											▼	▽	▽												可见	
45. 大鳍刺鳑鲏 *Acanthorhodeus macropterus*	★											▼	★					▽								可见	
46. 越南刺鳑鲏 *A. tonkinensis*	▽																									可见	

（续）

分布 / 名录	长江水系												黄河水系												内陆水系	数量状况	保护等级
	汉水	汉水支流										嘉陵江	黄渭干流	渭河支流					直入黄河								
		褒河	湑水河	子午河	旬河	丹江	玉带河	牧马河	岚河	任河	堵河			千河	泾河	洛河	石头河	黑河	坝河	延河	无定河	秃尾河	窟野河	南洛河	红碱淖		
47. 短须刺鳑鲏 *A. barbatulus*													★													可见	
48. 斑条刺鳑鲏 *A. taenianalis*	▼												▼													可见	
49. 兴凯刺鳑鲏 *A. chankaensis*	★											▼	★					▽								可见	
鲌亚科 Cultrinae																											
50. 伍氏华鳊 *Sinibrama wu*	★					▽			▽	▽		▼														可见	
51. 寡鳞飘鱼 *Pseudolaubuca engraulis*	★											▼	▼													可见	
52. 银飘鱼 *P. sinensis*	★				▽						▽															常见	
53. 贝氏䱗鲦 *Hemiculter bleekeri*	★				▽							▼	★													常见	
54. 䱗鲦 *Hemiculter leucisculus*	★				▽	▽		▽				★	★					▽								常见	
55. 三角鲂 *Megalobrama terminalis*	★											▼	★			▽										可见	
56. 团头鲂 *M. amblycephala*	▽																									可见	
57. 戴氏红鲌 *Erythroculter dabryi*	★											▼	▼													常见	
58. 尖头红鲌 *E. oxycephalus*	▽											▼	▼													常见	
59. 蒙古红鲌 *E. mongolicus*	★				▽							▼	▼													常见	
60. 拟尖头红鲌 *E. oxycephaloides*	▽				▽							▼														可见	
61. 翘嘴红鲌 *E. ilishaeformis*	★				▽							▼	▼													可见	
62. 鳊 *Parabramis pekinensis*	★											▼	▼													可见	
63. 红鳍鲌 *Culter erythropterus*	★											▼	▼													常见	
鮈亚科 Gobioninae																											
64. 唇䱻 *Hemibarbus labeo*	★			▽	▽	▽	▽			▽	▽	★	★					▽								可见	
65. 花䱻 *H. maculatus*	★											★	★													可见	
66. 刺鮈 *Acanthogobio guentheri*													▽								▽	▽	▽			可见	
67. 似䱻 *Belligobio nummifer*												★														可见	
68. 麦穗鱼 *Pseudorasbora parva*	★			▽		▽	▽	▽				★	★	▽	▽	▽	▽	▽	▽	▽	▽	▽	▽	▽	▽	常见	
69. 华鳈 *Sarcocheilichthys sinensis*	▼											▼	▼													可见	
70. 黑鳍鳈 *S. nigripinnis*	★	▽		▽	▽	▽	▽	▽				★	★					▽								常见	
71. 短须颌须鮈 *Gnathopogon imberbis*	★	▽	▽	▽		▽	▽	▽	▽		▽	★	★					▽	▽							常见	
72. 银色颌须鮈 *G. argentatus*	★									▽		★	★													可见	
73. 西湖颌须鮈 *G. sihuensis*													▽					▽								罕见	
74. 点纹颌须鮈 *G. wolterstorffi*	★					▽						▼	★													可见	

（续）

分布 名录	长江水系												黄河水系												内陆水系	数量状况	保护等级
	汉水	汉水支流										嘉陵江	黄渭干流	渭河支流					直入黄河								
		褒河	湑水河	子午河	旬河	丹江	玉带河	牧马河	岚河	任河	堵河			千河	泾河	洛河	石头河	黑河	坝河	延河	无定河	秃尾河	窟野河	南洛河	红碱淖		
75. 似铜鮈 *Gobio coriparoides*													★													可见	
76. 棒花鮈 *G. rivuloides*													★						▽							可见	
77. 铜鱼 *Coreius heterodon*	★					▽																				罕见	
78. 北方铜鱼 *C. septentrionalis*													▽													罕见	
79. 吻鮈 *Rhinogobio typus*	★																									可见	
80. 圆筒吻鮈 *Rhinogobio cylindricus*	★																									可见	
81. 似鮈 *Pseudogobio vaillanti*	★	▽	▽	▽	▽	▽	▽	▽	▽	▽	▽															可见	
82. 棒花鱼 *Abbottina rivularis*	★		▽	▽	▽	▽						▽	▽			▽		▽								可见	
83. 乐山棒花鱼 *A. kiatingensis*	▽	▽		▽		▽	▽	▽				▽														可见	
84. 清徐胡鮈 *Huigobio chinssuensis*													▽					▽								可见	
85. 片唇鮈 *Platysmacheilus exiguus*	▽	▽			▽	▽			▽		▽															可见	
86. 裸腹片唇鮈 *P. nudiventris*												▽														可见	
87. 蛇鮈 *Saurogobio dabryi*	★				▽	▽	▽	▽		▽		▽	▽													可见	
88. 长蛇鮈 *S. dumerili*												★	▼													可见	
鳅鮀亚科 Gobiobotinae																											
89. 南方长须鳅鮀 *G. iongibarba meridionalis*	▽				▽	▽			▽	▽	▽															可见	
90. 宜昌鳅鮀 *G. ichangensis*	★					▽	▽					▽														可见	
91. 鳅鮀 *G. pappenheimi*													★		▽											可见	
92. 平鳍鳅鮀 *G. homalopteroidea*													★		▽											可见	
鲃亚科 Barbinae																											
93. 中华倒刺鲃 *Spinibarbus sinensis*	▽																									罕见	
94. 宽口光唇鱼 *Acrossocheilus monticola*												▽														罕见	
95. 多鳞铲颌鱼 *Scaphesthes macrolepis*	★	▽						▽				★	▽				▽	▽	▽							可见	
96. 白甲鱼 *Onychostoma sima*												▽														可见	
野鲮亚科 Labeoninae																											
97. 华鲮 *Sinilabeo rendahli rendahli*												★														可见	
裂腹鱼亚科 Schizothoracinae																											
98. 齐口裂腹鱼 *Schizothorax prenanti*	▽																									可见	
99. 渭河裸重唇鱼 *Gymnodiptychus pachycheilus weiheensis*													▽													可见	

（续）

名录	长江水系												黄河水系												内陆水系	数量状况	保护等级
		汉水支流												渭河支流					直入黄河								
	汉水	褒河	湑水河	子午河	旬河	丹江	玉带河	牧马河	岚河	任河	堵河	嘉陵江	黄渭干流	千河	泾河	洛河	石头河	黑河	坝河	延河	无定河	秃尾河	窟野河	南洛河	红碱淖		
100. 厚唇裸重唇鱼 *G. pachycheilus weiheensis*													▽													可见	
鲤亚科 Cyprininae																											
101. 鲤 *Cyprinus carpio*	★				▽	▽						▽	▽	▽	▽									▽	▽	常见	
102. 鲫 *Carassius auratus*	★				▽	▽						▽	▽	▽	▽				▽		▽		▽	▽	▽	常见	
（四）平鳍鳅科 Homalopteridae																											
103. 犁头鳅 *Lepturichthys fimbriata*	★				▽							▽														可见	
104. 峨眉后平鳅 *Metahomaloptera omeiensis*	★										▽	▽	▽													可见	
三、鲇形目 SILURIFORMES																											
（五）鲇科 Siluridae																											
105. 鲇 *Silurus asotus*	★				▽	▽	▽	▽				▽	▽					▽								常见	
106. 南方大口鲇 *S. soldatovi*	▽											▼														常见	
（六）鲿科 Bagridae																											
107. 黄颡鱼 *Pelteobagrus fulvidraco*	★				▽	▽						★	★													常见	
108. 瓦氏黄颡鱼 *P. vachelli*	★											★	★													常见	
109. 光泽黄颡鱼 *P. nitidus*	▽											▼														可见	
110. 长吻鮠 *Leiocassis longirostris*	▼											▼	★													可见	
111. 粗唇鮠 *L. crassilabris*	★											▼	▼													可见	
112. 叉尾鮠 *L. tenuifurcatus*	▽											▽														可见	
113. 盎堂拟鲿 *Pseudobagrus ondon*	★				▽	▽					▽		▽													可见	
114. 圆尾拟鲿 *P. tenius*	★																									可见	
115. 乌苏里拟鲿 *P. ussuriensis*	★																									可见	
116. 切尾拟鲿 *P. truncatus*	★											★														可见	
117. 凹尾拟鲿 *P. emarginatus*	▽																									可见	
118. 细体拟鲿 *P. pratti*	▼																									可见	
119. 大鳍鳠 *Mystus macropterus*	★				▽	▽			▽	▽	▽															可见	
（七）钝头鮠科 Amblycipitidae																											
120. 拟缘鉠 *Liobagrus marginatoides*	▽			▽						▽	▽															可见	
121. 司氏鉠 *L. styani*	★							▽																		可见	
122. 白缘鉠 *L. marginatus*												★														可见	
123. 黑尾鉠 *L. nigricauda*												★														可见	
（八）鮡科 Sisoridae																											
124. 中华纹胸鮡 *Glyptothorax sinense*	★					▽	▽			▽	▽	▽														可见	

（续）

<table>
<tr><th rowspan="3">分布
名录</th><th colspan="12">长江水系</th><th colspan="12">黄河水系</th><th>内陆水系</th><th rowspan="3">数量状况</th><th rowspan="3">保护等级</th></tr>
<tr><th rowspan="2">汉水</th><th colspan="10">汉水支流</th><th rowspan="2">嘉陵江</th><th rowspan="2">黄渭干流</th><th colspan="5">渭河支流</th><th colspan="6">直入黄河</th><th rowspan="2">红碱淖</th></tr>
<tr><th>褒河</th><th>湑水河</th><th>子午河</th><th>旬河</th><th>丹江</th><th>玉带河</th><th>牧马河</th><th>岚河</th><th>任河</th><th>堵河</th><th>千河</th><th>泾河</th><th>洛河</th><th>石头河</th><th>黑河</th><th>坝河</th><th>延河</th><th>无定河</th><th>秃尾河</th><th>窟野河</th><th>南洛河</th></tr>
<tr><td colspan="28">四、鳉形目 CYPRINODONTIFORMES</td></tr>
<tr><td colspan="28">（九）青鳉科 Oryziatidae</td></tr>
<tr><td>125. 青鳉 Oryzias latipes</td><td>▽</td><td></td><td></td><td>▽</td><td></td><td>▽</td><td></td><td></td><td></td><td></td><td></td><td></td><td></td><td></td><td></td><td></td><td></td><td></td><td></td><td></td><td></td><td></td><td></td><td></td><td></td><td>可见</td><td></td></tr>
<tr><td colspan="28">五、合鳃鱼目 SYNBRANCHIFORMES</td></tr>
<tr><td colspan="28">（十）合鳃鱼科 Synbranchidae</td></tr>
<tr><td>126. 黄鳝 Monopterus albus</td><td>★</td><td></td><td></td><td></td><td>▽</td><td></td><td>▽</td><td>▽</td><td>▽</td><td>▽</td><td>▽</td><td>▽</td><td>▽</td><td>★</td><td></td><td></td><td></td><td></td><td></td><td></td><td></td><td></td><td></td><td></td><td></td><td>常见</td><td></td></tr>
<tr><td colspan="28">六、鲈形目 PERCIFORMES</td></tr>
<tr><td colspan="28">（十一）鮨科 Serranidae</td></tr>
<tr><td>127. 大眼鳜 Siniperca knerin</td><td>▽</td><td></td><td></td><td></td><td></td><td></td><td></td><td></td><td></td><td></td><td>▽</td><td>▼</td><td></td><td></td><td></td><td></td><td></td><td></td><td></td><td></td><td></td><td></td><td></td><td></td><td></td><td>可见</td><td></td></tr>
<tr><td>128. 鳜 S. chuatsi</td><td>★</td><td></td><td></td><td></td><td></td><td></td><td></td><td></td><td></td><td></td><td></td><td>▼</td><td></td><td></td><td></td><td></td><td></td><td></td><td></td><td></td><td></td><td></td><td></td><td></td><td></td><td>可见</td><td></td></tr>
<tr><td>129. 斑鳜 S. scherzeri</td><td>★</td><td></td><td></td><td></td><td>▽</td><td></td><td></td><td></td><td></td><td></td><td>▽</td><td>▼</td><td>▼</td><td></td><td></td><td></td><td></td><td></td><td></td><td></td><td></td><td></td><td></td><td></td><td></td><td>可见</td><td></td></tr>
<tr><td colspan="28">（十二）塘鳢科 Eleotridae</td></tr>
<tr><td>130. 黄黝鱼 Hypseleotris swinhonis</td><td>★</td><td></td><td></td><td></td><td></td><td></td><td></td><td></td><td></td><td></td><td></td><td></td><td>★</td><td></td><td></td><td></td><td></td><td></td><td></td><td></td><td></td><td></td><td></td><td></td><td></td><td>罕见</td><td></td></tr>
<tr><td colspan="28">（十三）鰕虎鱼科 Gobiidae</td></tr>
<tr><td>131. 栉鰕虎鱼 Ctenogobius giurinus</td><td>★</td><td></td><td></td><td>▽</td><td></td><td>▽</td><td></td><td>▽</td><td></td><td>▽</td><td></td><td>★</td><td>★</td><td></td><td></td><td>▽</td><td></td><td>▽</td><td></td><td></td><td></td><td></td><td></td><td></td><td></td><td>可见</td><td></td></tr>
<tr><td>132. 神农栉鰕虎鱼 C. shennongensis</td><td>★</td><td></td><td></td><td></td><td></td><td></td><td></td><td></td><td></td><td></td><td></td><td></td><td></td><td></td><td></td><td></td><td></td><td></td><td></td><td></td><td></td><td></td><td></td><td></td><td></td><td>可见</td><td></td></tr>
<tr><td>133. 波氏栉鰕虎鱼 C. cliffordpopei</td><td></td><td></td><td></td><td></td><td></td><td></td><td></td><td></td><td></td><td></td><td></td><td></td><td>▽</td><td></td><td></td><td></td><td></td><td></td><td></td><td></td><td></td><td></td><td></td><td></td><td></td><td>可见</td><td></td></tr>
<tr><td colspan="28">（十四）鳢科 Channidae</td></tr>
<tr><td>134. 乌鳢 Channa argus</td><td>★</td><td></td><td></td><td></td><td></td><td></td><td></td><td></td><td></td><td></td><td></td><td></td><td>★</td><td></td><td></td><td></td><td></td><td></td><td></td><td></td><td></td><td></td><td></td><td></td><td></td><td>可见</td><td></td></tr>
<tr><td>135. 月鳢 C. asiatca</td><td></td><td></td><td></td><td></td><td></td><td></td><td></td><td></td><td></td><td></td><td>★</td><td></td><td></td><td></td><td></td><td></td><td></td><td></td><td></td><td></td><td></td><td></td><td></td><td></td><td></td><td>罕见</td><td></td></tr>
<tr><td colspan="28">（十五）刺鳅科 Mastacembelidae</td></tr>
<tr><td>136. 刺鳅 Mastacembelus aculeatus</td><td>★</td><td></td><td></td><td></td><td></td><td></td><td></td><td></td><td></td><td></td><td></td><td>▼</td><td></td><td></td><td></td><td></td><td></td><td></td><td></td><td></td><td></td><td></td><td></td><td></td><td></td><td>可见</td><td></td></tr>
</table>

符号说明：▼表示过去文献上在该条江河有记录；▽表示本次在该江河采到标本；★表示文献有记录，同时又采到标本。

3.2 主要分布

以秦岭为界，南北分布的鱼类有很大差别，位于秦岭南坡的汉江、嘉陵江水系，鱼类区系组成中共有的种类相当多，且是位于北坡的黄河水系所缺乏的；反之，黄河水系的一些类群，也不会分布到南坡长江水系中去。在南坡，平鳍鳅科、钝头鮠科、鮡科、鲃亚科、裂腹鱼属等这些东洋界鱼类在汉江、嘉陵江都有分布，而位于北坡的黄河水系，除鲃亚科的多鳞铲颌鱼以外，都没有上述类群分布，但具有在北方广泛分布的雅罗鱼属、鮈属和秦岭细鳞鲑等北方性鱼类。

陕西鱼类区域分布：

3.2.1 陕北风沙区

本区地处陕西省北部毛乌素沙地南缘，属鄂尔多斯高原向陕北黄土高原的过渡地区。其北与内蒙古相连，西邻宁夏，东隔黄河与山西相望，南及东南与陕西省黄土高原接壤，在中国淡水鱼类地理分布区划中属华东区(或江河平原区)的河海(平原)亚区。现知鱼类3科14属15种。鱼类区系的主要特点是鲤、鲫、达里湖高原鳅、麦穗鱼、泥鳅以及瓦氏雅罗鱼等。主要经济鱼类为鲤、鲫及瓦氏雅罗鱼。

3.2.2 黄土高原及渭河河谷地区

本区东隔黄河与山西相望，西连甘肃、宁夏，南抵秦岭，北与陕北风沙区为界。全境随纬度不同，呈现黄土高原及河谷盆地两大自然景观。可将其划为黄土高原亚区和渭河谷地亚区。

(1)黄土高原亚区。本亚区东隔黄河峡谷与晋西黄土高原相望，西以子午岭与陇东黄土高原相连，北邻风沙滩地(长城南端)南缘，南抵陇县、麟游、永寿、淳化、耀县、白水及合阳一线。由于环境条件的限制，鱼类种类十分贫乏，主要的鱼类种类与榆林风沙区基本相同，唯一不同的是本区缺乏北方种类如瓦氏雅罗鱼，但出现了江河平原鱼类如餐条、栉鰕虎鱼、马口鱼等。

(2)渭河谷地亚区。本亚区界于秦岭与陕北黄土高原之间，东起潼关，西止陇县。现知境内有鱼类5目9科40属54种。其中鲤科鱼类30属39种，分别占该区鱼类总属种数的71.4%和67.2%，为优势类群；其次为鳅科4属8种，鱼类区系成分以江河平原鱼类为主，高原鱼类如高原鳅仅占极小比例。常见种类有马口鱼、宽鳍鱲、草鱼、银鲴、鳘鲦、三角鲂、棒花鮈、北方鲖鱼、鲇、黄颡鱼及栉鰕虎鱼。本区的稀有种为秦岭细鳞鲑及似铜鮈。多鳞铲颌鱼是鲃亚科中唯一分布在秦岭以北的一个种。

3.2.3 秦岭亚高山区

主要指秦岭南北坡海拔800米以上的山区。现知鱼类有10科32属37种。常见种类有条鳅类4种，拉氏鲅、多鳞铲颌鱼、秦岭细鳞鲑以及贝氏哲罗鲑。秦岭细鳞鲑及贝氏哲罗鲑属国家Ⅱ级保护动物。

3.2.4 汉江谷地区

界于秦岭南坡海拔800米以下，至大巴山区北坡的广大地区。该区较大的河流有汉江、嘉陵江及丹江等。现知鱼类115种，隶属8目15科，占陕西省鱼类总种数的87.2%。主要经济鱼类有草鱼、鲢、鳙、鳊、鲇、银飘鱼、鲂、鲖鱼、唇䱻、花䱻、赤眼鳟、鳡鱼、蒙古红鲌、翘嘴红鲌、黄尾密鲴、鲫及鲤鱼等30余种。仅在秦岭南坡分布的鱼类有短体副鳅、点面副沙鳅、紫薄鳅、长薄鳅、汉水扁尾薄鳅、红唇薄鳅、南方长须鳅鮀、宜昌鳅鮀、鯮鱼、鲃亚科(除多鳞铲颌鱼)、平鳍鳅科、鮡科鱼类等共60余种。该区在中国淡水鱼类区划的位置相当于华东区的江淮亚区，属长江中下游鱼类区系。其区系特点是以江河平原鱼类为主体。

3.3 经济种类的利用情况

根据调查，陕西省鱼类经济种类共有64种，隶属5目11科(表3-11)。鱼类资源比较丰富的河流主要是长江的最大支流汉江，汉江全长1542公里，陕西境内流长652公里，汉江已知鱼类105种，隶属7目16科69属。主要的经济鱼类有40余种，其中，最常见的经济鱼类为鲤、鲫、草鱼、鳡、赤眼鳟、鳘鲦、银飘鱼、黄尾鱼、细鳞鲴、鳙、鲢、蒙古红鲌、翘嘴红鲌、拟类头红鲌、鯮、唇䱻、花䱻、多鳞铲颌鱼、鲇、黄颡鱼、鮠、鳡、黄鳝、鳜及乌鳢等。

陕西省渔业生产近几年有了快速发展，渔业经济产值连年上升，为地方经济社会发展做出了一定的贡献。汉江石泉水库大坝以上的干流长 296 公里，占汉江总长的 19.3%，流域面积 2.46 万平方公里，年径流量 108 亿立方米，枯水期库区水面约 7 万余亩，鱼类产量以每亩 5 公斤计算，汉江中段每年野生经济鱼类约为 35 万公斤。安康地区石泉水库、安康水库年产鱼大约 5 万～8 万公斤，安康地区年产野生经济鱼类 25 万～28 万公斤。汉江年产经济鱼类总量约 60 万～63 万公斤。其他河流如渭河和流经陕西的黄河干流渔业生产落后，渔获物产量极小。陕西省渔业生产情况，见表 3-12[①]。

表 3-11　陕西省主要经济鱼类调查统计表

序号	中文名	拉丁名	保护等级	数量状况	调查方法	备　注
Ⅰ	鲑形目	SALMONIFORMES				
(一)	鲑科	Salmonidae				
1	贝氏哲罗鲑	*Hucho bleekeri*	国家Ⅱ级	罕见	标本采集	
2	秦岭细鳞鲑	*Brachymystax lenok tsinlingensis*	国家Ⅱ级	可见	标本采集	数量相对较多
(二)	银鱼科	Salangidae				
3	大银鱼	*Protosalanx hyalocranius*		常见	引入种	
Ⅱ	鲤形目	CYPRINIFORMES				
(三)	鳅科	Cobitidae				
4	红尾副鳅	*Paracobitis variegatus*		常见	标本采集	
5	中华花鳅	*Cobitis sinensis*		常见	标本采集	
6	泥鳅	*Misgurnus anguillicaudatus*		常见	标本采集	
(四)	鲤科	Cyprinidae		常见	标本采集	
7	马口鱼	*Opsariichthys bidens*		常见	标本采集	
8	宽鳍鱲	*Zacco platypus*				
9	青鱼	*Mylopharyngodon piceus*		罕见	标本采集	
10	鯮	*Luciobrama macrocephalus*		可见	标本采集	
11	草鱼	*Ctenopharyngodon idellus*		常见	标本采集	
12	拉氏鲅	*Phoxinus lagowskii*		常见	标本采集	
13	瓦氏雅罗鱼	*Leuciscus waleckii*		可见	标本采集	
14	赤眼鳟	*Squaliobarbus curriculus*		常见	标本采集	
15	鳤	*Ochetobius elongatus*		常见	标本采集	
16	鳡	*Elopichthys bambusa*		常见	标本采集	

① 近 5 年(2005～2009 年)《陕西省统计年鉴》.

（续）

序号	中文名	拉丁名	保护等级	数量状况	调查方法	备　注
17	银鲴	*Xenocypris argentea*		常见	标本采集	
18	黄尾鲴	*Xenocypris davidi*		常见	标本采集	
19	细鳞鲴	*Xenocypris microlepois*		常见	标本采集	
20	圆吻鲴	*Distoechodon tumirostris*		常见	标本采集	
21	逆鱼	*Pseudobrama simoni*		可见	标本采集	
22	鳙	*Aristichthys nobilis*		常见	标本采集	
23	白鲢	*Hypophthalmichthys molitrix*		常见	标本采集	
24	中华鳑鲏	*Rhodeus sinensis*				
25	银飘鱼	*Pseudolaubuca sinensis*		常见	标本采集	
26	鳘鲦	*Hemiculter leuciscああulus*		常见	标本采集	
27	三角鲂	*Megalobrama terminalis*		可见	标本采集	
28	团头鲂	*Megalobrama amblycephala*		可见	标本采集	
29	戴氏红鲌	*Erythroculter dabryi*		可见	标本采集	
30	尖头红鲌	*Erythroculter oxycephalus*		可见	标本采集	
31	蒙古红鲌	*Erythroculter mongolicus*		可见	标本采集	
32	拟尖头红鲌	*Erythroculter oxycephaloides*		可见	标本采集	
33	翘嘴红鲌	*Erythroculter ilishaeformis*		常见	标本采集	
34	鳊	*Parabramis pekinensis*		常见	标本采集	
35	红鳍鲌	*Culter erythropterus*		常见	标本采集	
36	唇䱻	*Hemibarbus labeo*		常见	标本采集	
37	花䱻	*Hemibarbus maculatus*		常见	标本采集	
38	麦穗鱼	*Pseudorasbora parva*		常见	标本采集	
39	鲷鱼	*Coreius heterodon*		可见	标本采集	
40	北方铜鱼	*Coreius septentrionalis*		可见	标本采集	
41	似鮈	*Pseudogobio vaillanti*		常见	标本采集	
42	棒花鱼	*Abbottina rivularis*		常见	标本采集	
43	蛇鮈	*Saurogobio dabryi*		常见	标本采集	
44	中华倒刺鲃	*Spinibarbus sinensis*		罕见	标本采集	
45	多鳞铲颌鱼	*Scaphesthes macrolepis*		可见	标本采集	

（续）

序号	中文名	拉丁名	保护等级	数量状况	调查方法	备　注
46	齐口裂腹鱼	*Schizothorax prenanti*		罕见	标本采集	
47	渭河裸重唇鱼	*Gymnodiptychus pachycheilus weiheensis*		罕见	标本采集	
48	鲤	*Cyprinus carpio*		常见	标本采集	
49	鲫	*Carassius auratus*		常见	标本采集	
Ⅲ	鲇形目	SILURIFORMES				
（五）	鲇科	Silurdae				
50	鲇	*Silurus asotus*		常见	标本采集	
51	南方大口鲇	*Silurus soldatovi meridionalis*		可见		
（六）	鲿科					
52	黄颡鱼	*Pelteobagrus fulvidraco*		常见	标本采集	
53	瓦氏黄颡鱼	*Pelteobagrus vachelli*		常见	标本采集	
54	光泽黄颡鱼	*Pelteobagrus nitidus*		常见	标本采集	
55	长吻鮠	*Leiocassis longirostris*		常见	标本采集	
56	叉尾鮠	*Leiocassis tenuifurcatus*		可见	标本采集	
57	大鳍鳠	*Mystus macropterus*		可见	标本采集	
（七）	钝头鮠科	Amblycipitidae				
58	拟缘鲀	*Liobagrus marginatoides*		常见	标本采集	
（八）	鮡科	Sisoridae				
59	中华纹胸鮡	*Glyptothorax sinense*		可见	标本采集	
Ⅳ	合鳃鱼目	SYNBRANCHIFORMES				
（九）	合鳃鱼科	Synbranchidae				
60	黄鳝	*Monopterus albus*		常见	标本采集	
Ⅴ	鲈形目	PERCIFORMES				
（十）	鮨科	Serranidae				
61	大眼鳜	*Siniperca kneri*		可见	标本采集	
62	鳜	*Sinipercu chuatsi*		可见	标本采集	
63	斑鳜	*Siniperca scherzeri*		可见	标本采集	
（十一）	鳢科	Channidae				
64	乌鳢	*Channa argus*		可见	标本采集	

表 3-12 陕西省渔业生产统计表

项目	水产品产量(吨)			养殖面积(公顷)				渔业总产值(万元)	渔业经济总产值(万元)
	总计	其中		总计	其中				
		养殖	捕捞		池塘	水库	湖泊		
2005 年	75699	71462	4237	29976	9716	11757	7465	54137	
2006 年	79489	74781	4708	30802	9068	13238	7476	58211	
2007 年	82914	76678	6007	35565	9218	18770	7476	67743	132085
2008 年	84715	78158	6557	36867	8996	15683	7484	72892	141953
2009 年	89107	80823	7174	35632	9975	16328	7473	78341	149505

4 两栖类

4.1 种 类

通过现地调查，并结合有关文献资料综合分析，陕西境内湿地分布两栖动物共计 28 种，隶属 2 目 8 科 14 属。在 28 种两栖动物中，属东洋界的 17 种，占全省湿地两栖动物种数的 60.7%，处于主导地位；属古北界的 3 种，占 10.7%；广布种 7 种，占 25.0%；特有种 1 种，占 3.6%。在东洋界成分中，属西南区的 7 种，占东洋界成分的 41.2%；华中区 9 种，占 52.9%；华南区仅 1 种，占 5.9%。

4.2 主要分布

陕西省地形东西狭窄，南北较长，地势由南向北依次是秦巴山地、关中平原、陕北黄土高原。从统计结果可知，由南向北随着纬度的递增两栖动物的种类愈来愈少，而种群数量明显增加（表 3-13）。

表 3-13 陕西省湿地两栖动物名录及其分布

序号	种名	分布				从属区系
		Ⅰ	Ⅱ	Ⅲ	Ⅳ	
1	山溪鲵 *Batrachperus pinchonii*			+	+	西南区
2	西藏山溪 *B. tibetanus*			+	+	广布种
3	施氏巴鲵 *Liua shihi*				+	西南区
4	秦巴北鲵 *Ranodon tsinpaensis*			+		广布种
5	大鲵 *Andrias davidianus*			+	+	广布种
6	淡肩角蟾 *Megophrys boettgeri*				+	华中区
7	小角蟾 *M. minor*				+	西南区

（续）

序号	种　名	分　布				从属区系
		Ⅰ	Ⅱ	Ⅲ	Ⅳ	
8	宝兴齿蟾 *Oreolalax popei*				+	西南区
9	宁陕齿突蟾 *Scutiger ningshanensis*				+	特有种
10	华西蟾蜍 *Bufo andrewsi*			+	+	西南区
11	中华蟾蜍 *B. gargarizans*	+	+	+	+	广布种
12	花背蟾蜍 *B. raddei*	+	+			华北区
13	无斑树蟾 *Hyla immaculata*		+			广布种
14	秦岭树蟾　*H. tsilingensis*			+	+	西南区
15	北方狭口蛙 *Kaloula borealis*		+	+		华北区
16	合征姬蛙 *Microhyla mixtura*				+	华中区
17	饰纹姬蛙 *M. ornata*				+	华中区
18	崇安湍蛙 *Amolops changanensis*			+		华中区
19	黑龙江林蛙 *Rana amurensis*	+				东北区
20	中国林蛙 *R. chensinensis*		+	+	+	广布种
21	棘腹蛙 *R. boulengeri*				+	华中区
22	昭觉林蛙 *R. chaochiaoensis*				+	西南区
23	泽蛙 *R. limnochatis*				+	华中区
24	大绿蛙 *R. livida*				+	华南区
25	黑斑蛙 *R. nigromaculata*	+	+	+	+	广布种
26	隆肛蛙 *R. quadranus*			+	+	华中区
27	花臭蛙 *R. schmackeri*				+	华中区
28	斑腿树蛙 *Rhacophorus megacephalus*				+	华中区

注：Ⅰ表示陕北沙漠区；Ⅱ表示黄土高原和渭河谷地区；Ⅲ表示秦岭北坡山地区；Ⅳ表示秦岭南坡巴山山地区。

由于秦巴山区气候温暖湿润，降水丰富，植被除落叶阔叶林外，还有含常绿树种的阔叶林和针阔混交林等，植被覆盖度高，适宜于两栖动物繁衍生息，因此该区是陕西省两栖动物种类最丰富的地区。在秦岭南坡及巴山山地分布的两栖动物主要有山溪鲵、西藏山溪鲵、大鲵、施氏巴鲵、淡肩角蟾、小角蟾、宝兴齿蟾、宁陕齿突蟾、华西蟾蜍、中华蟾蜍、秦岭树蟾、中国林蛙、棘腹蛙、昭觉林蛙、泽蛙、大绿蛙、黑斑蛙、隆肛蛙、花臭蛙、斑腿树蛙、合征姬蛙、饰纹姬蛙等22种，占陕西省湿地两栖动物种类总数的78.8%。其中西藏山溪鲵、华西蟾蜍、中华蟾蜍、秦岭树蟾、泽蛙、黑斑蛙等为优势种群，而隆肛蛙为绝对优势种群。

秦岭北坡属暖温带气候，植被为落叶阔叶林、针阔叶混交林等，自然条件也较优越。该区分布的两栖动物有山溪鲵、西藏山溪鲵、秦巴北鲵、大鲵、华西蟾蜍、中华蟾蜍、秦岭树蟾、崇安湍蛙、中国林蛙、黑斑蛙、隆肛蛙、北方狭口蛙等12种，占全省两栖动物种类总数的42.9%，明显少于秦岭主脊以南地区，说明秦岭主脊在动物地理分布上的屏障作用比较明显。在秦岭北坡12种两栖动物中，有9种与秦岭南坡和巴山山地相同，而秦巴北鲵、崇安湍蛙和北方狭口蛙为秦岭北坡的特有种类。在秦岭北坡的两栖动物中，大鲵数量极少；山溪鲵、华西蟾蜍、秦岭树蟾、中国林蛙、隆肛蛙为优势种群，其中隆肛蛙在大小河溪中均有分布，是该区绝对优势种群。

关中平原气候属暖温带，植被属落叶阔叶林，但由于长期耕作，天然植被几乎为栽培植被所取代。人类活动频繁，加之天然植被稀少，因此，该区两栖动物种类较少，主要有中华蟾蜍、花背蟾蜍、黑斑蛙、中国林蛙、北方狭口蛙等5种，占全省两栖动物种类总数的17.9%，明显少于秦巴山区。

陕北黄土高原及其北部的毛乌素沙地气候属寒温带，植被属森林草原或草原。由于该区气候严寒，雨量较少，植被单一，加上湿地面积较少，使得两栖动物种类较少。该区两栖动物主要有中华蟾蜍、花背蟾蜍、黑斑蛙、中国林蛙、北方狭口蛙等5种，占全省两栖动物种数的17.9%，明显少于秦巴山区。其中中国林蛙、黑斑蛙、花背蟾蜍种群数量较多。

第四章
湿地资源利用

第一节
湿地资源利用现状

湿地资源一般为表生资源，如土地、水、生物、泥炭、物种等，是包括水资源、土地资源、生物资源、景观资源、人文资源、能源资源等多种资源类别的综合体。

1 湿地资源利用

1.1 水资源

陕西湿地水资源主要包括河流、湖泊、沼泽和库塘中的淡水资源和咸水资源。本次调查，全省共有河流4220条，湖泊20个，沼泽55块，库塘466座，全省水资源总量420亿立方米，其中黄河流域108亿立方米，长江流域312亿立方米。水资源分布极为不均，南多北少，与降水相同。地下水资源为143.80亿立方米，其中黄河流域82.51亿立方米，长江流域61.29亿立方米。全省地下水资源因受气候、地形地貌、地质等因素影响，呈现关中水量丰富，陕北水量不丰，陕南除汉中、安康几个小盆地地下水丰富外，广大山区多为基流的状况。

另据省环保厅2009年水质量监测结果来看，陕西省主要河流水质从Ⅰ~Ⅴ类和劣Ⅴ类都有，其中汉江、丹江和嘉陵江水质在Ⅰ~Ⅲ类之间，水质优良，均符合水域功能标准；无定河水质轻度污染，为Ⅳ类水质，符合水域功能标准；延河水质轻度污染，为Ⅳ类水质，20%断面超过水域功能标准；渭河水质污染严重，13个监测断面中，Ⅱ类、Ⅳ类水质断面各1个，Ⅲ类水质断面2个，劣Ⅴ类水质断面9个，69.2%断面超过水域功能标准。

湿地水资源利用方式主要包括：农业灌溉、人畜饮水、生态用水等几个方面。

陕西水资源利用中跨区域调水工程主要有：引汉(江)济渭(河)、引红(岩河)济石(头河)、引乾(佑河)济石(砭峪)、引湑(水河)济黑(河)、引嘉(陵江)济清(水河)等引水工程，对缓解湿地水源补给不足，特别是黄河流域湿地水源补给不足状况起到了一定的作用。

南水北调中线引水工程：2002年我国实行南水北调工程建设，陕西省汉江、丹江流域成为了中线引水工程的主要水源地，年调水规模130亿立方米。工程建成后，将向京津及华北地区提供可靠、稳定的清洁水源，以缓解北方区域水资源短缺的困难局面。

引汉济渭工程：引汉(江)济渭(河)工程是陕西有史以来最大的跨流域调水工程。工程建成后，可满足西安、咸阳、渭南、杨凌4个重点城市及沿渭河两岸的11个县城和6个工业园区，总计2348万人的生活及工业用水，将对缓解关中缺水、置换陕北黄河用水指标、带动陕南发展发挥重要作用。还将归还原被大量挤占的农业水，使失灌的300万~500万亩耕地有水可灌。此外，可以有效改变关中超采地下水、挤占生态水的状况，实现地下水采补平衡，防止城市环境地质灾害。每年增加渭河干流水量7亿~8亿立方米，从而有效提高渭河纳污能力，维持渭河湿地生态平衡，实现人水和谐，为关中—天水经济区发展提供水源支撑。

引红济石工程：引红(岩河)济石(头河)工程是陕西省继南水北调、引汉济渭工程之后又一重要区域调水工程。工程建成后，可向西安、咸阳、宝鸡、杨凌等城市供水，并向渭河干流补充一定的生态水量。设计年调水量2.66亿立方米，其中向西安城市供水0.95亿立方米，向杨凌、咸阳等城市新增供水1.26亿立方米，向渭河生态补水4696万立方米。引红济石工程的建设，对于优化全省水资源配置，有效缓解关中地区严重缺水局面，改善渭河生态状况，促进全省经济社会可持续发展，具有十分重要的意义。

1.2 土地资源

截至2009年，陕西省土地总面积20.58万平方公里，其中，耕地面积404.90万公顷①，全省人均耕地面积0.72亩/人，低于全国1.41亩/人的平均水平。另据陕西省第八次森林资源清查结果：林地面积1228.47万公顷，占全省土地总面积的59.64%。本次调查湿地总面积30.85万公顷，占全省土地总面积的1.50%，其中河流湿地面积25.76万公顷，占湿地总面积的83.50%；湖泊湿地面积0.76万公顷，占湿地总面积的2.46%；沼泽湿地面积1.10万公顷，占湿地总面积的3.58%；人工湿地面积3.23万公顷，占湿地总面积的10.46%。

湿地不仅提供了生物资源、水资源等多种资源，长期以来也被作为一种重要的后备土地资源加以利用，大量的河流、湖泊被围垦用作农业用地、水产养殖场或城市用地。湿地在作为一种土地资源加以利用的时候，湿地中的其他资源同时受到了威胁。

湿地作为土地资源，其利用方式主要有：湿地公园和湿地保护区建设、围垦造田、城镇化建设等方式。其中，围垦造田和城镇化建设对湿地资源造成了一定程度的威胁。

1.3 生物资源

生物资源是湿地的重要组成部分，正是它们赋予湿地无穷的生命力和巨大的生产潜力。陕西省湿地生物资源较为丰富。本次调查收集湿地维管植物62科177属361种(恩格勒系统，1964)。其中蕨类植物4科4属5种，被子植物58科173属356种(含变种、变型)。被子植物中，双子叶植物41科116属238种，单子叶植物17科57属118种，其中野大豆为国家Ⅱ级重点保护植物，桤木和穗状狐尾藻为省级重点保护植物；湿地野生动物312种，其中鸟类9目24科121种、鱼类6目15科78属136种和亚种、两栖类2目7科14属28种、爬行类2目5科17属22种、哺乳类3

① 陕西省统计局．陕西统计年鉴2009．北京：中国统计出版社，2009.

目4科5种，以朱鹮、遗鸥、丹顶鹤等国家重点保护动物19种，分别占国家Ⅰ、Ⅱ级重点保护动物的12.20%。

湿地生物资源利用主要为湿地植物资源利用，湿地动物资源主要处于保护状态。湿地植物资源利用主要有提供纤维(如芦苇)、编织原料(水烛)、牧畜放牧、药用植物等。归纳起来可以分10大类：食用植物类，例如莼菜、荸荠、莲、慈姑等；药用植物类，例如黑三棱、泽泻等；轻工业类，例如芦苇、芡实、节节草等；手工业类，如香蒲属植物、灯心草等；花卉类，如睡莲属植物、千屈菜等；饲料类，例如苦草等；外贸商品类，如莲子、藕粉等；环保类，主要用于净化污水，例如芦苇、香蒲等；绿肥类，例如萍属植物等都是肥效很好的绿肥植物。

陕西省湿地植物资源从总体上看由于数量不大，开发利用种类较少。目前，人工种植成规模的湿地植物主要为清水莲菜，大多沿渭河、汉江、丹江等较大江河两岸种植。据调查，较为典型的有兴平市田阜乡段家村的万亩荷塘，从最初的35亩清水莲菜，发展到目前的2万亩，年产清水莲菜4万多吨，实现年销售收入1.20亿元。2009年，段家村农民人均纯收入达6120元中，来自清水莲菜产业的收入就达4800元。现今，兴平市田阜乡段家村已成立了兴平井冠清水莲菜专业合作社，拥有1个清水莲菜洗菜厂，抽真空封口机等包装设备近10台，合作社下设4个作业队和2个服务队。清水莲菜已经成功销售到了西安沃尔玛、人人乐等大型超市和农贸市场。另外，兴平市政府以清水莲菜种植为依托，进一步开发旅游产业，现已在兴平市田阜乡段家村连续三年成功举办了陕西兴平荷花节，每年吸引省内外数十万游客到此观光旅游，带动了当地旅游业的较大发展。

1.4　景观资源

陕西湿地类型多样，分布广泛，湿地景观资源丰富。有黄河、汉江、嘉陵江、丹江、乾佑河、白玉河、牧马河、红岩河、月河、旬河、任河、褒河、无定河、芦河、榆溪河、延河、北洛河、赵氏河、泾河、渭河、千河、石头河、黑河、涝峪河、灞河、浐河、沣河、南洛河等河流湿地景观；有南以瀛湖，北以红碱淖为代表的大大小小的湖泊湿地景观；有营盘山水库、杨家湾水库、河口水库、西沙水库、王窑水库、冯家山水库、石头河水库、王家崖水库、石泉水库、二龙山水库、石门水库、南沙湖水库、八一水库、宝鸡峡引渭总干渠、宝鸡市引渭高干渠等为主的人工湿地景观。特别是黄河壶口瀑布景观，声如雷鸣，气势壮观，以它排山倒海的独特雄姿著称于世，“黄河之水天上来，奔流到海不复回”，唐代著名诗人李白脍炙人口的佳句，勾画出了黄河奔流的壮观景象。

目前，湿地景观资源利用方式主要为湿地观赏(旅游)、湿地娱乐(漂流)、湿地休闲(河滨公园)等几个方面。

1.5　人文资源

黄河是中华民族的母亲河，经过亘古不息的流淌，孕育出世界最古老、最灿烂的文明，历史上，曾经长时期作为中国政治、经济和文化中心，更被誉为中华文化的摇篮。中华民族的始祖之一炎帝(神农氏)，在黄河渭水之边教人们播种收获，开创了我国历史上著名的农耕文化。汉江和嘉陵江流域是巴蜀文化的重要分布区域，人们在江河之滨撒网捕鱼、播种插秧，孕育了区域独特的水乡文化。

富有特色湿地文化内涵的湿地资源众多，典型的主要有：黄河干流的壶口瀑布、龙门、潼关、乾坤湾、处女泉，渭河流域文化，千渭之会，泾渭分明，郑国渠，八水绕长安，长安八景中的咸阳古渡、曲江流饮、灞柳风雪，汉江嘉陵江流域的汉江文化、水乡文化，汉城湖风景区，延安南泥湾湿地中的九龙泉，无定河流域的桃花水等。

目前，湿地人文资源利用方式主要为湿地观赏(旅游)。

1.6 能源资源

陕西湿地能源资源主要为水力资源。水力资源是湿地水资源的重要组成部分，是一种清洁可再生能源，其利用方式主要为水力发电。据资料，陕西全年自产河川年径流总量284.95亿立方米，其中长江流域224.76亿立方米，黄河流域60.22亿立方米；水力资源理论蕴藏量1438.46万千瓦，其中长江流域858.09万千瓦，黄河流域580.37万千瓦；水力资源可开发量666.66万千瓦，其中长江流域432.60万千瓦，黄河流域234.06万千瓦①，水力资源可开发利用潜力巨大。

2 湿地资源利用中存在的主要问题

由于长期以来人们对湿地生态价值认识不足，加上保护管理能力薄弱，陕西省存在湿地面积逐步减少、生态质量逐步降低、生态功能逐步退化的不良趋势。存在的主要问题有：

(1)水污染严重。随着工农业生产的发展和城市建设的扩大，大量的工业废水、废渣、生活污水和化肥、农药等有害物质被排入湿地。这些有害污染物对地表水、地下水及土壤环境造成了污染，使水质、土壤、环境不断恶化，严重威胁着湿地生物的生存与发展，同时依赖江河、水库供水的大中城镇也深受其害。根据省环境保护局监测资料，目前陕西省渭河、无定河、延河、丹江、汉江、嘉陵江6条主要河流的40个监测断面中超过国家《地面水环境质量标准》(GB3838—88)V类水质标准的有15个断面，占37.5%。6条主要河流的综合污染指数在0.42~5.07，黄河水系污染重于长江水系，而全省湿地面积的近80%分布在黄河水系。水污染严重影响着湿地植物的生存和发展，部分对污染敏感的植物种类如水车前等，数量已愈来愈少，甚至有濒临灭绝的危险，从长远来看将对整个植物群落，乃至生态系统带来非常严重的后果。

(2)水源补给不足。陕西水资源贫乏，水供需矛盾十分突出。以目前水平，全省年总需水量为112.3亿立方米，可供水量91.7亿立方米，总计缺水20.6亿立方米，缺水率18.3%。缺水已成为制约省域经济社会发展的突出问题。由于水资源缺乏，河道功能退化，湖泊面积缩小。自1972~2008年间，黄河下游共有近20年发生过断流。我国西北干旱半干旱地区湖泊干涸现象十分严重，尤其是陕西省，部分现存湖泊含盐和矿化度显著升高，咸化趋势明显。红碱淖湿地由于周边地区工业开发无节制的取水，加之其最大的注水河——营盘河被切断，致使水位逐年下降。从1999年至今水位已下降了3米多，湖水面积减少了近一半。水位的持续下降，将使湖水碱含量升高，对湖区生物链内的动植物构成威胁，而世界濒危动物遗鸥也有可能因为湖水水位下降失去生存所必需的湖心岛。无计划过量利用水资源以及水源地天然林采伐过度，造成湿地面积呈减少趋

① 陕西省统计局.陕西统计年鉴2009.北京：中国统计出版社，2009.

势，湿地景观严重丧失，使生物多样性衰退及污染日益加剧，导致湿地生态功能下降与湿地资源受损，严重威胁着湿地资源的永续利用。

(3)不合理的开发利用。由于基建和城市化建设中的不合理开发，使许多湿地受到严重的干扰，湿地面积减少，湿地动植物生存环境受到破坏，使越来越多的生物物种，特别是珍稀生物失去生存空间而濒危和灭绝，物种多样性减少而使生态系统趋向简化，使系统内部能流和物流中断或不畅，削弱了生态系统自我调控能力，降低了生态系统的稳定性和有序性。如过度捕鱼使部分河流、水库的鱼产量大幅度减少，有的种类难以恢复而濒临灭绝；合阳、大荔等县黄河滩涂芦苇荡的大面积开发(造纸等)，使曾经广泛分布的芦苇群落到目前仅在部分地段呈零星块状分布，并且导致天然湿地面积正在急剧缩小。部分地区开展的水上旅游活动，由于缺乏有效合理的管理和控制，游客承载量过大，对湿地水资源、湿地植被和湿地鸟类的栖息带来不良影响。

(4)黄河流域泥沙淤积严重。黄河是我国泥沙含量最大的河流，也是世界罕见的多沙河流。长期以来，由于自然条件和人类活动影响，黄河上游植被遭到破坏，水土流失严重，河水含沙量增大，泥沙淤积严重。据测定，黄河平均含沙量在37公斤/立方米以上，居世界大河首位，其中黄河中游黄土高原沟壑区，年输沙模数大于5000吨/平方公里的面积就有15.60万平方公里。黄河流域窟野河、无定河、延河、泾河、洛河、渭河等河流，多流经黄土高原沟壑区，地形复杂，植被较差，生态环境脆弱，水土流失导致泥沙淤积严重。

第二节
湿地资源可持续利用前景

1　区域湿地资源可持续利用潜力

湿地是具有多种功能的独特生态系统，是重要的自然资源和人类生存环境资本，在支撑人类社会和谐发展和自然系统有序循环等方面有着举足轻重的作用。根据千年生态系统评估(The Millennium Ecosystem Assessment)框架，将湿地生态系统服务功能和可持续利用潜力分为供给服务、调节服务、文化服务和支持服务等四个方面。

1.1　供给服务

供给服务是指由生态系统产生的或提供的服务。陕西省湿地生态系统供给服务的功能和可持续利用潜力主要包括如下几个方面：

1.1.1　提供淡水

水是生命之源，人类的生存和发展离不开水，湿地与水又密不可分。2009年陕西省水资源总量420亿立方米，其中黄河流域108亿立方米，长江流域312亿立方米。全省地表水资源总量276.20亿立方米，地下水资源总量143.80亿立方米[①]，丰富的水资源保障了全省城乡工农业生产

---

① 陕西省林业发展区划. 西安：陕西科学技术出版社，2008.

和人民生活对水资源的需求。

1.1.2 提供食物和原材料

湿地是地球上生产力最高的生态系统，其总体生产力是一般农田的2~4倍，为人类提供了丰富的食物和生产生活原材料，主要包括肉类、水果、蔬菜、药材、盐、建材、泥炭、树脂和生物化学品等。2008年全省水产养殖面积3.26万公顷，水产品产量8.91万吨，渔业总产值78341万元，渔业经济总价值149505万元。汉江流域是陕西省水产养殖主要区域，年产经济鱼类总量约60万~63万公斤，其中汉江中段每年野生经济鱼类产量约为35万公斤，石泉水库、安康水库年产经济鱼类大约5万~8万公斤。黄河流域渔业生产落后，渔获量较少。

1.1.3 提供物种基因保护所

湿地是陆地与水体的过渡地带，因此它同时兼具丰富的陆生和水生动植物资源，形成了其他任何单一生态系统都无法比拟的天然基因库和独特的生境，特殊的水文、土壤和气候提供了复杂且完备的动植物群落，它对于保护区域遗传资源、维持生物多样性方面具有难以替代的生态价值。此次湿地资源调查发现，陕西省湿地野生动物312种，其中，鸟类9目24科121种、鱼类6目15科78属136种(含亚种)、两栖类2目7科14属28种、爬行类2目5科17属22种、哺乳类3目4科5种。湿地维管植物62科177属361种(恩格勒系统，1964)。其中蕨类植物4科4属5种，被子植物58科173属356种(含变种、变型)。众多的动植物资源在湿地中繁衍生息的同时得到了有效保存。

1.2 调节服务

调节服务是指由生态系统过程的调节功能所得到的益惠。陕西省湿地生态系统的调节服务功能和可持续利用潜力主要包括如下几个方面：

1.2.1 蓄水调洪

在多雨或涨水的季节，过量的水被湿地(像海绵)储存起来，直接减少了下游的洪水压力。然后，在数天、数周甚至数月里，再慢慢地释放出来，补充给河流或下渗补充地下水，有效地缓解枯水期河流缺水或断流的问题。陕西最为明显的是渭河在黄河入口处的洪泛平原湿地，由于其蓄水调洪方面的重要作用，确保了渭南市及其下游人民群众的生命财产安全。

1.2.2 调节气候

湿地对区域气候有巨大的调节作用，《湿地公约》和《联合国气候变化框架公约》均特别强调了湿地对调节区域气候的重要作用。湿地的水分蒸发和植被叶面的水分蒸腾，使得湿地和大气之间不断地进行着能量和物质交换，从而保持当地的湿度和降水量。在有森林的湿地中，大量的降水通过树木被蒸发和转移，返回到大气中，然后又以雨的形式降到周围的地区。附近有沼泽湿地的区域产生的晨雾可减少土壤水分的丧失。湿地在增加局部地区空气湿度、削弱风速、缩小昼夜温差、降低大气含尘量等气候调节方面都具有明显的作用。

1.2.3 净化水体

湿地具有很强的降解污染功能，许多自然湿地生长的湿地植物、微生物通过物理过滤、生物吸收和化学合成与分解等把人类排入湖泊、河流等湿地的有毒有害物质转化为无毒无害甚至有益的物质。湿地在降解污染和净化水质上的强大功能使其被誉为“地球之肾”。历史上全省广阔的湿地对降解城乡污染、农业面源污染，维护生态系统平衡和全省生态环境质量发挥了巨大的作用。但湿地的降解污染功能是有限度的，过度排放，全省部分自然湿地污染严重，湿地不堪重负，湿地的生态功能严重退化。渭河及其支流沣河、涝河等河流，曾以“八水绕长安”而著称，但由于前几年的无节制排放，河水已变黑变臭，成为陕西省污染最为严重的河流之一。2008 年省政府出台了《陕西省渭河流域综合治理五年规划(2008 ~2012 年)》，将湿地保护与恢复列为渭河水环境治理的重要措施之一，就是在人为干预下，利用湿地的降解污染和净化水质的功能致力于渭河水环境的改善，让有“关中下水道”之称的渭河恢复其湿地的本来面目。

1.3 文化服务

文化服务是指由生态系统获取的非物质益惠。陕西省湿地生态系统的文化服务功能和可持续利用潜力主要包括如下几个方面：

1.3.1 旅游价值

随着人们生活水平的提高，人们要求亲近自然、回归自然的要求也越来越高，而湿地恰能为人们的这种需求提供一个理想的归宿。陕西是个旅游大省，生态旅游占有重要的比重，湿地旅游也已逐渐成为新的热点。目前陕西省的红碱淖、安康水库和龙门水库等依据其所处地理位置，借助湿地资源优势开辟旅游项目，成为游览休闲的风景区，近年来游客数量呈逐年上升趋势。合阳县境内的“处女泉”被列为陕西省著名的文化旅游景点，每年接待游客数十万人。据统计，2008 年全省旅游总人数 9182 万人次，旅游总收入 607 亿元。截至 2009 年，陕西省已经批准建设的国家级湿地公园 11 处，随着国家级湿地公园的全面建成，陕西省旅游业，特别是湿地旅游将会走上一个全新的发展阶段。

1.3.2 教育价值

湿地生态系统、丰富的水生动植物及其遗传基因，为教育和科学研究提供了宝贵的实验基地。湿地保护区、湿地公园等都是宣传湿地知识、开展湿地科普教育的重要场所。通过湿地教育，提高人们认识湿地、体验湿地、保护湿地的良好意识，以实现人与自然的和谐共处。

1.3.3 审美价值

景观是从一个地方或整个地区观看到的内容的总和。湿地常常是景观的关键内容，它为视野产生了多样性，并成为视野的焦点。一个景观或景观组成部分的美学意义依赖于线条、质地和土地利用的和谐性等因素。不同于高山峻岭那样具有挺拔、高耸的阳刚气势，湿地景观所具有的是向阴、低洼的优美、阴柔之风格。作为陕西省特别是北方地区最有代表性的景观元素，湿地对于区域景观美学价值的实现和维持具有非常重要的意义。

1.4 支持服务

支持服务是指生态系统为提供调节服务、供给服务和文化服务等而必需的一种服务功能。陕西省湿地生态系统的支持服务功能和可持续利用潜力主要包括如下几个方面。

1.4.1 提供栖息地

湿地能够为某些物种提供完成其全部或部分生命循环所需的全部因子。陕西省自然湿地生态系统可分为水生生态系统和沼泽生态系统两种。自然湿地内物种丰富，有湿地维管植物 62 科 177

属361种(恩格勒系统，1964)。其中蕨类植物4科4属5种，被子植物58科173属356种(含变种、变型)；湿地动物312种，其中湿地鸟类121种，鱼类136种和大量的其他物种。

1.4.2 保持水土

湿地经常位于深水系统和高低系统之间的边缘，并且受深水系统和陆地系统的共同影响，陆地系统物质在水文过程中进入湿地系统，常常促进湿地下游独特土壤条件的形成。湿地土壤既是湿地化学转换发生的中介，也是大多植物可获得的化学物质最初的储存场所。陕西省湿地对于土壤形成和保持的作用主要表现在黄河、汉江、嘉陵江、丹江、渭河等江河形成的冲积扇，以及沼泽和河道两侧淤积形成的沼泽土和水稻土等。

1.4.3 水循环

地球上的水在太阳辐射和重力作用下，以蒸发、降水和径流等方式进行的周而复始的运动过程成为水循环。各种类型的湿地是地球水循环过程中径流的主要表现方式，也是海陆间大循环和陆地—大气小循环的主要场所。

2 湿地资源可持续利用保障措施

2.1 加强对现有湿地资源，特别是自然湿地资源的抢救性保护

湿地生态系统是全省重要的自然生态资本，但其现状不容乐观，大多湿地人为活动干扰强度较高，湿地资源整体呈现面积逐步减小、生态质量逐步下降、生态功能逐步降低的趋势。加强对如渭河等污染严重的湿地的抢救性治理保护，彻底扭转目前湿地生态环境恶化的不利趋势。

2.2 保护利用湿地资源，处理好保护与利用的辩证关系

湿地是自然环境的一个重要组成部分，又是一项重要的自然资源，起着维护生态平衡和发展经济的双重作用。陕西省湿地资源相对较少，要处理好湿地资源保护和开发利用之间的关系，不应把湿地当作一种取之不尽、用之不竭的资源而任意使用。湿地资源为可再生资源，只有加强保护，才能持续开发利用，给人民生活和地方经济发展带来益处，长期造福人类。因此，湿地资源的保护、开发利用是一个有机整体。从陕西省人口、资源和社会发展的现实情况看，单纯强调保护，忽视群众生产生活和地方经济发展的需要，是不可取的；只强调生产生活和经济发展需要，过度开发利用湿地，甚至不惜以破坏湿地为代价追求短期效益也不可取，并将带来更为严重的后果。

按照《湿地公约》缔约国建议所指出的，湿地的合理利用应使目前人类可以从中获得持久的最大限度的利益，同时又能保持其满足未来千百代人的需要。因此，保护湿地，充分发挥湿地的生态功能，促进湿地资源的永续利用和持续发展，充分发挥湿地资源对现代化建设的支持作用，是工农业生产持续、稳定发展的需要，也是陕西省实施可持续发展的重要战略之一。湿地开发利用，要在深入调查、全面规划和充分论证的基础上，合理布局，强调适度开发利用，坚持可持续利用的方针，并严格审批手续；杜绝盲目围垦、排干及把湿地视为无用荒地而向其排污等做法；杜绝任何可能造成生态系统不可逆转的方式和项目，或者寄希望于将来用大量财力、物力来重新恢复的破坏性开发活动。

2.3 建立湿地资源评价体系，实行湿地效益价值补偿机制

湿地的功能虽然是多方面的，但因其类型、所处自然地理与社会经济条件的不同，其效益和价值具有明显的差异。目前由于对湿地效益的分析评价工作刚刚起步，还缺乏对湿地效益和价值评价指标体系的系统研究，因此，研究制定一套适合我国国情和陕西省省情的湿地效益和价值指标评价体系，量化湿地资源价值，并对其实行一定标准的补偿，对湿地资源保护具有重要而深远意义。

第五章 湿地资源评价

第一节 湿地生态状况

1 水资源状况

陕西省多年平均河川径流量为420.0亿立方米，其中黄河流域108.0亿立方米，长江流域312.0亿立方米。分布极为不均，南多北少，与降水相同。地下水资源为143.8亿立方米，其中黄河流域82.51亿立方米，长江流域61.29亿立方米。地下水中扣除与地面水重复部分后为28.7亿立方米，因此地面水和地下水资源共计448.7亿立方米。全省地下水资源因受气候、地形地貌、地质等因素影响，呈现关中水量丰富，陕北水量不丰，陕南除汉中、安康几个小盆地地下水丰富外，广大山区多为基流的状况。

无定河流域因有毛乌素沙地的调节作用，径流年际变化不大，丰水年与枯水年的比值为1.8，变差系数(*Cv*)最小，仅0.16，有利于水利资源的利用。黄土高原及丘陵沟壑地区的河流，径流年际变化较大，丰水年与枯水年的比值在4以上，变差系数在0.3以上，最高达0.65，秦巴山区的变差系数在0.35~0.45，最高达0.7。

陕西省径流的年内分配因受降水年内分配的影响，总的特点是：年径流的50.0%~70.0%集中于汛期的4个月内，但出现的月份比降水滞后1个月，在季节上秋季最多，夏季次之，春季大于冬季。

2 水环境质量

根据陕西省环保厅《2009年陕西省环境状况公报》，全省6大水系中，嘉陵江、汉江、丹江水质优，延河、无定河水质轻度污染，渭河水质重度污染。11条支流中，金陵河水质良好，榆溪河、黑河、沣河、沈河、涝河水质轻度污染，灞河、皂河、临河、漆水河、北洛河水质重度污染。在6条主要河流上的40个监测断面、1862公里控制河段中，符合相应功能水质要求的有29个断面，其长度占实测河流长度的78.30%。Ⅰ类、Ⅱ类、Ⅲ类、Ⅳ类和劣Ⅴ类水体分别占监控河段的12.90%、39.90%、12.20%、16.60%和18.40%(图5-1)。

河流的主要污染物质是石油类、氨氮、五日生化需氧量、挥发酚、化学需氧量和高锰酸盐指数，污染分担率分别为35.07%、12.50%、10.98%、10.95%、10.73%和8.17%。

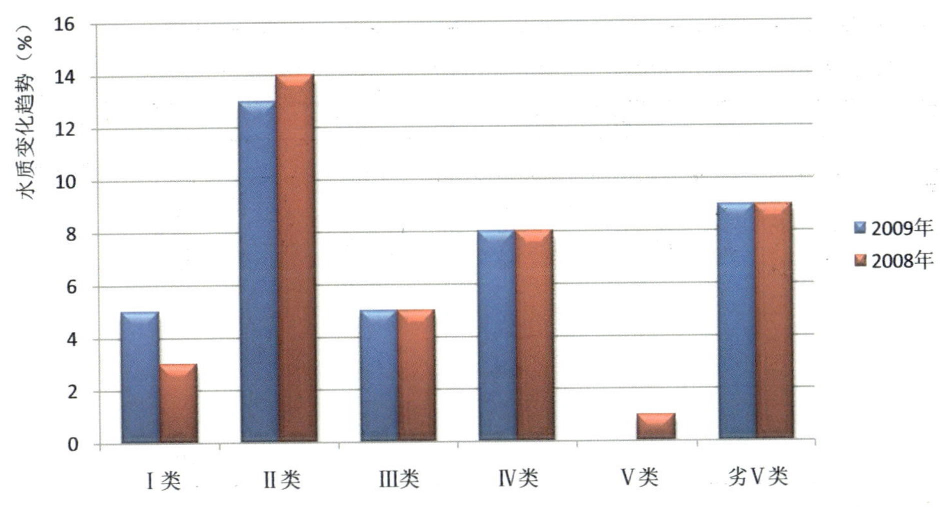

图5-1　2009年与2008年水质变化趋势分析图

主要河流水质：

渭河：水质污染依然严重。13个监测断面中，Ⅱ类、Ⅳ类水质断面各1个，Ⅲ类水质断面2个，劣Ⅴ类水质断面9个。69.20%断面超过水域功能标准，符合水域功能的断面比上年增加了7.7%。主要污染物为石油类、氨氮、五日生化需氧量、高锰酸盐指数、挥发酚和化学需氧量。与2008年相比，河流水质类别无明显变化，但主要污染物浓度均有不同程度下降（图5-2至图5-4）。

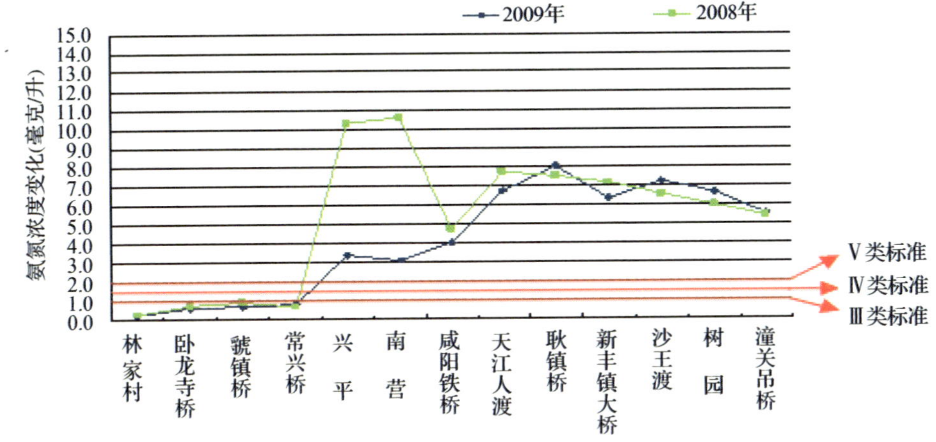

图5-2　渭河氨氮浓度沿程变化图

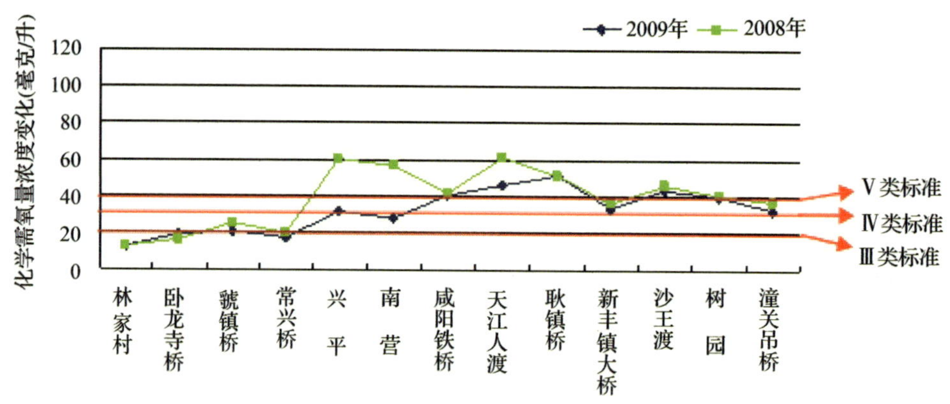

图5-3 渭河化学需氧量浓度沿程变化图

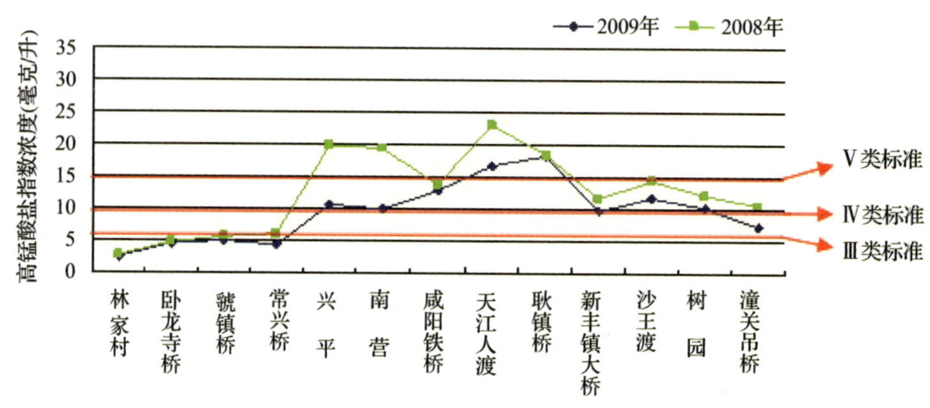

图5-4 渭河高锰酸盐指数浓度沿程变化图

延河：水质轻度污染，5个监测断面均为Ⅳ类水质。20%断面超过水域功能标准。主要污染物为石油类、化学需氧量。与2008年相比，水质无明显变化，但主要污染物化学需氧量浓度略有下降。四联队断面水质因化学需氧量浓度下降，由中度污染改善为轻度污染(图5-5)。

无定河：水质轻度污染，2个监测断面均为Ⅳ类水质，符合水域功能标准。与2008年相比，水质无明显变化。主要污染物为石油类。

汉江：水质优，9个监测断面中，1个为Ⅰ类水质，7个为Ⅱ类水质，1个为Ⅲ类水质，均符合水域功能标准。与2008年相比，水质无明显变化。

丹江：水质优，5个监测断面中，3个为Ⅰ类水质，2个为Ⅲ类水质。20%断面超过水域功能标准。主要污染物是化学需氧量、氨氮。与2008年相比，水质无明显变化。

嘉陵江：水质优，6个监测断面中，1个为Ⅰ类水质，5个为Ⅱ类水质，均符合水域功能标准。与2008年相比，水质无明显变化。

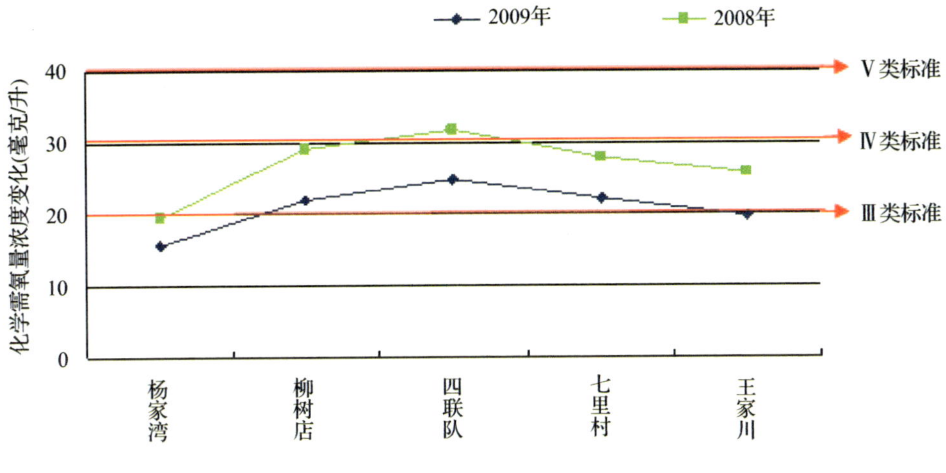

图 5-5 延河化学需氧量浓度沿程变化图

第二节 湿地受威胁状况

陕西省湿地所受威胁主要来自水源污染、水利工程和引排水的负面影响(水源补给不足)、围垦、基建和城市建设、矿产资源开发等。从湿地类来看，河流湿地和湖泊湿地受威胁状况较为严重，沼泽湿地和人工湿地所受威胁相对较轻。从地域来看，湿地受威胁程度陕北重于关中，关中重于陕南，陕南整体受威胁程度较轻。陕北区域的湿地所受威胁主要为水质污染、矿产资源开发引起地下水位下降、水利工程和引排水工程建设引起的水源补给不足；关中区域的湿地所受威胁主要为水质污染、围垦、基建和城市建设；陕南区域湿地所受威胁主要为河道采砂、采矿和围垦造田。

陕西省湿地所受威胁状况等级综合评定为轻度。

1 陕北地区

陕北地区主要包括榆林、延安两市，湿地总面积 7.00 万公顷。主要河流湿地有黄河、无定河、芦河、榆溪河、延河、北洛河等；主要湖泊湿地有红碱淖；人工湿地中库塘主要有营盘山水库、杨家湾水库、河口水库、西沙水库。

陕北是我国和陕西省主要能源化工基地，近年来，随着经济社会的发展，矿产资源开发力度逐渐加大，湿地水环境受到一定程度的威胁，主要表现在水质污染和水源补给不足。

根据陕西省环保厅《2009 年陕西省环境状况公报》，在陕北地区的主要河流中，黄河、无定河、芦河、榆溪河、延河水质轻度污染，北洛河水质重度污染，河流主要污染物质是石油类。

无定河是黄河一级支流，是榆林市最大的河流，干流全长 491.2 公里，总流域面积 3.03 万平方公里，多年平均径流量15.29亿立方米。据《无定河年净流量变化特征及人驱动力分析》①研究结果表明，无定河1956～2000年以来，年净流量减少趋势明显。从20世纪60年代起，一个十年比一个十年低，70年代、80年代、90年代分别比多年平均净流量偏少4%、10%和13%，90年代达到最低水平。

北洛河为渭河第二大支流，省内干流全长656.5公里，总流域面积2.46万平方公里，多年平均径流量9.97亿立方米。据《北洛河流域上游地区水沙变化趋势分析》②研究表明，自1963～2006年43年间，小于多年平均径流量的年份有29年，其中在1970年以后的就有24年，径流量逐年减少。

红碱淖湿地是我国最大的沙漠淡水湖，在陕西省乃至西北地区具有极其重要的生态地位。红碱淖湿地目前最大的威胁是水源补给不足。主要原因：一是近年区域降水量偏小，二是周围注水河流遭到拦截，三是区域煤炭资源开发引起的地下水位下降。据省气象局、省农业遥感信息中心对红碱淖连续动态遥感监测结果表明，1997～2004年，红碱淖水体覆盖面积急剧减少了14.6平方公里，减少面积为1986年水域面积的27.6%。据榆林市气象部门统计，神木县年降水量由20世纪90年代的400毫米左右下降到21世纪以来的350毫米左右，而年蒸发量却由20世纪90年代的1750毫米左右上升到21世纪以来的2000毫米左右。陕西境内有4条河流，但流程短补水量不大，内蒙古境内主要有2条注水河，但水源已被拦截，直接切断了红碱淖最主要的水源补给，这不仅加剧了整个流域的沙化荒漠化进程，还直接影响着20余种珍禽，尤其是世界濒危鸟类遗鸥的生存安全。红碱淖湿地所处的神木县是陕西省煤炭生产第一大县，大量的煤炭开采引起地下水位逐年下降，水源补给又不足，从而导致湿地面积的大幅减少，区域沙化趋于严重，这一黄河流域中国最大的沙漠淡水湖有逐渐消失的危险。专家疾呼：再不重视红碱淖，中国将出现"第二个罗布泊"。

2 关中地区

关中地区主要包括宝鸡、咸阳、西安、渭南、铜川5个市，湿地总面积14.29万公顷，主要河流湿地有渭河、泾河、石头河、黑河、涝峪河、灞河、浐河、赵氏河、千河、沣河、南洛河等；主要湖泊有蒲城卤阳湖；人工湿地中库塘主要有冯家山水库、石头河水库、王家崖水库等，输水渠主要有宝鸡峡引渭总干渠、宝鸡市引渭高干渠等。

关中地区是陕西省关中平原核心地带，人口密集，交通四通八达，工业、农业、商贸等经济社会相对发达，湿地保护和社会发展矛盾相对突出，湿地生态系统受到一定程度的威胁，主要表现在水质污染、围垦、基建和城市建设。

根据陕西省环保厅《2009年陕西省环境状况公报》，在关中地区的主要河流中，黑河、沣河、沈河、涝河水质轻度污染，灞河、皂河、临河、漆水河水质重度污染，河流主要污染物质是石油类、氨氮和挥发酚。

渭河属黄河流域最大支流，源于甘肃渭源县鸟鼠山，流经甘肃、陕西两省，自渭南市潼关县

① 杨新，等．无定河年净流量变化特征及人驱动力分析．地球科协进展，2005，20(6)．

② 帅奎，等．北洛河流域上游地区水沙变化趋势分析．陕西水利水资源网，2007，12．

汇入黄河，全长818.0公里，流域面积13.43万平方公里。北岸有泾河、北洛河等较大支流汇入，各自成体系，源远流长。根据陕西省环保厅《2009年陕西省环境状况公报》，渭河水质污染依然严重。13个监测断面中，劣V类水质断面9个，占监测断面总数的69.23%。主要污染物为石油类、氨氮、五日生化需氧量、高锰酸盐指数、挥发酚和化学需氧量。

另外，在本次调查中发现，临近城市地带的河流湿地，原来划定的用于行洪的洪泛平原湿地大多面积已经减小或已逐渐消失，以渭河湿地最为典型。原来在渭南市华阴和华县渭河入黄河段划定了大量的洪泛平原湿地，现在多已变成耕地和建设用地。

3　陕南地区

陕南地区主要包括汉中、安康、商洛3个市，湿地总面积9.56万公顷，主要河流湿地有汉江、嘉陵江、丹江、乾佑河、白玉河、牧马河、红岩河、月河、旬河、任河、褒河等；人工湿地中库塘主要有瀛湖水库、石泉水库、二龙山水库、石门水库、南沙湖水库、八一水库等。

陕南地区位于北亚热带，雨、热、光照等自然条件良好，植被生长茂密，森林保持水土涵养水源的功能性强，河流水质良好，是我国南水北调中线引水工程重要水源地。但由于湿地管理的不完善，导致本区域湿地受到一定程度的威胁，主要表现为河道采砂、采矿和围垦造田。

本次调查中，发现汉江上有多艘采砂船，24小时不间断作业，无序采砂现象依然严重。据《华商报》(2010年4月7日)报道，汉江汉滨区、旬阳县段无序采砂严重影响河床安全。针对这一现象，安康市防汛抗旱办公室召开专题会议，专门制定了整治汉江河道采砂的各项措施方案，加大检查治理力度，坚决遏制汉江上非法采砂行为的蔓延势头，确保汉江湿地河床和水资源安全。

第三节
湿地资源变化及其原因分析

1　陕西省两次湿地资源调查结果

1.1　1999~2000年第一次全省湿地资源调查结果

陕西省共有湿地面积29.29万公顷，占全省总面积的1.40%，其中河流湿地面积25.21万公顷，占湿地总面积的86.00%；湖泊湿地面积0.73万公顷，占湿地总面积的2.50%；沼泽和沼泽化草甸湿地面积1.78万公顷；占湿地总面积的6.10%；人工湿地面积(仅调查了库塘湿地)1.57万公顷，占湿地总面积的5.40%。

1.2　2010年第二次全省湿地资源调查结果

陕西省共有湿地面积30.85万公顷，占全省总面积的1.50%，其中河流湿地面积25.76万公顷，占湿地总面积的83.50%；湖泊湿地面积0.76万公顷，占湿地总面积的2.46%；沼泽湿地面积1.10万公顷，占湿地总面积的3.58%；人工湿地面积3.23万公顷，占湿地总面积的10.46%。

两次湿地资源调查结果比较见表5-1，如图5-6、图5-7。

表5-1 两次湿地资源调查结果比较表

湿地类型		1999～2000年		2010年		较差
		面积(公顷)	比例(%)	面积(公顷)	比例(%)	
河流湿地	小 计	252056	86.00	257591.35	83.50	5535.35
	永久性河流湿地	113577	38.80	171516.41	55.60	57939.41
	季节性河流湿地	110	0	18550.54	6.01	18440.54
	洪泛平原湿地	138369	47.20	67524.4	21.89	-70844.60
湖泊湿地	小 计	7300	2.50	7597.92	2.46	297.92
	永久性淡水湖	5895	2.00	3061.39	0.99	-2833.61
	永久性咸水湖	1405	0.50	2665.50	0.86	1260.50
	季节性咸水湖			1871.03	0.61	1871.03
沼泽湿地	小 计	17829	6.10	11034.16	3.58	-6794.84
	草本沼泽	13959	4.80	7811.08	2.53	-6147.92
	内陆盐沼	3870	1.30	2939.97	0.95	-930.03
	沼泽化草甸			283.11	0.09	283.11
人工湿地	小 计	15710	5.40	32271.18	10.46	16561.18
	库塘湿地	15710	5.40	24531.36	7.95	8821.36
	运河/输水河			3355.01	1.09	3355.01
	水产养殖场			4384.81	1.42	4384.81
合 计		292895	100	308494.61	100	15599.61

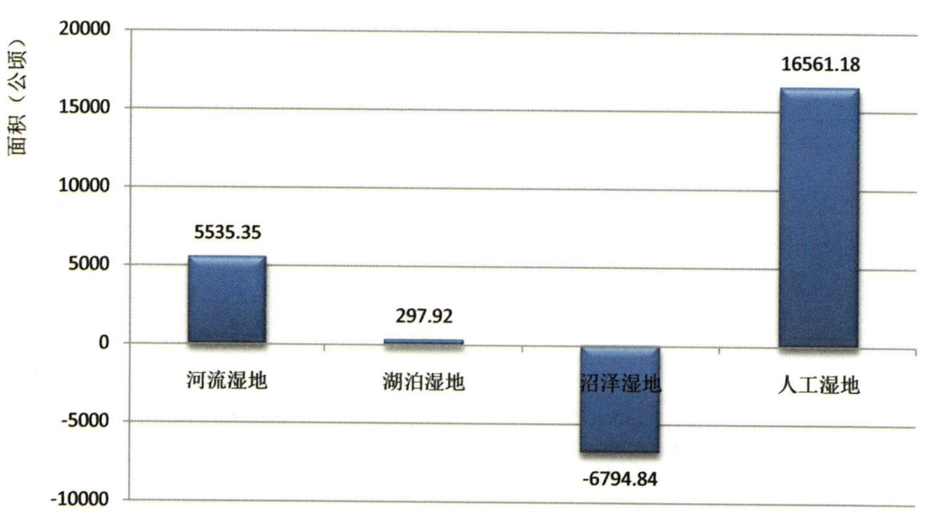

图5-6 陕西省两次湿地资源调查湿地类流量变化结构图

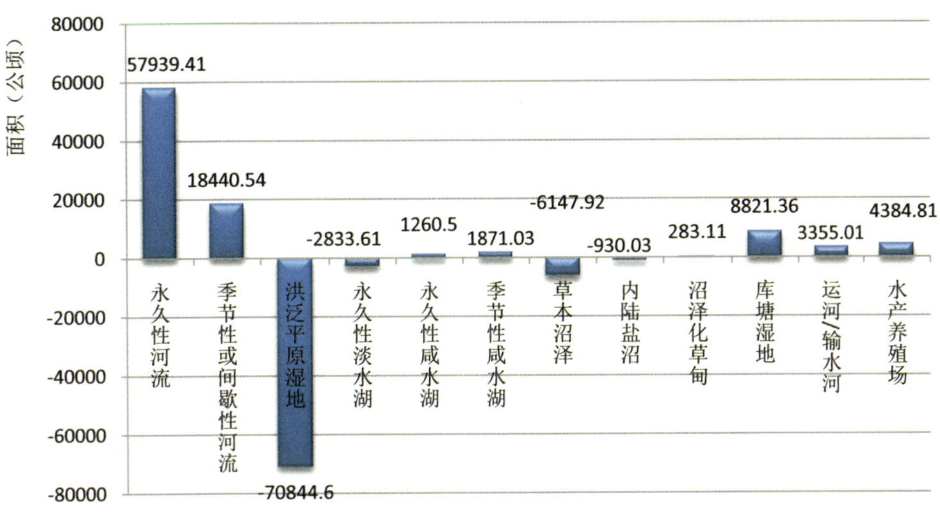

图 **5-7**　陕西省两次湿地资源调查湿地型流量变化结构图

2　两次湿地资源调查成果比较分析

2.1　湿地总面积比较及原因分析

(1)结果比较：第二次调查湿地总面积比第一次增加了 1.56 万公顷。

(2)原因分析：一是调查范围不同。第一次湿地资源调查范围是面积在 100 公顷以上的湖泊、沼泽、人工湿地中的库塘，以及河床(枯水河槽)宽度大于 10 米、面积大于 100 公顷的河流以及其他具有特殊意义的湿地。第二次湿地资源调查范围是面积在 8 公顷(含 8 公顷)以上的湖泊湿地、沼泽湿地、人工湿地，以及宽度 10 米以上、长度 5 公里以上的河流湿地。二是调查对象有所不同。第一次调查中，人工湿地只对库塘湿地一个湿地型进行调查。而第二次调查，人工湿地包括库塘、运河/输水河和水产养殖场 3 个湿地型。

2.2　河流湿地面积比较及原因分析

(1)结果比较：第二次湿地调查河流湿地总面积比第一次增加了 0.55 万公顷。其中，永久性河流湿地面积增加了 5.79 万公顷，季节性河流湿地面积增加了 1.84 万公顷，而洪泛平原湿地面积减少了 7.08 万公顷。

(2)原因分析：一是调查范围不同导致永久性和季节性河流湿地面积增加较多。上次调查是河床(枯水河槽)宽度大于 10 米，面积大于 100 公顷的河流湿地。而本次调查是 8 公顷(含 8 公顷)以上洪泛平原湿地和宽度 10 米以上，长度 5 公里以上的河流湿地，与上次相比增加了 8～100 公顷的永久性和季节性河流湿地，所以河流湿地总体面积有所增加。二是围垦造田导致洪泛平原湿地面积减少幅度较大。近 10 年来，由于人们对湿地的认识不足，加之随着人口的增加，土地压力逐渐加大，大量的围垦造田，土地开发整理工程项目的实施，导致部分洪泛平原湿地变成了耕地，从而造成洪泛平原湿地面积减少幅度较大的现实局面。

2.3 湖泊湿地面积比较及原因分析

(1)结果比较：第二次湿地调查湖泊湿地总面积比第一次增加了0.03万公顷。其中，永久性淡水湖面积减少了0.28万公顷，永久性咸水湖面积增加了0.13万公顷。另外，本次调查，增加了季节性咸水湖面积0.19万公顷。

(2)原因分析：陕西省永久性淡水湖主要是榆林的红碱淖。近年来，由于干旱和上游输水河水源遭拦截等原因，使红碱淖湿地水源补给严重不足，导致红碱淖水面面积减小幅度较大，从而导致陕西省永久性淡水湖面积减少。陕西省永久性和季节性咸水湖主要分布在定边县的内流区，由大大小小的咸水海子组成，面积不大，分布零散。本次对8公顷以上的咸水海子都做了详细调查，与上次相比增加了8～100公顷的永久性咸水湖面积，所以永久性咸水湖面积有所增加。同时，在定边县的内流区，由于干旱和矿产资源开发等因素影响，地下水位逐渐降低，部分湖泊已随季节降水瀛枯而变化，夏秋季降水多时形成湖面，冬春季降水少时而干枯，已成明显的季节性咸水湖。

2.4 沼泽湿地面积比较及原因分析

(1)结果比较：第二次湿地调查沼泽湿地总面积比第一次减少了0.68万公顷。其中，草本沼泽湿地面积减少了0.62万公顷，内陆盐沼湿地面积减少了0.09万公顷，增加了沼泽化草甸湿地0.03万公顷。

(2)原因分析：沼泽湿地面积整体减少。陕西省沼泽湿地主要分布在黄河、渭河沿岸，榆林市的榆阳、横山、定边、靖边、神木等北部风沙区的湖泊湿地周边，总体面积不大。近年来，由于干旱、围垦造田、矿产资源开发等因素影响，导致沼泽湿地整体面积减少幅度较大。

2.5 人工湿地面积比较及原因分析

(1)结果比较：第二次湿地调查人工湿地总面积比第一次增加了1.66万公顷。其中，库塘湿地面积增加了0.88万公顷，另外，增加了输水河0.34万公顷和人工养殖场0.44万公顷。

(2)原因分析：一是库塘湿地面积增加。近10年来，随着陕西省生态环境建设中水资源区域调配和对“三农”支持力度的加大，水库数量大量增加，从而导致库塘湿地面积增加幅度较大。加之，本次又增加了输水河和人工养殖场2个湿地型的调查，从而导致人工湿地总体面积比第一次有较大幅度增加。

3 100公顷以上湿地面积统计结果比较分析

3.1 面积统计

因为第一次湿地资源调查范围是面积在100公顷以上的湿地，为了更加科学地比较两次湿地资源调查成果，本次对100公顷以上湿地面积也进行了统计。本次全省100公顷以上湿地面积21.60万公顷，占全省湿地面积的70.00%，其中，河流湿地面积18.08万公顷，湖泊湿地面积

0.71 万公顷，沼泽湿地面积 0.97 万公顷，人工湿地面积 1.84 万公顷。

河流湿地中，永久性河流湿地 12.16 万公顷，季节性河流湿地 0.39 万公顷，洪泛平原湿地 5.54 万公顷。湖泊湿地中，永久性淡水湖湿地 0.30 万公顷，永久性咸水湖湿地 0.23 万公顷，季节性咸水湖湿地 0.18 万公顷。沼泽湿地中，草本沼泽湿地 0.67 万公顷，内陆盐沼湿地 0.28 万公顷，沼泽化草甸 0.03 万公顷。人工湿地全为库塘湿地，面积 1.43 万公顷(输水河和水产养殖场上次未做调查，这里不做比较)。100 公顷以上湿地面积统计结果比较见表 5-2。

表 5-2　100 公顷以上湿地面积统计结果比较表

湿地类型		1999～2000 年		2010 年		较差
		面积(公顷)	比例(%)	面积(公顷)	比例(%)	
河流湿地	小　计	252056	86.00	180779.46	85.33	-71276.54
	永久性河流	113577	38.80	121579.40	57.39	8002.40
	季节性或间歇性河流	110	0	3854.50	1.82	3744.50
	洪泛平原湿地	138369	47.20	55345.56	26.12	-83023.44
湖泊湿地	小　计	7300	2.50	7103.36	3.35	-196.64
	永久性淡水湖	5895	2.00	3020.21	1.43	-2874.79
	永久性咸水湖	1405	0.50	2291.07	1.08	886.07
	季节性咸水湖			1792.08	0.85	1792.08
沼泽湿地	小　计	17829	6.10	9724.81	4.59	-8104.19
	草本沼泽	13959	4.80	6695.75	3.16	-7263.25
	内陆盐沼	3870	1.30	2802.27	1.32	-1067.73
	沼泽化草甸			226.79	0.11	226.79
人工湿地	小　计	15710	5.40	14252.29	6.73	-1457.71
	库塘湿地	15710	5.40	14252.29	6.73	-1457.71
合　计		292895	100	211859.92	100	-81035.08

3.2　结果比较与原因分析

3.2.1　结果比较

(1)总面积：第二次调查 100 公顷以上湿地面积比第一次调查面积减少了 8.10 万公顷。

(2)河流湿地面积：第二次调查 100 公顷以上河流湿地面积比第一次调查时面积减少了 7.13 万公顷。其中，永久性河流湿地面积增加了 0.80 万公顷，季节性河流湿地面积增加了 0.37 万公顷，而洪泛平原湿地面积减少了 8.30 万公顷。

(3)湖泊湿地面积：第二次调查 100 公顷以上湖泊湿地面积比第一次调查时面积减少了 0.02 万公顷。其中，永久性淡水湖湿地面积减少了 0.29 万公顷，永久性咸水湖湿地面积增加了 0.09 万公顷，季节性咸水湖增加了 0.18 万公顷。

(4)沼泽湿地面积：第二次调查100公顷以上沼泽湿地面积比第一次调查时面积减少了0.81万公顷。其中，草本沼泽湿地面积减少了0.73万公顷，内陆盐沼湿地面积减少了0.11万公顷，沼泽化草甸增加了0.03万公顷。

(5)人工湿地面积：第二次调查100公顷以上人工湿地中的库塘湿地面积比第一次调查时面积减少了0.15万公顷。

3.2.2 原因分析

主要由于干旱和围垦造田等自然和人为因素影响，造成洪泛平原湿地和沼泽湿地面积减少幅度较大所致。其中，洪泛平原湿地面积减少了8.30万公顷、沼泽湿地面积减少了0.81万公顷。

第六章 湿地资源保护与管理

第一节 湿地保护管理现状

湿地保护管理现状包括保护管理机构建设、政策法规制定、科学研究开展、湿地保护范围、资金投入、湿地保护成效以及湿地保护管理中存在的问题等几方面的情况。

1 管理机构

湿地管理是一项跨部门、跨行业、跨地区的综合工作，需由多部门的协调与合作才能完成。1984 年 12 月，陕西省成立了自然保护区管理委员会，在省林业厅下设办公室。1989 年 10 月成立了陕西省自然保护区管理站，负责全省的自然保护区和野生动植物管理工作。1998 年国务院机构改革之后，决定由国家林业局负责组织、协调全国湿地保护和有关国际公约的履约工作，同时主管全国陆生野生动物管理工作和林区内野生植物的监督管理工作。2000 年 8 月陕政办发〔2000〕66 号《陕西省人民政府办公厅关于印发陕西省林业厅职能配置内设机构和人员编制规定的通知》，明确了陕西省林业厅在组织实施湿地保护、合理开发利用、建设和管理湿地方面的职责，林业厅内设机构增加了野生动植物保护处，自然保护区管理站和野生动物管理站合并成立陕西省自然保护区和野生动物管理站，负责全省森林植物资源、陆生野生动物资源、湿地资源及自然保护区的建设和管理工作。各市县林业主管部门下设野生动物管理站负责本区湿地资源管理工作。

2 政策法规

1988 年省人民政府发布了《陕西省自然保护区管理暂行办法》，规定将“有特殊意义的水源涵养地、水域、湖泊、沼泽、草原等地区”列为被保护的范围；1990 年作出了《关于采取措施切实加强陕西省野生动物保护管理工作的通知》，明确了陕西省野生动物包括湿地动物保护的主管部门及管理程序；2001 年，正式出台了《陕西省实施〈中华人民共和国自然保护区条例〉办法》，公布了《陕西省地方重点保护陆生野生动物保护名录》《陕西省地方重点保护野生植物保护名录》和《陕西省重点保护水生野生动物保护名录》；2006 年 6 月 1 日颁布实施了《陕西省湿地保护条例》，首次规范了陕西省湿地保护的范畴、保护规划的法律程序、主管部门和法律责任等，为陕西省开展湿地资源保护和管理工作提供了可靠的法律保证；2008～2009年，根据陕西省实际情况，编制完成了《陕西省湿地保护规划(2008～2012)》《陕西省湿地保护专项规划(2009～2014)》和《陕西省秦岭湿地保护工程专项规划(2009～2014)》。

3 科学研究

自20世纪70年代以来，有关部门和科研工作者就湿地的调查、分类、形成与演化、污染治理、保护管理和合理利用等方面开展了大量的科学研究，积累了大量有价值的科研资料。特别是在一些珍稀湿地鸟类的地理分布、种群数量、生态习性、饲养繁殖、致危因素以及保护对策等方面做了较深层次的研究。如2006年，由徐振武、冯宁等人开展的《陕北红碱淖湿地遗鸥资源分布与保护对策研究》，通过对红碱淖湿地遗鸥分布区域、生境状况的深入研究，提出了有效而得力的保护措施，使得这一濒危物种的种群数量明显增加；2004～2005年，陕西朱鹮国家级自然保护区开展了朱鹮野化放飞试验研究，项目在陕西省洋县华阳镇实施，在2年时间内有12对朱鹮进行了野化放飞训练，通过野化放飞训练，放飞的朱鹮可以自行觅食、栖息，试验工作取得了成功。

4 宣传教育

湿地保护主管部门，在“爱鸟周”“鸟节”“野生动物宣传月”以及“世界湿地日”等重大活动中，充分利用广播、电视、报纸等多种传媒平台，广泛宣传，提高了民众对湿地和野生动植物，特别是珍稀水禽的保护意识。已经建立的湿地保护区每一个中心都是一个宣传教育的基地，宣传一方，教育一片。通过这些宣传和教育活动，保护区群众初步形成了自发保护湿地和野生动植物的局面，取得了良好的社会效果。

如2010年7月，陕西省凤县开展了水生野生动物保护科普宣传月活动。7月18日上午，凤县渔政监督管理站在县城中心广场开展了声势浩大的水生野生动物保护法规及科普知识宣传活动，拉开了为期一个月的凤县嘉陵江源特有鱼类国家级水产种质资源保护区水生野生动物保护科普宣传月活动的序幕。活动中，采取组织青少年志愿者上街发放宣传资料、组织社区腰鼓宣传队上街游行宣传、在全县各重要地段张贴悬挂标语、集中摆放宣传展牌、现场销毁非法捕鱼器具、组织开展“关爱水生野生动物从我做起万人签名”等一系列方式，现场销毁非法捕鱼器26台(套)、网具109片，发放宣传资料1万余份，收到了良好的宣传效果。

5 国际合作

近年来，陕西与有关国家政府和国际组织、非政府组织乃至民间团体广泛开展了国际双边与多边合作与交流，为陕西的湿地和野生动植物保护工作引进了资金，吸收了国外保护和管理的先进技术和经验，保护管理者科技水平显著提高，极大地促进了陕西湿地的野生动植物保护工作。在朱鹮栖息地保护恢复工程项目中接收日本中国朱鹮保护协会等民间团体捐款，开展朱鹮巢区湿地保护恢复，保护恢复冬水田1000亩。与世界自然基金会合作实施朱鹮保护社区共建项目，建立了巢区栖息地保护委员会，建设绿色稻米基地600多亩。通过这些保护恢复工程的实施，河流、库塘、稻田等朱鹮赖以生存的湿地环境得到有效改善。2002年与山西、河南两省合作，承担荷兰自然保护联盟湿地小型基金项目，开展黄河中游湿地生态区保护规划，分析了黄河中游湿地生态区湿地现状和面临的问题，确定了优先保护区域，提出了保护对策。2003 年申请荷兰自然保护联盟湿地保护小型基金项目，针对 2003 年水灾对渭河中游湿地的影响及随后进行的水利设施建设、水利设施运行可能对渭河湿地造成的影响进行了评估，提出了渭河湿地保护恢复对策和优先区域。在实施这些项目的过程中，学习了国际上先进的湿地保护知识和理念，锻炼了一批湿地保护人员。

6　湿地保护范围

本次调查结果表明，全省 8 公顷以上的湿地总面积 30.85 万公顷，占全省总面积的 1.50%；重点调查湿地面积 14.06 万公顷，占全省湿地面积的 45.56%；分布在其他自然保护区、保护小区、森林公园、风景名胜区和水源保护区中受保护的湿地面积 1.25 万公顷，湿地保护率达到 49.61%。近年来，陕西省湿地资源保护范围逐步扩大，全省已经建立各级湿地自然保护区达 12 处，保护区总面积 22.57 万公顷，湿地面积 7.47 万公顷，占全省湿地面积的 24.30%；拟建湿地自然保护区 2 处，保护区总面积 1.52 万公顷，湿地面积 0.11 万公顷，占全省湿地面积的 0.34%；到 2010 年，已经批准建设的国家湿地公园 11 处，公园总面积 1.77 万公顷，湿地面积 0.83 万公顷，占全省湿地面积的 2.70%，受保护湿地面积逐步增加。截至 2014 年，陕西省批准建设的国家湿地公园 22 处，湿地保护面积进一步扩大。

7　湿地保护投入

2006～2008 年按照国家发改委、国家林业局要求，完成了陕西泾渭、陕西瀛湖、陕西红碱淖 3 个湿地保护项目总投资 1925 万元，主要用于湿地保护区内的湿地恢复与保护、退田还河损失补偿、实验区植被恢复、划界立标、生物多样性保护项目建设等；2009 年省发改委下达的丹凤县丹江湿地植被恢复建设项目、宁陕县旬河湿地保护项目、洋县湑水河保护工程、白河县汉江湿地保护工程和石头河湿地保护工程 5 个秦岭湿地保护项目总投资 300 多万元，主要用于湿地基础设施、保护设施和植被恢复建设；另据 2010 年 12 月 30 日《西安晚报》报道，2010 年 12 月 29 日召开的陕西省政府第 23 次常务会议，审议并原则通过了《陕西省渭河全线整治规划及实施方案》。根据规划，陕西将在 5 年内投入 606.8 亿元实施渭河综合整治。治理将分防洪工程、河道清障工程、生态景观工程、水污染防治工程等，届时渭河将被打造成陕西防洪安澜的屏障、绿色环保的景观长廊、路堤结合的滨河大道，充分发挥渭河黄金水道的地位和重要作用。

8　湿地保护成效

近年来，陕西省湿地保护工作得到了长足的发展，部分地区成效显著。陕西朱鹮国家级自然保护区，主要保护对象是被誉为“东方宝石”，被列为国家Ⅰ级保护的世界上最为濒危的鸟类之一——朱鹮，1981 年在洋县初次被发现时，种群数量仅 7 只，巢区 1～2 个。经过近 30 年的研究保护，朱鹮种群数量不断增长，截至 2010 年数量已增加到 1400 多只，其中野外种群数量突破 700 余只，分布区也从起初的洋县扩展到城固、西乡、宁陕、汉台区、勉县等广大区域。陕西红碱淖湿地自然保护区，因自然等方面的原因，湿地面积虽有所减小，但湿地保护动物特别是国家Ⅰ级保护野生动物——遗鸥的种群数量在逐渐增加，到 2010 年遗鸥种群数量已达 13000 余只（包括亚成体)[①]，这里已是目前全球已知遗鸥繁殖的最大种群和遗鸥繁殖地。本次调查中，在红碱淖湿地的西北部发现遗鸥3群，每群数量2500～3000只。

9　存在的主要问题

陕西省湿地面积占全省面积的比重较小，公众湿地保护意识依然淡薄，湿地管理利益部门众多，利益难以协调，湿地保护投入依然较少，湿地保护管理能力整体仍显薄弱。存在的问题主要有以下几个方面：

9.1　公众湿地保护意识有待提高

湿地虽然与人们的生活密切相关，但湿地这一概念是近几十年引入，近年来，虽然对湿地的各种报道宣传逐渐增多，但公众对湿地概念、价值和功能，及其在经济社会可持续发展中的重要性仍缺乏足够的认识。而且客观上由于人口持续增长的压力和土地资源缺乏，湿地往往被作为一种后备土地资源被不合理开垦或转为它用，甚至基于直接经济利益的驱动，湿地作为一种独特生态系统的价值和功能被忽视或弱化。

9.2　湿地管理利益部门众多，协调难度大

湿地是多资源组成的资源复合体，湿地保护管理涉及的利益部门众多。陕西省涉及湿地管理的部门有农、林、水、环保、国土、交通、建设、科教、计划、经贸等多个部门，这与湿地作为一个生态系统提出来并纳入政府日常管理工作的时间太晚有关系。各个业务部门分别管理湿地生态系统内部的一个资源主体，并均有相应的法规作为行政管理的依据，如渔业部门负责渔业资源的保护和渔政管理、水利部门负责水资源的调配和水利防洪，等等。要素式、部门分割式管理模式体制与湿地生态系统本身的特性不相适应，割裂了管理的系统性，造成湿地保护与城市化进程、旅游开发、水利防洪设施建设、地下水开采、水资源调配等诸多冲突。林业部门牵头与组织协调的职责难于落实，很难协调各相关部门基于部门利益对湿地的各种管理需求，责任和义务分离，管理权利分割，很大程度上制约了湿地保护工作的有效开展。

9.3　湿地保护投入依然不足

国家在湿地、自然保护区和野生动植物保护方面的专项资金较少，仅在国家级自然保护区的建设上有一定的补助投入。而新建的湿地保护区均为省级保护区，但建设项目未列入省基本建设投资，各级地方政府投资也十分有限，保护资金长期不能落实，建设经费严重不足，使较为理想的湿地建设规划也难于付诸实施。投入不足导致基础设施薄弱、人才缺乏、技术水平落后、保护力度小、规模不大、布局和结构不合理、科研和管理水平低等问题，严重影响了湿地保护工作的正常开展和保护成效。

---

① 陕西榆林红碱淖遗鸥保护项目．湿地国际，2009，7.

9.4　湿地保护技术力量有待提高

陕西省零星湿地区湿地保护工作，归属各县(区)野生动物管理站负责。本次调查发现，多数县(区)野生动物管理站技术力量薄弱，人员短缺，业务水平较低，对本区湿地动植物种类认知度较低，湿地资源家底不清，湿地资源保护工作力度较小，这一现状与陕西省湿地保护工作要求有较大的差距，湿地保护技术力量亟待提高。

9.5　专门管理部门少，管理水平较低

现今，陕西省在省、市、县三级均没有设立专门的湿地保护管理部门，省级湿地资源保护与管理归属陕西省自然保护区和野生动物管理站，市县两级湿地资源保护与管理归属各市县野生动物管理站，而各市县野生动物管理站是以野生动物保护和管理为侧重点，对于以湿地生态系统为主体的保护和管理相对薄弱，且管理水平相对较低。

9.6　市县缺乏科学保护规划与保护计划

近年来，陕西省进行了两次湿地资源调查，为全省湿地资源宏观管理提供了科学依据。在此基础上，陕西省根据实际情况，先后编制完成了《陕西省湿地保护规划(2008～2012)》《陕西省湿地保护专项规划(2009～2014)》和《陕西省秦岭湿地保护工程专项规划(2009～2014)》。而在市县两级就湿地资源的保护进行科学详细的规划或计划，仍然是一个明显的缺失。

第二节
湿地保护管理建议

陕西省湿地面积虽小，但类型多样、分布广泛，当前又面临经济快速发展，资源开发利用需求日增的巨大压力，难度很大，需要政府进一步采取有力的政策和措施，强化湿地资源的保护管理和恢复工作，才能适应形势和任务的要求。当前要着重抓好以下几方面工作：

1　大力宣传，提高认识

人类观念的改变是拯救生态的第一要素，不要认为自然资源取之不尽，用之不竭①。保护湿地资源在陕西省起步较晚，许多人对湿地的特有功能和在保护生态环境与社会经济发展中的重要地位和作用缺乏认识，湿地保护尚未引起应有的重视，因而，必须把宣传教育作为湿地保护的一项重要工作来抓。当前，要采取多种形式和办法，广泛宣传保护湿地的重要性、必要性和紧迫性，普及湿地保护科学知识，提高广大干部、群众的思想认识，引起各级领导和社会的关心和支持，推动湿地的保护、恢复和科学开发利用的全民行动。

---

① 联合国世界卫生组织，环境规划署和世界银行等．千年生态系统评估报告．2005.

2 全面规划，统筹安排

湿地的保护和开发利用，是一项多效益、多学科、多产业、跨部门的综合性系统工程，社会性、群众性很强，需要统筹规划和安排。为此，国家应尽快将全国湿地保护行动计划列入国土利用规划及国民经济和社会发展计划，生态环境建设、土地利用和社会经济发展全面安排。各有关部门要按照规划、计划提出的任务和要求，根据各自分工，认真组织实施。当前和今后一个时期，要重点抓好水污染的防治、杜绝开荒造田、合理调配河流上下游水量、加快湿地自然保护区建设等，切实从根本上推进湿地资源的保护和恢复。

3 健全机构，充实力量

任何一项事业的发展必须有专门的机构和专业的人员队伍。一方面要建立省、市、县各级湿地保护管理专门的机构并明确职责，另一方面要配备懂专业的管理人才，加强对各级保护管理人员的能力培训，不断提高队伍思想素质和业务素质。对于湿地保护区和湿地公园设立专门的管理机构，加强设备投入，强化科技支撑。

4 加强领导，协调行动

湿地资源保护牵涉农、林、水等多个部门，需要统一组织领导、相互配合、紧密协作才能搞好。这就要求各级政府要把湿地保护工作列入重要议事日程，加强领导，统筹安排。陕西省应建立由湿地归口管理部门牵头、各有关部门参加的湿地保护领导机构，明确部门职能，增强部门间的联系和协调。加强对湿地利用的管理，统一规划、实施环境影响评价制度，严格湿地开发利用审批程序，严禁盲目开发和破坏湿地，彻底改变对湿地资源的粗放型开发模式，逐步转变为集约型开发模式，改变只重视湿地生产功能而忽视其生态功能的倾向，全面发挥湿地的经济和生态综合效益，实现湿地资源的永续利用。

5 引水济湿，重点突破

陕西是一个水资源缺乏的省份，且水资源时空分布极不均衡，湿地面临的主要威胁是水源补给严重不足。近年来，陕西省加强了区域间水资源调配力度，先后规划或实施了引红(岩河)济石(头河)、引汉(江)济渭(河)、引乾(佑河)济石(砭峪)、引涓(水河)济黑(河)、引嘉(陵江)济清(水河)等引水工程，对缓解湿地水源补给不足，特别是黄河流域湿地水源补给不足状况起到了一定的作用。

目前，应进一步加强红碱淖湿地补给水源调配和区域协调工作。红碱淖湿地已被列为国家重要湿地，但水源补给严重不足，湖泊水面急剧缩小。如何解决红碱淖湿地水源补给问题，稳定或扩大湖泊水面面积，是当前本湿地保护管理工作中的重要课题。红碱淖湿地纵跨陕西、内蒙古两省(区)，仅从陕西境内解决水源补给问题困难较大，应建立陕西、内蒙古省域间协调机制，统一调配水源，以解决红碱淖湿地水源补给不足的困境。另据 2010 年 11 月 8 日中央电视台第四套中国新闻节目报道：内蒙古计划实施“海水西调，引渤济蒙”引水工程，该工程是将渤海湾几乎无穷的海水，通过逐级提升，源源不断地引到内蒙古，海水经过处理，提供工农业生产、生态环境建设和人民生活所用，以彻底改变内蒙古缺水的现状。该工程被称为改变内蒙古水环境状况的一次“革命”。“引海济蒙”引水工程的实施，也为彻底改变红碱淖湿地水源补给严重不足状况带来了机遇。

6　建立湿地污染预警系统

建立湿地生态环境污染预警系统，积极预测预报湿地污染和生态环境动态变化。重点加强对黄河、渭河、洛河、泾河、浐河、灞河等重点河流及王家崖等大型水库污染的检测和预报，积极引导当地群众进行无公害种植和水源保护的良好生活习惯，逐渐改善陕西省湿地的水环境状况。

7　建立湿地监测体系，提高湿地资源管理水平

湿地监测是湿地资源科学管理的基础。建立陕西省湿地监测体系，全面掌握全省各类湿地的动态变化，预测发展趋势，定期提供动态监测数据，为湿地管理、科学研究和合理利用提供及时、准确的参考资料，对于保护陕西省湿地、维持湿地生态功能、实现陕西省经济的可持续发展都具有重要意义。

首先，应加强湿地监测能力建设，成立陕西省湿地监测中心，行使全省湿地监测、保护和管理职能。各市、县以及湿地自然保护区相应成立湿地监测站，负责各种信息的采集与上报。

其次，应建立湿地监测管理信息系统，利用“3S”技术建立湿地资源调查、灾害调查、监测与预测预报、湿地信息动态更新的动态信息管理系统和分析处理系统，并与全省林业网络系统对接，形成省、市、县、保护区和湿地监测站、湿地科研单位、院校多级湿地管理网络体系。

当前，应在红碱淖、朱鹮核心区和黄河等31个重点调查湿地以及汉江、丹江、嘉陵江、黄河、渭河、延河、无定河等主要河流建立湿地监测(站)点，着重对湿地的类型、面积与分布、湿地的水资源状况、湿地土地利用状况、湿地的生物多样性及其珍稀濒危野生动植物、湿地周边地区的社会经济发展对湿地资源的影响、湿地的管理状况、影响湿地动态变化的主要环境因子等项目实施动态监测，为湿地管理决策提供科学依据。

8　潜在湿地保护区、湿地公园、国际重要湿地推荐

根据《陕西省湿地保护工程规划(2010～2030年)》，结合陕西省湿地资源保护利用管理状况，通过本次湿地资源调查所掌握的情况，拟在原有湿地保护区、湿地公园建设的基础上，推荐升级湿地保护区8个，其中升级为国际重要湿地2个，国家重要湿地6个，即将陕西朱鹮自然保护区和神木红碱淖自然保护区建设为国际重要湿地；陕西黄河湿地自然保护区、陕西西安泾渭湿地自然保护区、陕西瀛湖湿地自然保护区、陕西太白湑水河水生野生动物自然保护区、陕西横山无定河自然保护区建设为国家级湿地保护区。新建湿地保护区和湿地公园58个，其中新建湿地保护区11个、湿地公园47个。

陕西省潜在湿地保护区、湿地公园、国际重要湿地见表6 1。

表 6-1 陕西省潜在湿地保护区、湿地公园、国际重要湿地推荐名录

序号	湿地名称	面积（公顷）	位　置	保护内容	现有级别	推荐级别	备　注
1	陕西朱鹮自然保护区	37549	洋县、西乡、城固	朱鹮及其生境	国家重要湿地	国际重要湿地	升级
2	神木红碱淖自然保护区	21700	神木县	湿地及珍禽	国家重要湿地	国际重要湿地	升级
3	陕西黄河湿地自然保护区	57348	韩城市、合阳县、大荔县、华阴县、潼关县	湿地及珍禽	省重要湿地	国家重要湿地	升级
4	西安泾渭湿地自然保护区	3030	未央区、高陵县、灞桥区	湿地及珍禽	省重要湿地	国家重要湿地	升级
5	陕西瀛湖湿地自然保护区	19800	安康市	湿地及珍禽	省重要湿地	国家重要湿地	升级
6	陕西横山无定河自然保护区	21700	横山县	湿地及珍禽	省重要湿地	国家重要湿地	升级
7	陕西太白湑水河水生野生动物自然保护区	5740	太白县	大鲵、秦岭细鳞鲑及其生境	省重要湿地	国家重要湿地	升级
8	陕西定边盐碱湿地自然保护区	10000	定边县	盐碱湿地生态系统		省重要湿地	新建
9	陕西略阳水生动物保护区	6890	略阳县	湿地及水生动物		省重要湿地	新建
10	陕西周至水生动物保护区	5500	周至县	湿地及水生动物		省重要湿地	新建
11	陕西榆林中营盘湿地自然保护区	4243	榆阳区	湿地及珍禽		省重要湿地	新建
12	陕西靖边海则滩湿地保护区	5000	靖边县	湿地生态系统		省重要湿地	新建
13	陕西榆溪河湿地自然保护区	6000	榆阳区	湿地生态系统		省重要湿地	新建
14	陕西秃尾河湿地自然保护区	6000	神木县	湿地生态系统		省重要湿地	新建
15	陕西嘉陵江湿地自然保护区	11000	宁强县	湿地及珍禽		省重要湿地	新建
16	陕西洛河湿地自然保护区	11000	延安市、铜川市、蒲城县	湿地生态系统		省重要湿地	新建
17	白河县汉江段湿地保护区	2000	白河县	湿地及珍禽		省重要湿地	新建
18	旬阳县汉江段湿地保护区	20000	旬阳县	湿地及珍禽		省重要湿地	新建
19	陕西铜川玉皇阁国家湿地公园	1314.5	铜川市	湿地及珍禽		国家重要湿地	新建

（续）

序号	湿地名称	面积（公顷）	位　置	保护内容	现有级别	推荐级别	备　注
20	陕西宜君福地湖国家湿地公园	1010	宜君县	湿地及珍禽		国家重要湿地	新建
21	陕西旬邑马栏国家湿地公园	6006	旬邑县	湿地生态系统		国家重要湿地	新建
22	陕西紫阳任河国家湿地公园	1360	紫阳县	湿地及珍禽		国家重要湿地	新建
23	海流兔湿地公园	3075	榆阳区	湿地及珍禽		省重要湿地	新建
24	河口湿地公园	3800	榆阳区	湿地及珍禽		省重要湿地	新建
25	陕西靖边海则滩湿地公园	5000	靖边县	湿地及珍禽		省重要湿地	新建
26	陕西榆溪河湿地公园	6000	榆阳区	湿地生态系统		省重要湿地	新建
27	定边县盐湖湿地公园	600	定边县	湿地生态系统		省重要湿地	新建
28	西草滩湿地公园	600	靖边县	湿地生态系统		省重要湿地	新建
29	海则滩湿地公园	1906.7	靖边县	湿地生态系统		省重要湿地	新建
30	金鸡沙湿地公园	600	靖边县	湿地生态系统		省重要湿地	新建
31	王圪堵水库湿地公园	3144	横山县	湿地及水资源		省重要湿地	新建
32	陕西佳县天一湿地公园	1000	佳县	湿地生态系统		省重要湿地	新建
33	陕西佳县佳芦河湿地公园	1500	佳县	湿地生态系统		省重要湿地	新建
34	陕西绥德黄河湿地公园	2600	绥德县	湿地生态系统		省重要湿地	新建
35	陕西绥德大理河湿地公园	2000	绥德县	湿地生态系统		省重要湿地	新建
36	陕西绥德无定河湿地公园	2300	绥德县	湿地生态系统		省重要湿地	新建
37	延河湿地公园	9000	宝塔区、延长县	湿地生态系统		省重要湿地	新建
38	灞河中游生态公园	600	灞桥区	湿地生态系统		省重要湿地	新建
39	陕西省咸阳市沣渭湿地公园	4500	咸阳市	湿地生态系统		省重要湿地	新建
41	尤河水库湿地公园	600	临渭区	湿地及水资源		省重要湿地	新建
42	宝鸡渭河湿地公园	600	陈仓区	湿地生态系统		省重要湿地	新建
43	汉中市滨江湿地公园	1500	汉台区．南郑县	湿地生态系统		省重要湿地	新建

（续）

序号	湿地名称	面积（公顷）	位　置	保护内容	现有级别	推荐级别	备　注
44	宁强玉带湿地公园	1000	宁强	湿地生态系统		省重要湿地	新建
45	镇巴怡兴湿地公园	600	镇巴	湿地生态系统		省重要湿地	新建
46	湑水河湿地公园	780	城固县	湿地生态系统		省重要湿地	新建
47	陕西城固二岭沟湿地公园	100	城固县	湿地生态系统		省重要湿地	新建
48	紫阳县汉江中坝岛湿地公园	600	紫阳县	湿地生态系统		省重要湿地	新建
49	旬阳县汉江湿地公园	2000	旬阳县	湿地生态系统		省重要湿地	新建
50	旬阳旬河湿地公园	1420	旬阳县	湿地生态系统		省重要湿地	新建
51	宁陕旬河湿地公园	2920	宁陕县	湿地生态系统		省重要湿地	新建
52	陕西石泉库区湿地公园	10000	石泉县	湿地及水资源		省重要湿地	新建
53	陕西坝河湿地公园	8000	平利县	湿地生态系统		省重要湿地	新建
54	陕西旬河湿地公园	6000	镇安县、柞水县	湿地生态系统		省重要湿地	新建
55	扶龙湖湿地公园	5000	洛南县	湿地生态系统		省重要湿地	新建
56	老君山湿地公园	4000	洛南县	湿地生态系统		省重要湿地	新建
57	仙鹅湖湿地公园	1400	商州区	湿地生态系统		省重要湿地	新建
58	丹江环城湿地公园	1000	商州区	湿地生态系统		省重要湿地	新建
59	莲湖湿地公园	600	商州区	湿地生态系统		省重要湿地	新建
60	于岭水库湿地公园	1500	丹凤县	湿地及水资源		省重要湿地	新建
61	农田水库湿地公园	1200	丹凤县	湿地及水资源		省重要湿地	新建
62	金钱河湿地公园	600	山阳县	湿地生态系统		省重要湿地	新建
63	试马水库湿地公园	1100	商南县	湿地及水资源		省重要湿地	新建
64	过风楼湿地公园	800	商南县	湿地生态系统		省重要湿地	新建
65	太吉河湿地公园	600	商南县	湿地生态系统		省重要湿地	新建
66	杨凌渭河湿地公园	1000	杨凌区	湿地生态系统		省重要湿地	新建

附录1　陕西湿地调查区域植物名录

序号	科	属	种	
			中文名	拉丁名
(一)蕨类植物				
1	木贼科	木贼属	问荆	*Equisetum arvense*
2			节节草	*Equisetum ramosissimum*
3	苹科	苹属	苹	*Marsilea quadrifolia*
4	槐叶苹科	槐叶苹属	槐叶苹	*Salvinia natans*
5	满江红科	满江红属	满江红	*Azolla imbricata*
(二)被子植物				
1	香蒲科	香蒲属	长苞香蒲	*Typha angustata*
2			水烛	*Typha angustifolia*
3			宽叶香蒲	*Typha latifolia*
4			无苞香蒲	*Typha laxmannii*
5			小香蒲	*Typha minima*
6			香蒲	*Typha orientalis*
7	黑三棱科	黑三棱属	黑三棱	*Sparganium stoloniferum*
8	眼子菜科	眼子菜属	单果眼子菜	*Potamogeton acutifolius*
9			菹草	*Potamogeton crispus*
10			眼子菜	*Potamogeton distinctus*
11			丝叶眼子菜	*Potamogeton filiformis*
12			禾叶眼子菜	*Potamogeton gramineus*
13			光叶眼子菜	*Potamogeton lucens*
14			竹叶眼子菜	*Potamogeton malainus*
15			浮叶眼子菜	*Potamogeton natans*
16			钝叶眼子菜	*Potamogeton obtusifolius*
17			尖叶眼子菜	*Potamogeton oxyphyllus*
18			篦齿眼子菜	*Potamogeton pectinatus*
19			穿叶眼子菜	*Potamogeton perfoliatus*
20			小眼子菜	*Potamogeton pusillus*
21	茨藻科	茨藻属	大茨藻	*Najas marina*
22		角果藻属	角果藻	*Zannichellia palustris*

（续）

序号	科	属	种	
			中文名	拉丁名
23	水麦冬科	水麦冬属	水麦冬	*Triglochin palustre*
24	泽泻科	泽泻属	泽泻	*Alisma plantago-aquatica*
25			东方泽泻	*Alisma orientale*
26		慈姑属	矮慈姑	*Sagittaria pygmaea*
27			野慈姑	*Sagittaria trifolia*
28	花蔺科	花蔺属	花蔺	*Butomus umbellatus*
29	水鳖科	水鳖属	水鳖	*Hydrocharis dubia*
30		黑藻属	黑藻	*Hydrilla verticillata*
31			罗氏轮叶黑藻	*Hydrilla roxburghii*
32		苦草属	苦草	*Vallisneria natans*
33	禾本科	剪股颖属	小糠草	*Agrostis alba*
34		看麦娘属	看麦娘	*Alopeculus aequalis*
35			日本看麦娘	*Alopeculus japonicus*
36		荩草属	荩草	*Arthraxon hispidus*
37		莴草属	莴草	*Beckmannia syzigachne*
38		拂子茅属	假苇拂子茅	*Calamagrostis pseudophragmites*
39		薏苡属	薏苡	*Coix lacryma-jobi*
40		狗芽根属	狗牙根	*Cynodon dactylon*
41		野青茅属	大叶章	*Deyeuxia langsdorffii*
42			湖北野青茅	*Deyeuxia hupehensis*
43		发草属	发草	*Deschampsia caespitosa*
44		马唐属	止血马唐	*Digitaria ischaemum*
45			马唐	*Digitaria sanguinalis*
46		稗属	稗	*Echinochloa crusgalli*
47			无芒稗	*Echinochloa crusgalli* var. *mitis*
48			西来稗	*Echinochloa crusgalli* var. *zelayensis*
49		野黍属	野黍	*Eriochloa villosa*
50		羊茅属	羊茅	*Festuca ovina*
51		甜茅属	假鼠妇草	*Glyceria leptolepis*
52		牛鞭草属	牛鞭草	*Hemarthria japonica*
53		白茅属	白茅	*Imperata cglindrica*
54		柳叶箬属	柳叶箬	*Isachne globosa*
55		芒属	荻	*Miscanthus sacchariflorus*

（续）

序号	科	属	种	
			中文名	拉丁名
56	禾本科	稷属	黍	*Panicum miliaceum*
57		雀稗属	雀稗	*Paspalum thunbergii*
58		狼属草属	狼尾草	*Pennisetum alopecuroides*
59		芦苇属	芦苇	*Phragmites communis*
60		早熟禾属	早熟禾	*Poa annua*
61			草地早熟禾	*Poa pratensis*
62			贫叶早熟禾	*Poa oligophylla*
63		狗尾草属	金狗尾草	*Setaria glauca*
64		锋芒草属	虱子草	*Zoysieae berteronianus*
65	莎草科	扁穗草属	华扁穗草	*Blysmus sinocompressus*
66		薹草属	黑褐薹草	*Carex atrafusca*
67			二型鳞薹草	*Carex dimorpholepis*
68			无脉薹草	*Carex enervis*
69			膨薹草	*Carex schmidtii*
70		嵩草属	嵩草	*Kobresia graminifolia*
71		莎草属	阿穆尔莎草	*Cyperus amuricus*
72			球穗莎草	*Cyperus difformis*
73			褐穗莎草	*Cyperus fuscus*
74			头穗莎草	*Cyperus glomeratus*
75			小碎米莎草	*Cyperus microinia*
76			莎草	*Cyperus rotundus*
77		荸荠属	中型针蔺	*Eleochalis intersita*
78			沼泽蔺	*Eleochalis palustris*
79			槽杆针蔺	*Eleochalis mitracarpa*
80			刚毛荸荠	*Eleochalis valleculosa*
81			牛毛毡	*Eleochalis yokoscensis*
82		飘拂草属	飘拂草	*Fimbristylis dichotoma*
83			宜昌飘拂草	*Fimbristylis henry*
84			水虱草	*Fimbristylis miliacea*
85			烟台飘拂草	*Fimbristylis stauntoni*
86			单穗飘拂草	*Fimbristylis subbispicata*
87		水莎草属	花穗水莎草	*Juncellus pannonicus*
88			水莎草	*Juncellus serotinus*
89		水蜈蚣属	水蜈蚣	*Killingia brevifolia*
90		扁莎属	球穗扁莎	*Pycreus globosus*

（续）

序号	科	属	种	
			中文名	拉丁名
91	莎草科	扁莎属	红鳞扁莎	*Pycreus sanquinolentus*
92		藨草属	萤蔺	*Scirpus juncoides*
93			细秆萤蔺	*Scirpus hotarui*
94			华东藨草	*Scirpus karuizawensis*
95			扁秆藨草	*Scirpus planiculmis*
96			刚毛藨草	*Scirpus selaceus*
97			东方藨草	*Scirpus orientalis*
98			水毛花	*Scirpus triangulatus*
99			藨草	*Scirpus triqueter*
100			水葱	*Scirpus tabernaemontani*
101	天南星科	菖蒲属	菖蒲	*Acorus calamus*
102			金钱蒲	*Acorus gramineus*
103			石菖蒲	*Acorus tatarinowii*
104		芋属	芋	*Colocasia esculenta*
105	浮萍科	浮萍属	浮萍	*Lemna minor*
106			品藻	*Lemna teisulca*
107		紫萍属	紫萍	*Spirodela polyrhiza*
108	谷精草科	谷精草属	谷精草	*Eriocaulon buergerianum*
109	鸭跖草科	水竹叶属	水竹叶	*Murdannia triquetra*
110		鸭跖草属	鸭跖草	*Commelina communis*
111	雨久花科	雨久花属	雨久花	*Monochoria korsakowii*
112			鸭舌草	*Monochoria vaginalis*
113		凤眼莲属	凤眼莲(水葫芦苗)	*Eichhornia crassipes*
114	灯心草科	灯心草属	翅茎灯心草	*Juncus alatus*
115			葱状灯心草	*Juncus allioides*
115			走茎灯心草	*Juncus amplifolius*
117			小灯心草	*Juncus bufonius*
118			灯心草	*Juncus effusus*
119			片髓灯心草	*Juncus inflexus*
120			分枝丝灯心草	*Juncus modestus*
121			单枝丝灯心草	*Juncus potaninii*
122			长柱灯心草	*Juncus przewalskii*
123			展苞灯心草	*Juncus thomsonii*
124		地杨梅属	散穗地杨梅	*Luzula effusa*
125			多花地杨梅	*Luzula multiflora*

（续）

序号	科	属	种	
			中文名	拉丁名
126	百合科	萱草属	黄花菜	*Hemerocallis citrina*
127		沿阶草属	沿阶草	*Ophiopogon bodinieni*
128		韭属	细叶韭	*Allium tenuissimum*
129			高山韭	*Allium sikkimense*
130			太白韭	*Allium prattii*
131	三白草科	蕺菜属	蕺菜	*Houttuynia cordata*
132	杨柳科	杨属	青杨	*Populus cathayana*
133		柳属	垂柳	*Salix babylonica*
134			毛枝柳	*Salix dasyclados*
135			蒙古柳	*Salix mongolica*
136			筐柳	*Salix linearistipulalis*
137			旱柳	*Salix matsudana*
138			小红柳	*Salix microstachya*
139			沙生柳	*Salix psammohila*
140			翻白柳	*Salix hypoleuca*
141	桦木科	桤木属	桤木	*Alnus cremastogyne*
142		桦木属	白桦	*Betula platyphylla*
143	胡桃科	胡桃属	野核桃	*Juglans cathayensis*
144		枫杨属	湖北枫杨	*Pterocarya hupehensis*
145			瓦山水胡桃	*Pterocarya insignis*
146			枫杨	*Pterocarya stenoptera*
147	荨麻科	苎麻属	野苎麻	*Boehmeria gracilis*
148		糯米团	糯米团	*Memorialis hirta*
149		冷水花属	山冷水花	*Pilea japonica*
150			透茎冷水花	*Pilea pumlia*
151	大麻科	葎草属	葎草	*Humulus scandens*
152	蓼科	蓼属	两栖蓼	*Polygonum amphibium*
153			萹蓄	*Polygonum aviculare*
154			水蓼	*Polygonum hydropiper*
155			红蓼	*Polygonum orientale*
156			桃叶蓼	*Polygonum persicaria*
157			西伯利亚蓼	*Polygonum sibiricum*
158			圆穗蓼	*Polygonum macrophyllum*
159			珠芽蓼	*Polygonum vivparum*
160			球穗蓼	*Polygonum sphaerostachyum*

（续）

序号	科	属	种	
			中文名	拉丁名
161	蓼科	酸模属	齿果酸模	*Rumex dentatus*
162			尼泊尔酸模	*Rumex nepalensis*
163			酸模	*Rumex acetosa*
164	藜科	滨藜属	中亚滨藜	*Atriplex centralasiatica*
165			野滨藜	*Atriplex fera*
166			滨藜	*Atriplex patens*
167			西伯利亚滨藜	*Atriplex sibirica*
168		盐爪爪属	尖叶盐爪爪	*Kalidium cuspidatum*
169			细枝盐爪爪	*Kalidium gracile*
170		盐角草属	盐角草	*Salicornia europaea*
171		盐生草属	盐生草	*Halogeton glomeratus*
172		碱蓬属	碱蓬	*Suaeda glauca*
173			平卧碱蓬	*Suaeda prostrata*
174			盐地碱蓬	*Suaeda salsa*
175		地肤属	地肤	*Kochia scoparia*
176	苋科	莲子草属	喜旱莲子草	*Alternanthera philoxeroides*
177		苋属	反枝苋	*Amaranthus retroflexus*
178			野苋	*Amaranthus lividus*
179			绿苋	*Amaranthus viridis*
180		青葙属	青葙	*Celosia argentea*
181	石竹科	卷耳属	缘毛卷耳	*Cerastium furcatum*
182			簇生卷耳	*Cerastium fontanum* subsp. *triviale*
183		狗筋蔓属	狗筋蔓	*Cucubalus baccifer*
184		鹅肠菜属	鹅肠菜	*Malachium aquaticum*
185		女娄菜属	小瓣女娄菜	*Melandrium apetalum*
186		漆姑草属	漆姑草	*Sagina japonica*
187		蝇子草属	蔓麦瓶草	*Silene repens*
188			纤细鹤草	*Silene tenuis*
189		拟漆姑属	拟漆姑	*Spergularia salina*
190		繁缕属	翻白繁缕	*Stellaria discolor*
191			沼生繁缕	*Stellaria palustris*
192	睡莲科	芡属	芡	*Euryale ferox*
193		睡莲属	白睡莲	*Nymphaea alba*
194			睡莲	*Nymphaea tatragana*
195	莲科	莲属	莲	*Nelumbo nucifera*

（续）

序号	科	属	种	
			中文名	拉丁名
196	金鱼藻科	金鱼藻属	金鱼藻	*Ceratophyllum demersum*
197	毛茛科	银莲花属	太白银莲花	*Anemone taipaiensis*
198		乌头属	青藏乌头	*Aconitum tanguticum*
199			太白乌头	*Aconitum taipeicum*
200		水毛茛属	水毛茛	*Batrachium bungei*
201		驴蹄草属	驴蹄草	*Caltha palustris*
202		碱毛茛属	圆叶碱毛茛	*Halerpestes cymbalaria*
203			长叶碱毛茛	*Halerpestes ruthenica*
204			三裂碱毛茛	*Halerpestes tricuspis*
205		毛茛属	茴茴蒜	*Ranunculus chinensis*
206			毛叶毛茛	*Ranunculus suprasericeus*
207			毛茛	*Ranunculus japonicus*
208			太白山毛茛	*Ranunculus petrogeiton*
209			美丽毛茛	*Ranunculus pulchellus*
210			石龙芮	*Ranunculus sceleratus*
211			扬子毛茛	*Ranunculus sieboldii*
212			高原毛茛	*Ranunculus tanguticus*
213		唐松草属	高山唐松草	*Thalictrum alpinum*
214			箭头唐松草	*Thalictrum simplex*
215		金莲花属	川陕金莲花	*Trollius buddae*
216			矮金莲花	*Tuollius farrei*
217		翠雀属	太白翠雀花	*Delphinium taipaicum*
218		鸦跖花属	鸦跖花	*Oxygraphis glacialis*
219	罂粟科	紫堇属	紫堇	*Corydalis edulis*
220			秦岭弯花紫堇	*Corydalis shensiana* var. *quintuplinervia*
221		绿绒蒿属	五脉绿绒蒿	*Meconopsis quintuplinervia*
222			柱果绿绒蒿	*Meconopsis oliveriana*
223		罂粟属	野罂粟	*Papaver nudicaule*
224	十字花科	碎米荠属	弯曲碎米荠	*Cardamine flexuosa*
225			碎米荠	*Cardamine hirsuta*
226	景天科	扯根菜属	扯根菜	*Penthorum chinense*
227	虎耳草科	金腰属	秦岭金腰子	*Chrysosplenium biondianum*
228			纤细金腰子	*Chrysosplenium giraldiana*
229			高山金腰子	*Chrysosplenium griffithii*
230			大叶金腰子	*Chrysosplenium macrophyllum*

（续）

序号	科	属	种	
			中文名	拉丁名
231	虎耳草科	金腰属	毛金腰	*Chrysosplenium pilosum*
232			陕甘金腰	*Chrysosplenium qinlingense*
233			中华金腰子	*Chrysosplenium sinicum*
234			太白金腰	*Chrysosplenium taibaishanense*
235		虎耳草属	沼地虎耳草	*Saxifraga heleonastes*
236			虎耳草	*Saxifraga stolonifera*
237			珠芽虎耳草	*Saxifraga gemmigera*
238			黑蕊虎耳草	*Saxifraga melanocentra*
239			长瓣虎耳草	*Saxifraga pseudo-hirculus*
240			太白虎耳草	*Saxifraga giraldiana*
241	蔷薇科	委陵菜属	鹅绒委陵菜	*Potentilla anserina*
242			蛇莓委陵菜	*Potentilla centigrana*
243			蔓委陵菜	*Potentilla flagellaris*
244			铺地委陵菜	*Potentilla paradoxa*
245		无尾果属	秦岭无尾果	*Coluria purdomii*
246		山金梅属	紫花山金梅	*Sibbaldia macropetala*
247			隐瓣山金梅	*Sibbaldia procumbens*
248	豆科	合萌属	田皂角	*Aeschynomene indica*
249		紫穗槐属	紫穗槐	*Amorpha fruticosa*
250		野豌豆属	广布野豌豆	*Vicia crcca*
251		大豆属	野大豆	*Glycine soja*
252		棘豆属	秦岭棘豆	*Oxytropis chinglingensis*
253		槐属	苦参	*Sophora flavescens*
254	牻牛儿苗科	老鹳草属	老鹳草	*Geranium wilfordii*
255	大戟科	乌桕属	山乌桕	*Sapium discolor*
256	柽柳科	柽柳属	甘蒙柽柳	*Tamarix austromongolica*
257			柽柳	*Tamarix chinensis*
258			短穗柽柳	*Tamarix laxa*
259			多枝柽柳	*Tamarix ramosissima*
260		水柏枝属	水柏枝	*Myricaria bracteata*
261			宽叶水柏枝	*Myricaria platyphylla*
262	堇菜科	堇菜属	鸡腿堇菜	*Viola acuminata*
263			双花堇菜	*Viola biflora*
264	千屈菜科	水苋菜属	耳基水苋菜	*Ammannia Ammania*
265			水苋菜	*Ammannia baccifera*

（续）

序号	科	属	种	
			中文名	拉丁名
266	千屈菜科	水苋菜属	多花水苋菜	*Ammania multiflora*
267		千屈菜属	千屈菜	*Lythrum salicaria*
268		节节菜属	节节菜	*Rotala indica*
269	柳叶菜科	柳叶菜属	光华柳叶菜	*Epilobium cephalostigma*
270			柳叶菜	*Epilobium hirsutum*
271			沼生柳叶菜	*Epilobium palustre*
272			小花柳叶菜	*Epilobium parviflorum*
273			长籽柳叶菜	*Epilobium pyrricholophum*
274	菱科	菱属	二角菱	*Trapa bispinosa*
275	小二仙草科	狐尾藻属	穗状狐尾藻	*Myriophyllum spicatum*
276			狐尾藻	*Myriophyllum verticillatum*
277	伞形科	当归属	拐芹	*Angelica polymorpha*
278		积雪草属	积雪草	*Centella asiatica*
279		独活属	独活	*Heracleum dahurica*
280			短毛独活	*Heracleum moellendorffii*
281		水芹属	细叶水芹	*Oenanthe thomsonii*
282			水芹	*Oenanhe javanica*
283		茴芹属	异叶茴芹	*Pimpinella diversifolia*
284			菱形茴芹	*Pimpinella rhomboidea*
285			直立茴芹	*Pimpinella stricta*
286	报春花科	海乳草属	海乳草	*Glaux maritima*
287		珍珠菜属	过路黄	*Lysimachia christinae*
288			聚花过花黄	*Lysimachia congestirlora*
289			星宿菜	*Lysimachia fortanei*
290			腺药珍珠菜	*Lysimachia stenosepala*
291		报春花属	紫罗兰报春	*Primula purdomii*
292			阔萼粉报春	*Primula knuthiana*
293			太白山报春	*Primula giraldiana*
294	龙胆科	龙胆属	秦岭龙胆	*Gentiana apiata*
295			秦艽	*Gentiana macrophylla*
296			假水生龙胆	*Gentiana pseudo-aquatica*
297		扁雷属	中国扁蕾	*Gentianopsis barbata*
298			湿生扁蕾	*Gentianopsis paludasa*
299			糙边扁蕾	*Gentianopsis scabromarginata*
300	紫草科	勿忘草属	湿地勿忘草	*Myosotis cacspitosa*

（续）

序号	科	属	种	
			中文名	拉丁名
301	唇形科	水棘针属	水棘针	*Amethystea coerulea*
302		地瓜苗属	地瓜苗	*Lycopus lucidus*
303		薄荷属	薄荷	*Mentha haplocalyx*
304		鼠尾草属	荔枝草	*Salvia plebeia*
305		牛至属	牛至	*Origanum vulgare*
306		黄芩属	半枝莲	*Scutellaria barbata*
307		水苏属	毛水苏	*Stachys baicalensis*
308			水苏	*Stachys chinensis*
309			针筒菜	*Stachys obiongifolia*
310	茄科	酸浆属	酸浆	*Physalis alkekengi*
311			挂金灯	*Physalis franchetii*
312	玄参科	母草属	狭叶母草	*Lindernia angustifolia*
313			陌上菜	*Lindernia procumbens*
314		通泉草属	通泉草	*Mazus japonicus*
315		沟酸浆属	沟酸浆	*Mimulus tenellus*
316		婆婆纳属	北水苦荬	*Veronica anagallis-aquatica*
317			水苦荬	*Veronica undalata*
318	车前科	车前属	车前	*Plantago asiatica*
319			平车前	*Plantago depressa*
320	茜草科	猪殃殃属	蓬子菜	*Galium verum*
321	忍冬科	忍冬属	蓝锭果忍冬	*Lonicera caeurulea*
322			金银忍冬	*Lonicera maackii*
323	败酱科	败酱属	异叶败酱	*Patrinia heterophylla*
324			单蕊败酱	*Patrinia monandra*
325			糙叶败酱	*Patrinia scabra*
326			白花败酱	*Patrinia villosa*
327		缬草属	柔垂缬草	*Valeriana flaccidissima*
328			小花缬草	*Valeriana minutiflora*
329			缬草	*Valeriana officinalis*
330	菊科	蒿属	碱蒿	*Artemisisa anethifolia*
331			青蒿	*Artemisisa apiacea*
332			莳萝蒿	*Artemisisa anethoides*
333			柳叶蒿	*Artemisisa integuifolia*
334		紫菀属	蛇岩高山紫菀	*Aster alpinus*
335		鬼针草属	柳叶鬼针草	*Bidens ceraua*

（续）

序号	科	属	种	
			中文名	拉丁名
336	菊科	鬼针草属	小花鬼针草	*Bidens parviflora*
337			狼把草	*Bidens tripartita*
338		白酒草属	小白酒草	*Conyza canadensis*
339		鳢肠属	鳢肠	*Eclipta prostrata*
340		泥胡菜属	泥胡菜	*Hemistepta lyrata*
341		山柳菊属	粗毛山柳菊	*Hieracium virosum*
342		旋覆花属	线叶旋覆花	*Inula linariaefolia*
343		苦荬菜属	细叶苦荬	*Ixeris gracilis*
344			抱茎苦荬菜	*Ixeris sonchifolia*
345		橐吾属	肾叶橐吾	*Ligularia fischeri*
346			四川鹿蹄橐吾	*Ligularia hodgsonii*
347			细茎橐吾	*Ligularia hookeri*
348		风毛菊属	紫苞风毛菊	*Sussurea iodostegia*
349			尾尖风毛菊	*Sussurea saligna*
350			昂头风毛菊	*Sussurea sobarocephala*
351		绢毛菊属	绢毛菊	*Soroseris hookeriana*
352		千里光属	大花千里光	*Senecio ambraceus*
353		蒲公英属	药蒲公英	*Taraxacum officinale*
354			蒲公英	*Taraxacum mongolicum*
355			川甘蒲公英	*Taraxacum lugubre*
356			华蒲公英	*Taraxacum sinicum*

附录2 陕西湿地调查区域动物名录

序号	目	科	种	
			中文名	拉丁名
(一)鱼　类				
1	鲑形目	鲑科	川陕哲罗鱼	*Hucho bleekeri*
2			秦岭细鳞鲑	*Brachymystax lenok*
3	鲤形目	鳅科	红尾副鳅	*Paracobitis variegates*
4			短体副鳅	*Paracobitis potanini*
5			背斑高原鳅	*Triplophysa stoliczkae*
6			巴山高原鳅	*Triplophysa bashanensis*
7			黄龙高原鳅	*Triplophysa huanglongesis*
8			岷县高原鳅	*Triplophysa minxianensis*
9			陕西高原鳅	*Triplophysa shaanxiensis*
10			粗壮高原鳅	*Triplophysa robusta*
11			贝氏高原鳅	*Triplophysa bleekeri*
12			达里湖高原鳅	*Triplophysa dalaica*
13			中华沙鳅	*Batia sapereiliaris*
14			花斑副沙鳅	*Parabotia fasciata*
15			点面副沙鳅	*Parabotia maculosa*
16			紫薄鳅	*Leptobotia taeniops*
17			东方薄鳅	*Leptobotia orientalis*
18			汉水扁尾	*Leptobotia tientaiensis*
19			中华花鳅	*Cobitis sinensis*
20			北方花鳅	*Cobitis granoei*
21			泥鳅	*Misgurnus anguillicaudatus*
22			大鳞副泥鳅	*Paramisgurnus dabryanus*
23		鲤科	中华细鲫	*Aphyocypris chinensis*
24			马口鱼	*Opsariichthys bidens*
25			宽鳍鱲	*Opsariichthys bidens*
26			青鱼	*Mylopharyngodon piceus*
27			鯮	*Luciobrama macrocephalus*
28			草鱼	*Ctenopharyngodon idellus*
29			拉氏鲹	*Phoxinus lagowskii*
30			瓦氏雅罗鱼	*Leuciscus waleckii*
31			赤眼鳟	*Squaliobarbus curriculus*
32			鳤	*Ochetobius elongates*

（续）

序号	目	科	种	
			中文名	拉丁名
33	鲤形目	鲤科	鳡	*Elopichthys bambusa*
34			大鳞黑线鳘	*Atrilinea macrolepis*
35			银鲴	*Xenocypris argentea*
36			黄尾鲴	*Xenocypris davidi*
37			细鳞鲴	*Xenocypris microlepis*
38			圆吻鲴	*Distoechodon tumirostris*
39			逆鱼	*Pscudobrama simony*
40			鳙	*Aristichthys nobilis*
41			白鲢	*Hypophthalmichthys molitrix*
42			中华鳑鲏	*Rhodeus sinensis*
43			高体鳑鲏	*Rhodeus ocellatus*
44			彩石鲋	*Pseudoperilampus lighti*
45			大鳍刺鳑	*Acanthorhodeus macropterus*
46			越南刺鳑鲏	*Acanthorhodeus tonkinensis*
47			短须刺鳑鲏	*Acanthorhodeus barbatulus*
48			斑条刺鳑鲏	*Acanthorhodeus taenianalis*
49			兴凯刺鳑鲏	*Acanthorhodeus chankaensis*
50			伍氏华鳊	*Sinibrama wu*
51			寡鳞飘鱼	*Pseudolaubuca engraulis*
52			银飘鱼	*Pseudolaubuca sinensis*
53			贝氏鳘鲦	*Hemicultcr blcokcri*
54			鳘鲦	*Hemiculter leucisculus*
55			三角鲂	*Megalobrama terminalis*
56			团头鲂	*Megalobrama amblycephala*
57			戴氏红鲌	*Erythroculter dabryi*
58			尖头红鲌	*Erythroculter oxycephalus*
59			蒙古红鲌	*Erythroculter mongolicus*
60			拟尖头红鲌	*Erythroculter oxycephaloides*
61			翘嘴红鲌	*Erythroculter Ilishaeformis*
62			鳊	*Parabramis pekinensis*
63			红鳍鲌	*Culter erythropterus*
64			唇䱻	*Hemibarbus labeo*
65			花䱻	*Hemibarbus maculatus*
66			刺鮈	*Acanthogobio guentheri*
67			似䱻	*Belligobio nummifer*

（续）

序号	目	科	种	
			中文名	拉丁名
68	鲤形目	鲤科	麦穗鱼	*Pseudorasbora parva*
69			华鳈	*Sarcocheilichthys sinensis*
70			黑鳍鳈	*Sarcocheilichthys nigripinnis*
71			短须颌须鮈	*Gnathopogon imberbis*
72			银色颌须鮈	*Gnathopogon argentatus*
73			西湖颌须鮈	*Gnathopogon sihuensis*
74			点纹颌须鮈	*Gnathopogon wolterstorffi*
75			似铜鮈	*Gobio coriparoides*
76			棒花鮈	*Gobio rivuloides*
77			铜鱼	*Coreius heterodon*
78			北方铜鱼	*Coreius septentrionalis*
79			吻鮈	*Rhinogobio typus*
80			圆筒吻鮈	*Rhinogobio cylindricus*
81			似鮈	*Pseudogobio vaillanti*
82			棒花鱼	*Abbottina rivularis*
83			乐山棒花鱼	*Abbottina kiatingensis*
84			片唇鮈	*Platysmacheilus exiguus*
85			裸腹片唇鮈	*Platysmacheilus nudiventris*
86			蛇鮈	*Saurogobio dabryi*
87			长蛇鮈	*Saurogobio dumerili*
88			南方长须鳅鮀	*Gobiobotinae longibarba meridionalis*
89			宜昌鳅鮀	*Gobiobotinae ichangensis*
90			鳅鮀	*Gobiobotinae pappenheimi*
91			平鳍鳅鮀	*Gobiobotinae homalopteroidea*
92			清徐胡鮈	*Huigobio chinssiensis*
93			中华倒刺鲃	*Spinibarbus sinensis*
94			宽口光唇鱼	*Acrossocheilus monticola*
95			多鳞铲颌鱼	*Scaphesthes macrolepis*
96			白甲鱼	*Onychostoma sima*
97			华鲮	*Sinilabeo rendahli rendahli*
98			齐口裂腹鱼	*Schizothorax prenanti*
99			渭河裸重唇鱼	*Gymnodiptychus pachycheilus weiheensis*
100			厚唇裸重唇鱼	*Gymnodiptychus pachycheilus*
101			鲤	*Cyprinus carpio*
102			鲫	*Carassius auratus*

（续）

序号	目	科	种	
			中文名	拉丁名
103	鲤形目	平鳍鳅科	犁头鳅	*Lepturichthys fimbriata*
104			峨眉后平鳅	*Metahomaloptera omeiensis*
105	鲶形目	鲶科	鲶	*Silurus asotus*
106			南方大口鲶	*Silurus soldatovi*
107		鲿科	黄颡鱼	*Pelteobagrus fulvidraco*
108			瓦氏黄颡鱼	*Pelteobagrus vachelli*
109			光泽黄颡鱼	*Pelteobagrus nitidus*
110			长吻鮠	*Leiocassis longirostris*
111			粗唇鮠	*Leiocassis crassilabris*
112			叉尾鮠	*Leiocassis tenuifurcatus*
113			盎堂拟鲿	*Pseudobagrus ondon*
114			圆尾拟鲿	*Pseudobagrus tenius*
115			乌苏里拟鲿	*Pseudobagrus ussuriensis*
116			切尾拟鲿	*Pseudobagrus truncatus*
117			凹尾拟鲿	*Pseudobagrus emarginatus*
118			细体拟鲿	*Pseudobagrus pratti*
119			大鳍鳠	*Mystus macropterus*
120		钝头鮠科	拟缘鉠	*Liobagrus marginatoides*
121			司氏鉠	*Liobagrus styani Regan*
122			白缘鉠	*Liobagrus marginatus*
123			黑尾鉠	*Liobagrus nigricauda*
124		鮡科	中华纹胸鮡	*Glyptothorax sinense*
125	鳉形目	青鳉科	青鳉	*Oryzias latipes*
126	合鳃鱼目	合鳃鱼科	黄鳝	*Monopterus albus*
127	鲈形目	鮨科	大眼鳜	*Siniperca knerin*
128			鳜	*Siniperca chuatsi*
129			斑鳜	*Siniperca scherzeri*
130		沙塘鳢科	小黄黝鱼	*Hypseleotris swinhonis*
131		鰕虎鱼科	栉鰕虎鱼	*Ctenogobius giurinus*
132			神农栉鰕虎鱼	*Ctenogobius shennongensis*
133			波氏栉鰕虎鱼	*Ctenogobius cliffordpopei*
134		鳢科	乌鳢	*Channa argus*
135			月鳢	*Channa asiatca*
136		刺鳅科	刺鳅	*Mastacembelus aculeatus*

（续）

序号	目	科	种	
			中文名	拉丁名
（二）两栖类				
1	有尾目	隐鳃鲵科	大鲵	*Andrias davidianus*
2		小鲵科	山溪鲵	*Batrachuperus pinchonii*
3			西藏山溪鲵	*Batrachuperus tibetanus*
4			太白山溪鲵	*Batrachuperus taibaiensis*
5			施氏巴鲵	*Liua shihi*
6			秦巴北鲵	*Ranodon tsinpaensis*
7	无尾目	锄足蟾科	淡肩角蟾	*Megophrys boettgeri*
8			小角蟾	*Megophrys minor*
9			宝兴齿蟾	*Oreolalax popei*
10			宁陕齿突蟾	*Scutiger ningshanensis*
11		蟾蜍科	华西蟾蜍	*Bufo andrewsi*
12			中华蟾蜍	*Bufo gargarizans*
13			花背蟾蜍	*Bufo raddei*
14		姬蛙科	合征姬蛙	*Microhyla mixtura*
15			饰纹姬蛙	*Microhyla ornata*
16			北方狭口蛙	*Kaloula borealis*
17		蛙科	黑龙江林蛙	*Rana amurensis*
18			中国林蛙	*Rana chensinensis*
19			棘腹蛙	*Rana chaochiaoensis*
20			昭觉林蛙	*Rana chaochiaoensis*
21			崇安湍蛙	*Amolops changanensis*
22			泽蛙	*Rana limnochatis*
23			大绿蛙	*Rana livida*
24			黑斑蛙	*Rana nigromac ulata*
25			隆肛蛙	*Rana quadranus*
26			花臭蛙	*Rana schmackeri*
27			斑腿树蛙	*Rhacophorus leucomyotax*
28		雨蛙科	无斑雨蛙	*Hyla arborea*
29			无斑树蟾	*Hyla immaculata*
30			秦岭树蟾	*Hyla tsilingensis*
（三）爬行类				
1	龟鳖目	龟科	乌龟	*Chinemys reevesii*
2			潘氏闭壳龟	*Cuora pani*
3		鳖科	中华鳖	*Pelodiscus sinensis*
4			山瑞鳖	*Palea steindachneri*

（续）

序号	目	科	种	
			中文名	拉丁名
5	有鳞目	蜥蜴科	丽斑麻蜥	*Eremias argus*
6		石龙子科	黄纹石龙子	*Euameces xanthi*
7		游蛇科	棕脊蛇	*Achalinus rufescens*
8			黑脊游蛇	*Achalinus spinalis*
9			锈链腹链蛇	*Amphiesma craspedogaster*
10			黄脊游蛇	*Coluber spinalis*
11			赤链蛇	*Dinodon rufozonatum*
12			团花锦蛇	*Elaphe davidi*
13			玉斑锦蛇	*Elaphe mandarina*
14			紫灰锦蛇	*Elaphe porphyracea*
15			棕黑锦蛇	*Elaphe schrenckii*
16			斜鳞蛇	*Pseudoxenodon macrops*
17			颈槽蛇	*Rhabdophis nuchalis*
18			虎斑颈槽蛇	*Rhabdophis tigrina*
19			黑头剑蛇	*Sibynophis chinensis*
20			华游蛇	*Sinonatrix percarinata*
21			渔游蛇	*Xenochropis piscator*
22			乌梢蛇	*Zaocys dhumnadex*
（四）鸟　类				
1	䴙䴘目	䴙䴘科	小䴙䴘	*Tachybaptus ruficollis*
2			凤头䴙䴘	*Podiceps cristatus*
3			黑颈䴙䴘	*Podiceps nigricollis*
4	鹈形目	鹈鹕科	卷羽鹈鹕	*Pelecanus philippensis*
5		鸬鹚科	普通鸬鹚	*Phalacrocorax carbo*
6	鹳形目	鹭科	苍鹭	*Ardea cinerea*
7			草鹭	*Ardea purpurea*
8			池鹭	*Ardeola bacchus*
9			大白鹭	*Egretta alba*
10			中白鹭	*Egretta intermedia*
11			白鹭	*Egretta garzetta*
12			牛背鹭	*Bubulcus ibis*
13			绿鹭	*Butorides striatus*
14			夜鹭	*Nycticorax nycticorax*
15			黄斑苇鳽	*Ixobrychus sinensis*
16			栗苇鳽	*Ixobrychus cinnamomeus*

（续）

序号	目	科	种	
			中文名	拉丁名
17	鹳形目	鹭科	黑[苇]鳽	*Dupetor flavicollis*
18			大麻鳽	*Botaurus stellaris*
19		鹳科	黑鹳	*Ciconia nigra*
20			东方白鹳	*Ciconia boyciana*
21		鹮科	朱鹮	*Nipponia nippon*
22			白琵鹭	*Platalea leucorodia*
23	雁形目	鸭科	大天鹅	*Cygnus cygnus*
24			小天鹅	*Cygnus columbianus*
25			鸿雁	*Anser cygnoides*
26			豆雁	*Anser fabalis*
27			灰雁	*Anser anser*
28			黑雁	*Branta bernicla*
29			斑头雁	*Anser indicus*
30			赤麻鸭	*Tadorna ferruginea*
31			翘鼻麻鸭	*Tadorna tadorna*
32			鸳鸯	*Aix galericulata*
33			赤颈鸭	*Anas penelope*
34			罗纹鸭	*Anas falcata*
35			赤膀鸭	*Anas strepera*
36			花脸鸭	*Anas formosa*
37			绿翅鸭	*Anas crecca*
38			绿头鸭	*Anas platyrhynchos*
39			斑嘴鸭	*Anas poecilorhyncha*
40			针尾鸭	*Anas acuta*
41			白眉鸭	*Anas querquedula*
42			琵嘴鸭	*Anas clypeata*
43			红头潜鸭	*Aythya ferina*
44			白眼潜鸭	*Aythya nyroca*
45			凤头潜鸭	*Aythya fuligula*
46			青头潜鸭	*Aythya baeri*
47			赤嘴潜鸭	*Netta rufina*
48			鹊鸭	*Bucephala clangula*
49			斑头秋沙鸭	*Mergus albellus*
50			普通秋沙鸭	*Mergus merganser*
51			中华秋沙鸭	*Mergus squamatus*

（续）

序号	目	科	种	
			中文名	拉丁名
52	鹤形目	鸨科	大鸨	*Otis tarda*
53		趾鹑科	黄脚三趾鹑	*Turnix tanki*
54		鹤科	蓑羽鹤	*Anthropoides virgo*
55			丹顶鹤	*Grus japonensis*
56			灰鹤	*Grus grus*
57		秧鸡科	普通秧鸡	*Rallus aquaticus*
58			白胸苦恶鸟	*Amaurornis phoenicurus*
59			小田鸡	*Porzana pusilla*
60			红胸田鸡	*Porzana fusca*
61			董鸡	*Gallicrex cinerea*
62			黑水鸡	*Gallinula chloropus*
63			白骨顶	*Fulica atra*
64	鸻形目	水雉科	水雉	*Hydrophasianus chirurgus*
65		彩鹬科	彩鹬	*Rostratula benghalensis*
66		鹮嘴鹬科	鹮嘴鹬	*Ibidorhyncha struthersii*
67		反嘴鹬科	黑翅长脚鹬	*Himantopus himantopus*
68			反嘴鹬	*Recurvirostra avosetta*
69		燕鸻科	普通燕鸻	*Glareola maldivarum*
70		鸻科	凤头麦鸡	*Vanellus vanellus*
71			灰头麦鸡	*Vanellus cinereus*
72			剑鸻	*Charadrius hiaticula*
73			金［斑］鸻	*Pluvialis fulva*
74			灰［斑］鸻	*Pluvialis squatarola*
75			长嘴剑鸻	*Charadrius placidus*
76			金眶鸻	*Charadrius dubius*
77			铁嘴沙鸻	*Charadrius leschenaultii*
78			环颈鸻	*Charadrius alexandrinus*
79		鹬科	丘鹬	*Scolopx rusticola*
80			孤沙锥	*Callinago solitaria*
81			针尾沙锥	*Callinago stenura*
82			大沙锥	*Callinago megala*
83			扇尾沙锥	*Callinago gallinago*
84			灰尾［漂］鹬	*Heteroscelus brevipes*
85			翻石鹬	*Arenaria interpres*
86			青脚滨鹬	*Calidris temminckii*

（续）

序号	目	科	种	
			中文名	拉丁名
87	鸻形目	鹬科	红腹滨鹬	*Calidris canutus*
88			红颈滨鹬	*Calidris ruficollis*
89			长趾滨鹬	*Calidris subminuta*
90			三趾滨鹬	*Calidris alba*
91			黑尾塍鹬	*Limosa limosa*
92			大杓鹬	*Numenius madagascariensis*
93			中杓鹬	*Numenius phaeopus*
94			白腰杓鹬	*Numenius arquata*
95			青脚鹬	*Tringa nebularia*
96			白腰草鹬	*Tringa ochropus*
97			红脚鹬	*Tringa totanus*
98			鹤鹬	*Tringa erythropus*
99			林鹬	*Tringa glareola*
100			矶鹬	*Tringa hypoleucos*
101			翘嘴鹬	*Xenus cinereus*
102		鸥科	海鸥	*Larus canus*
103			西伯利亚银鸥	*Larus vega*
104			棕头鸥	*Larus brunnicephalus*
105			遗鸥	*Larus relictus*
106			渔鸥	*Larus ichthyaetus*
107			红嘴鸥	*Larus ridibundus*
108		燕鸥科	普通燕鸥	*Sterna hirundo*
109			欧嘴噪鸥	*Gelochelidon nilotica*
110			白额燕鸥	*Sterna albifrons*
111			须浮鸥	*Chlidonias hybridus*
112			白翅浮鸥	*Chlidonias leucopterus*
113	鸮形目	鸱鸮科	黄腿渔鸮	*Ketupa blakistoni*
114	佛法僧目	翠鸟科	普通翠鸟	*Alcedo atthis*
115			蓝翡翠	*Halcyon pileata*
116			冠鱼狗	*Ceryle lugubris*
117		佛法僧科	三宝鸟	*Eurystomus orientalis*
118	雀形目	河乌科	褐河乌	*Cinclidae pallasii*
119		鹟科	红尾水鸲	*Rhyacornis fuliginosus*
120			白顶溪鸲	*Chaimarrornis leucocephalus*
121			小燕尾	*Enicurus scouleri*

（续）

序号	目	科	种	
			中文名	拉丁名
122	雀形目	鹟科	白额燕尾	*Enicurus leschenaulti*
（五）哺乳类				
1	食虫目	鼩鼱科	水麝鼩	*Chimarrogale styani*
2			蹼麝鼩	*Nectogale elegans*
3	食肉目	鼬科	水獭	*Lutra lutra*
4	啮齿目	仓鼠科	沼泽田鼠	*Nicrotus fortis*
5	兔形目	兔科	草兔	*Lepus capensis*

附录3　陕西重点调查湿地概况

陕西省重点调查湿地共31个，其中包括现有国家级湿地自然保护区2个，省级湿地自然保护区10个，拟建省级湿地自然保护区2个，现有国家湿地公园31个，陕西省主要河流6条。现将各重点调查湿地情况概述如下。

1. 陕西红碱淖湿地自然保护区

基本情况：陕西红碱淖湿地自然保护区，为单独区划湿地区(编码6130001)，国家重要湿地。保护区总面积2.17万公顷，湿地面积0.44万公顷，湿地斑块数2块。湿地类为湖泊湿地面积0.30万公顷，占湿地区湿地总面积的69.40%；沼泽湿地面积0.14万公顷，占湿地区湿地总面积的30.60%。湿地型为永久性淡水湖和草本沼泽。该湿地为陕西最大的内陆湖，也是中国最大的沙漠淡水湖。

地理位置：位于陕西省榆林市神木县尔林兔乡。地理坐标介于东经109°42′～110°54′、北纬38°13′～39°27′之间。

自然环境概况：陕西红碱淖湿地自然保护区地处神木县西北部毛乌素沙漠南沿，海拔高度1232米，主要地貌类型为风沙草地；植被类型为沙柳、沙蒿灌木林和翅碱蓬、蒿类天然草地；主要土壤类型为风沙土。湿地区处于中温带半干旱大陆性季风气候区。年均气温8.9℃，7月份平均为23.4℃，年极端最高气温38.1℃，极端最低气温－38.9℃。全年＞0℃的积温3731.7℃；≥10℃的积温3657.1℃，持续169天；年平均温度相差1.7℃，最热月和最冷月差32.2℃。年日照时数2925.7小时，日照百分率64%，年总辐射量为606.9千焦耳/平方厘米，是陕西省的多日照、强光辐射区。年降水量358.1毫米，最高降水量687.7毫米，最低为165.3毫米，降水多集中在7～9月，占全年的60%～70%。

水环境状况：该湿地区水源为综合补给(主要包括大气降水、地表径流和人工补给)，最大水深5.0米，平均水深3.2米。

地表水pH值在7.2～7.4，中性，矿化度0.01克/升，矿化度分级属微中，透明度(米)3.1，总氮0.57毫克/升，营养状况属贫营养，化学需氧量0.28毫克/升，主要污染因子是生活污水，水质级别Ⅲ级。地下水pH值8.1，碱性，矿化度0.43克/升，水质级别Ⅱ类。

主要动物种群：湿地鸟类共有9目15科72种，主要有遗鸥、西伯利亚银鸥、棕头鸥、渔鸥、红嘴鸥、普通燕鸥、欧嘴噪鸥、白额燕鸥、须浮鸥、普通翠鸟、小鸊鷉、普通鸬鹚、苍鹭、白鹭、池鹭、夜鹭、牛背鹭、赤麻鸭、绿头鸭、凤头麦鸡、铁嘴沙鸻、针尾沙锥、扇尾沙锥、灰尾［漂］鹬等，其中遗鸥属国家Ⅰ级保护动物。湿地鱼类3目4科15种，有大银鱼、达里湖高原鳅、泥鳅、马口鱼、草鱼、瓦氏雅罗鱼、白鲢等。湿地两栖爬行类3目8科14种，有花背蟾蜍、中华蟾蜍、黑斑蛙、中国林蛙、鳖、草原沙蜥、无蹼壁虎等。湿地兽类有长尾仓鼠、甘肃鼢鼠2种。

主要植物种群：红碱淖湿地主要生长着水生和耐盐碱植物13科18属19种，主要有红柳、芦苇、獐毛、假苇拂子茅、稗、蒺藜、苦荬菜、沙地蒿、平卧碱蓬、黄花列当、长叶碱毛茛、水烛、小眼子菜、红柳、慈姑等。

主要植物群系有：小眼子菜群系、平卧碱蓬群系、芦苇群系、水烛群系、獐毛群系等。植被面积0.10万公顷。

保护管理状况：2005年成立神木县红碱淖风景名胜区管委会。2008年红碱淖被省政府列入重要湿地保护名录，同年被国家林业局列入了国家重要湿地名录。近年来，由于自然和人为等方面原因，湖水面积持续减小。神木县人民政府会同神木县红碱淖风景名胜区管委会，相继制定包括输水河恢复治理，区内居民和企业外迁等多种恢复治理措施，减缓湿地面积缩小，提高湿地环境质量。2007~2008年，神木县投资近200万元，对红碱淖的4条输水河流进行了恢复治理。截至目前，市县累计投入2000余万元，用于红碱淖湿地的生态环境恢复治理工程。

湿地功能与利用方式：湿地生态系统服务功能包括供给服务、调节服务、文化服务和支持服务。其中供给服务主要为供给食物，主要有红碱淖鲤鱼、鲢鱼、草鱼、鲫鱼等；调节服务：调节气候、减轻侵蚀；文化服务：休闲和生态旅游、审美价值；支持服务：主要为提供栖息地、生产生物量、水循环；湿地主要利用方式为：旅游和休闲。

受威胁状况：红碱淖湿地目前最大的威胁是水源补给不足。一是近年来区域降水量偏小，二是周围注水河流遭到拦截。据省气象局、省农业遥感信息中心对红碱淖连续动态遥感监测结果表明，1997~2004年，红碱淖水体覆盖面积急剧减少了14.6平方公里，减少面积为1986年水域面积的27.6%。据榆林市气象部门统计，神木县年降水量由20世纪90年代的400毫米左右下降到21世纪以来的350毫米左右，而年蒸发量却由20世纪90年代的1750毫米左右上升到21世纪以来的2000毫米左右。陕西境内有4条河流，但流程短补水量不大，内蒙古境内主要有2条注水河，但水源已被拦截，直接切断了红碱淖最主要的水源补给，这不仅加剧了整个流域的荒漠化进程，还直接影响着20余种珍禽，尤其是世界濒危鸟类遗鸥的生存安全。

综合受威胁等级：重度。

土地所有权：国有。

湿地主管部门和管理机构：主管部门陕西省环保厅；管理机构为神木县红碱淖风景名胜区管委会。

2. 榆林无定河湿地

基本情况：榆林无定河湿地属无定河单独湿地区(编码6120002)，省重要湿地，湿地范围总面积1.42万公顷，湿地面积0.27万公顷，湿地斑块数56块(包括陕西无定河湿地省级自然保护区)。主要湿地类有河流湿地面积0.27万公顷，以及少量的沼泽湿地(面积52.52公顷)；主要湿地型有永久性河流湿地0.22万公顷，洪泛平原湿地0.05万公顷，以及少量的草本沼泽(面积52.52公顷)。

地理位置：榆林无定河湿地位于陕西省榆林市，范围西起横山县雷龙湾乡庙畔村，东至清涧县高杰村镇河口村，沿途经过横山、榆阳、米脂、绥德和清涧5个县(区)，包括无定河河道、河滩、洪泛区湿地。地理坐标介于东经108°49′~110°26′、北纬37°02′~37°59′之间。

自然环境概况：无定河是黄河中游较大的一级支流，有明显的风沙地貌、河谷阶地地貌和黄土地貌三大地貌特征。河流两侧地形开阔，地面起伏不大，主要土壤类型为风沙土。平均海拔高度950.0米，年平均气温8.6℃，极端最高气温38.6℃，极端最低气温－32.7℃，≥10℃积温3217.6℃，无霜期155天，年平均日照时数2925.7小时，全年日照率66%，总辐射量607.4千焦耳/平方厘米，全年生理辐射量为288.9千焦耳/平方厘米，年降水量397.8毫米，湿润指数0.45，年蒸发量1905.5毫米，干燥度1.5。年日照总时数2860.1小时。

水环境状况：榆林无定河湿地水源补给主要为大气降水和地表径流，最大水深9.0米，平均水深1.5米。

地表水pH值7.4～7.8，中性－微碱性，矿化度0.06克/升，透明度(米)2.8，总氮0.46毫克/升，营养状况属贫营养，化学需氧量1.62毫克/升，水质轻度污染，主要污染因子是石油类，水质级别Ⅲ级。地下水pH值8.2，碱性，矿化度0.43～0.70克/升，水质级别Ⅳ类。

主要动物种群：主要湿地鸟类共有7目18科75种，主要有凤头䴙䴘、黑颈䴙䴘、黑鹳、白琵鹭、斑嘴鹈鹕、鸳鸯、大天鹅、小䴙䴘、普通鸬鹚、苍鹭、池鹭、大白鹭、中白鹭、白鹭、牛背鹭、夜鹭、黄斑苇鳽、大麻鳽、豆雁、赤麻鸭、翘鼻麻鸭、赤颈鸭、斑嘴鸭、针尾鸭、白眉鸭、琵嘴鸭、红头潜鸭、凤头潜鸭、斑头秋沙鸭、普通秋沙鸭、黑水鸡、白骨顶、水雉、彩鹬、鹮嘴鹬、凤头麦鸡、灰头麦鸡、针尾沙锥、扇尾沙锥、灰尾[漂]鹬、青脚鹬、林鹬、白腰草鹬、矶鹬、红嘴鸥、普通燕鸥、普通翠鸟、冠鱼狗、褐河乌、红尾水鸲、小燕尾、黑背燕尾等，其中黑鹳属国家Ⅰ级保护动物，大天鹅、白琵鹭、斑嘴鹈鹕、鸳鸯属国家Ⅱ级保护动物。鱼类2目3科23种，有鲤、鲫、花斑副沙鳅、北方花鳅、中华细鲫、黄黝鱼、白鲢、黄颡鱼、乌苏里拟鲿等。两栖爬行类有中华蟾蜍、黄脊游蛇等3目4科8种，兽类有水獭、水麝鼩等2目3科4种。

主要植物种群：主要湿地植物31科45属61种，有小灯心草、草木犀、黄花菜、红柳、细齿草木犀、膜荚黄芪、沙打旺、浮萍、紫萍、芦苇、獐毛、小獐毛、稗、无芒稗、西来稗、荻、狗牙根、花蔺、假苇拂子茅、金狗尾草、小黑三棱、黑三棱、蒺藜、苦荬菜、碱蓬、问荆、藨草、罗布麻、金鱼藻、沙地蒿、旋覆花、绶草、睡莲(栽培)、莲(栽培)、萹蓄、牛皮消、地梢瓜、杠柳、三裂碱毛茛、河朔荛花、扁穗草、水麦冬、反枝苋、小香蒲、水烛、穗状狐尾藻、菹草、眼子菜、红柳、乌柳、慈姑、细裂野慈姑、东方泽泻等。

主要植物群系有：芦苇群系、香蒲群系、苦荬菜群系、水烛群系、莲群系等。植被面积0.04万公顷。

保护管理状况：榆林无定河湿地是陕西省北部重要的河流湿地，是黑鹳、大天鹅等国家Ⅰ、Ⅱ级重点保护鸟类迁徙通道中重要的能量补给站。区内已建立陕西无定河湿地省级自然保护区，保护区管理机构健全，保护区勘测定界、科研监测、栖息地恢复等项目建设全面展开。

湿地功能与利用方式：湿地生态系统服务功能包括提供淡水、提供食物和保护遗传资源，食物主要有鲢鱼、草鱼、鲫鱼等；调节服务：具有净化水体、调节气候等功能；文化服务：主要为休闲和生态旅游；支持服务：主要为生产生物量、水循环、提供栖息地。主要利用方式为提供淡水。

受威胁状况：无定河湿地目前面临的主要威胁是泥沙淤积。

综合受威胁等级：轻度。

土地所有权：国有和集体。

湿地主管部门和管理机构：涉及林业、农业、水利、渔业等多个行政管理部门。其中陕西无定河湿地省级自然保护区主管部门为横山县林业局，管理机构为保护区管理处。

3. 陕西无定河湿地省级自然保护区

基本情况：陕西无定河湿地省级自然保护区，属无定河单独湿地区(编码6120002)，省重要湿地，保护区总面积1.15万公顷，其中，核心区面积0.14万公顷，缓冲区面积0.32万公顷，实验区面积0.69万公顷。保护区内湿地面积0.08万公顷，其中河流湿地面积0.07万公顷，以及少量的沼泽湿地(面积41.00公顷)，湿地斑块数20块；主要湿地型有永久性河流湿地0.06万公顷，洪泛平原湿地0.01万公顷，以及少量的草本沼泽(面积41.00公顷)。保护区的建立对于保护湿地珍稀水禽、陕北黄土高原风沙区湿地景观及水源地具有重要作用。

地理位置：保护区西起榆靖高速公路无定河大桥以东1公里处，东至横山县党岔镇马坊村，长约60公里，南北分别沿无定河河畔以上及其支流向外沿500~1000米，涉及横山县的党岔、白界、响水、波罗、雷龙湾、横山6个乡镇及白界、雷龙湾、二十磕3个国有林场、石马坬农场及榆阳区部分地域。地理坐标介于东经109°05′~109°40′、北纬38°12′~38°07′之间。

自然环境概况：保护区处于中温带半干旱大陆性季风气候区，范围内地貌以境内无定河、峁沟等河雏形水系形成，地面起伏不大，主要土壤类型为风沙土。平均海拔高度933米，年平均气温8.6℃，极端最高气温38.6℃，极端最低气温-32.7℃，≥10℃积温3217.6℃，无霜期155天，年平均日照时数2925.7小时，全年日照率66%，总辐射量607.4千焦耳/平方厘米，全年生理辐射量为288.8千焦耳/平方厘米，年降水量397.8毫米，湿润指数0.45，年蒸发量1905.5毫米，干燥度1.5。年日照总时数2860.1小时。

水环境状况：该湿地区水源为综合补给(主要包括大气降水与地表径流)，最大水深8.0米，平均水深1.5米。

地表水pH值7.4~7.8，中性—微碱性；矿化度0.06克/升，透明度(米)2.8，总氮0.46毫克/升，营养状况属贫营养，化学需氧量1.62毫克/升，水质轻度污染，主要污染因子是石油类，水质级别Ⅲ级。地下水pH值8.2，碱性，矿化度0.43~0.70克/升，水质级别Ⅳ类。

无定河是黄河中游较大的一级支流，横山段正是从沙地生态类型向黄土高原生态类型的过渡段，有明显的风沙地貌、河谷阶地地貌和黄土地貌三大地貌特征。区域内滩涂面积大，河流两侧地形开阔，具有典型沙漠河流湿地的特征。

主要动物种群：主要湿地鸟类共有7目16科71种，主要有黑鹳、白琵鹭、斑嘴鹈鹕、鸳鸯、大天鹅、小鸊鷉、凤头鸊鷉、黑颈鸊鷉、普通鸬鹚、苍鹭、池鹭、大白鹭、中白鹭、白鹭、牛背鹭、夜鹭、黄斑苇鳽、大麻鳽、豆雁、赤麻鸭、翘鼻麻鸭、赤颈鸭、斑嘴鸭、针尾鸭、白眉鸭、琵嘴鸭、红头潜鸭、凤头潜鸭、斑头秋沙鸭、普通秋沙鸭、黑水鸡、白骨顶、水雉、彩鹬、鹮嘴鹬、凤头麦鸡、灰头麦鸡、针尾沙锥、扇尾沙锥、灰尾[漂]鹬、青脚鹬、林鹬、白腰草鹬、矶鹬、红嘴鸥、普通燕鸥、普通翠鸟、冠鱼狗、褐河乌、红尾水鸲、小燕尾、黑背燕尾等，其中黑鹳属国家Ⅰ级保护动物，大天鹅、白琵鹭、斑嘴鹈鹕、鸳鸯属国家Ⅱ级保护动物。鱼类2目3科19种，有鲤、鲫、花斑副沙鳅、北方花鳅、中华细鲫、黄黝鱼、白鲢、黄颡鱼、乌苏里拟鲿等。

两栖爬行类有中华蟾蜍、黄脊游蛇等3目4科6种，兽类有水獭、水麝鼩等2目2科2种。

主要植物种群：主要湿地植物29科43属56种，有黄花菜、红柳、小灯心草、草木犀、细齿草木犀、膜荚黄芪、沙打旺、浮萍、紫萍、芦苇、獐毛、小獐毛、稗、无芒稗、西来稗、荻、狗牙根、花蔺、假苇拂子茅、金狗尾草、小黑三棱、黑三棱、蒺藜、苦荬菜、碱蓬、问荆、藨草、罗布麻、金鱼藻、沙地蒿、旋覆花、绶草、睡莲(栽培)、莲(栽培)、萹蓄、牛皮消、地梢瓜、杠柳、三裂碱毛茛、河朔荛花、扁穗草、水麦冬、反枝苋、小香蒲、水烛、穗状狐尾藻、菹草、眼子菜、红柳、乌柳、慈姑、细裂野慈姑、东方泽泻等。

主要植物群系有：芦苇群系、香蒲群系、水烛群系、华扁穗草群系、藨草群系等。植被面积0.01万公顷。

保护管理状况：陕西无定河湿地省级自然保护区，于2009年12月由陕西省人民政府批准建设，目前正在筹建阶段，其管理业务有横山县林业局全面负责。

湿地功能与利用方式：湿地生态系统服务功能包括提供淡水、提供食物和保护遗传资源，食物主要有鲢鱼、草鱼、鲫鱼等；调节服务：具有净化水体、调节气候等功能；文化服务：主要为休闲和生态旅游；支持服务：主要为生产生物量、水循环、提供栖息地。主要利用方式为提供淡水。

受威胁状况：保护区目前面临的主要威胁是泥沙淤积。

综合受威胁等级：轻度。

土地所有权：国有。

湿地主管部门和管理机构：主管部门为横山县林业局，管理机构为保护区管理处。

4. 陕西黄河湿地

基本情况：陕西黄河湿地属黄河单独湿地区(编码为6120003)，省重要湿地，湿地范围总面积8.52万公顷，湿地面积6.22万公顷，湿地斑块数233块(包括陕西黄河湿地省级自然保护区)。湿地类有河流湿地面积5.52万公顷，沼泽湿地面积0.31万公顷，人工湿地0.39万公顷。主要湿地型有永久性河流湿地2.29万公顷，洪泛平原湿地3.23万公顷，草本沼泽0.31万公顷，水产养殖场0.38万公顷，另外还有少量库塘湿地(61.57公顷)。

地理位置：陕西黄河湿地位于陕西省东部，与山西省以黄河主河道中线划分。陕西省范围从府谷县墙头乡墙头村到渭南市潼关县秦东镇十里铺村，沿途经过府谷、神木、佳县、吴堡、延川、宜川、韩城、合阳、大荔、华阴、潼关11个县(市)，包括黄河中间线以西主河道、河滩、洪泛区及河道两岸的人工湿地。地理坐标介于东经110°22′~111°08′、北纬34°35′~39°22′之间。

自然环境概况：陕西黄河湿地在韩城市龙门镇以上为黄土高原地貌，河道狭窄，河床比降大；龙门镇一下进入关中平原，地形平缓，河流水面宽阔。黄河湿地气候属暖温带大陆性半干旱半湿润季风气候。主要地域性土壤为风沙土、𪣻土、潮土、新积土、沼泽土、盐碱土等。区域海拔330.0~887.0米，年平均气温13.5℃左右，极端最高气温42.8℃，极端最低气温-16.2℃。年平均降水量538.0毫米，年平均蒸发量663.0~3106.0毫米，无霜期218天。

水环境状况：水源补给状况主要是地表径流、大气降水和地下水，流出状况有永久性、季节性、间歇性三种方式，积水状况在不同的地域有不同的积水形式，主要是永久性积水和季节性积水，丰水位344.0米左右，平水位338.5米，最大水深3.0米，平均水深1.5米。

地表水pH值在7～7.14，中性，矿化度0.15～0.95克/升，矿化度分级属微中，透明度(米)0.5～5不等，透明度等级良以下，总氮0.04～60毫克/升，营养状况属贫营养—中营养，化学需氧量0.038毫克/升，主要污染因子是工矿企业污染，水质级别Ⅲ、Ⅳ级。地下水pH值7.0～7.14，中性，矿化度0.29～0.95克/升，矿化度属重碳酸钙型，水质级别Ⅲ类。

主要动物种群：湿地鸟类共有9目15科65种，主要有黑鹳、灰鹤、东方白鹳、丹顶鹤、白琵鹭、大天鹅、鸳鸯、蓑羽鹤、小鸊鷉、普通鸬鹚、苍鹭、白鹭、池鹭、夜鹭、牛背鹭、赤麻鸭、绿头鸭、斑头秋沙鸭、蓑羽鹤、骨顶鸡、凤头麦鸡、红嘴鸥等，其中国家Ⅰ级保护动物有黑鹳、东方白鹳、丹顶鹤3种，国家Ⅱ级保护动物有白琵鹭、大天鹅、鸳鸯、蓑羽鹤、灰鹤5种。两栖爬行类有3目8科17种，兽类有2目2科3种，鱼类有3目8科56种。

主要植物种群：主要湿地植物种类26科43属57种，有小灯心草、草木犀、黄花菜、浮萍、紫萍、芦苇、獐毛、稗、小獐毛、香蒲、柽柳、莲、华夏慈姑、牛筋草、蒲公英等。

主要植物群系有：牛筋草群系、芦苇群系、香蒲群系、稗子群系、牛鞭草群系、蒲公英群系、苦荬菜群系、华夏慈姑群系、白茅群系、莲群系等。植被面积1.19万公顷。

保护管理状况：陕西黄河湿地是陕西省重要湿地，它是黄河中游生态圈的重要组成部分，更是黑鹳、灰鹤、东方白鹳、白琵鹭、大天鹅、鸳鸯、蓑羽鹤、小鸊鷉、普通鸬鹚、苍鹭等珍稀鸟类的重要栖息地。区内已建立陕西黄河湿地省级自然保护区，保护区基础设施完善，管理机构健全，科研监测、栖息地保护与湿地恢复重建等项目建设顺利开展。

湿地功能与利用方式：湿地生态系统服务功能包括供给服务、调节服务、文化服务和支持服务。其中供给服务主要为供给食物，主要有鲢鱼、草鱼、鲫鱼等水产养殖和莲藕种植；调节服务：调节气候、减轻侵蚀；文化服务：休闲和生态旅游、审美价值；支持服务：主要为提供栖息地、生产生物量、水循环；湿地主要利用方式为：旅游和休闲。

受威胁状况：陕西黄河湿地所受威胁因子主要为泥沙淤积和水污染。

综合受威胁状况等级：轻度。

土地所有权：国有和集体。

湿地主管部门和管理机构：涉及林业、农业、水利、渔业等多个行政管理部门。其中陕西黄河湿地省级自然保护区主管部门为渭南市林业局，管理机构为陕西黄河湿地省级自然保护区管理处。

5. 陕西黄河湿地省级自然保护区

基本情况：陕西黄河湿地省级自然保护区，属黄河单独湿地区(编码为6120003)，省重要湿地，保护区总面积5.73万公顷，湿地面积5.03万公顷，湿地斑块数95块。湿地类有：河流湿地面积4.33万公顷，沼泽湿地面积0.31万公顷，人工湿地0.39万公顷。主要湿地型有：永久性河流湿地1.46万公顷，洪泛平原湿地2.87万公顷，草本沼泽0.31万公顷，水产养殖场0.38万公顷，另外还有少量库塘湿地(61.57公顷)。

地理位置：陕西黄河湿地省级自然保护区位于陕西省关中平原东部渭南市。范围北起禹门口，南至黄河、渭河和洛河交汇地带的风陵渡铁路桥，东以黄河“治导控制线”中心线为界与山西相连，西界北段沿黄河老崖，南段沿黄河第二道大堤，南北长132.5公里，东西宽4.0~13.0公里，范围涉及韩城市、合阳县、大荔县、华阴县、潼关县五个县(市)。地理坐标介于东经110°09′~110°37′、北纬34°35′~35°40′之间。

自然环境概况：陕西黄河湿地自然保护区以黄、渭、洛三河的交汇处等河床为主，由河流水面、河心洲、滩涂、洪泛平原及少量阶地组成。海拔330.0~520.0米，主要地域性土壤为新积土、沼泽土、𪣻土、潮土、盐碱土等。

气候属暖温带大陆性半干旱半湿润季风气候。因地势较周围明显偏低，南部又受秦岭山脉和中条山所形成的潼关风口的显著影响，形成闭合性气候，呈现出明显的地域特征。春季干燥，回暖早，升温快；夏季炎热，日照长；秋季降温快，多阴雨；冬季寒冷，少雨雪，多风。根据县气象站资料，年平均气温13.5℃左右，极端最高气温42.8℃，极端最低气温-16.2℃。年平均降水量538.0毫米，年平均蒸发量663.0~3106.0毫米，无霜期218天。

水环境状况：黄河湿地境内地势平坦宽阔，河漫滩地和一级阶地被渭河和洛河切割为三大地块。沿黄河呈南北带状，沿渭河又呈东西带状。因受黄河泥沙淤积的影响，外滩高于内滩，常年积水，形成沼泽、草甸和盐碱地。有9条支流汇入黄河和渭河，到了汛期，黄河水常常倒流入渭河和洛河形成倒灌。

水源补给状况主要途径是地表径流、大气降水、地下水，流出状况有永久性、季节性、间歇性三种方式，积水状况在不同的地域有不同的积水形式，主要是永久性积水和季节性积水，最大水深5.0米，平均水深1.5米，蓄水量5200.0万立方米。

地表水pH值在7.0~7.7，中性—弱碱性水，矿化度0.15~0.95克/升之间，矿化度分级属微中，透明度(米)0.5~5不等，透明度等级良以下，总氮0.04~0.60毫克/升，营养状况属贫营养—中营养，化学需氧量0.038毫克/升，主要污染因子是工矿企业污染，水质级别Ⅲ、Ⅳ级。地下水pH值7.0~7.14，中性，矿化度0.29~0.95克/升，矿化度属重碳酸钙型，水质级别Ⅲ类。

主要动物种群：湿地鸟类共有7目11科59种，主要有黑鹳、东方白鹳、丹顶鹤、白琵鹭、大天鹅、鸳鸯、蓑羽鹤、灰鹤、小鸊鷉、普通鸬鹚、苍鹭、白鹭、池鹭、夜鹭、牛背鹭、赤麻鸭、绿头鸭、斑头秋沙鸭、蓑羽鹤、骨顶鸡、凤头麦鸡、红嘴鸥等，其中国家Ⅰ级保护动物有黑鹳、东方白鹳、丹顶鹤3种，国家Ⅱ级保护动物有白琵鹭、大天鹅、鸳鸯、蓑羽鹤、灰鹤5种。两栖爬行类有4目8科14种，兽类有2目2科3种，鱼类有5目9科38种。该保护区是陕西省鸟类分布最集中、候鸟数量最多的地区，在冬季候鸟越冬期间，鸟类数量最多达40多万只。该保护区亦是内陆候鸟迁徙通道上的重要驿站，是我国中、西部国际保护候鸟的主要栖息地之一，保护区内的丹顶鹤是我国迄今为止发现丹顶鹤栖息地的最西缘，白鹳在保护区的被发现，也为鸟类研究及白鹳的地理分布提供了新的资料。

主要植物种群：主要湿地植物种类25科41属52种，有黄花菜、小灯心草、草木犀、浮萍、紫萍、芦苇、獐毛、稗、小獐毛、香蒲、柽柳、莲、华夏慈姑、牛筋草、蒲公英等。

主要植物群系有：芦苇群系、莲群系、碱蓬群系、水烛群系、穗状狐尾藻群系、蒲公英群系、苦荬菜群系、华夏慈姑群系、獐毛群系、白茅群系等。植被面积1.05万公顷。

保护管理状况：陕西黄河湿地省级自然保护区是黄河中游生态圈的重要组成部分，是黄河中下游面积最大的湿地，是候鸟的重要栖息地，其前身为渭南市三河湿地、合阳黄河湿地自然保护区。根据陕政函〔2005〕152号《关于设立陕西黄河湿地省级自然保护区有关问题的批复》，2005年11月，陕西省人民政府决定在撤销渭南市三河湿地、合阳黄河湿地自然保护区的基础上，设立统一管理的陕西黄河湿地省级自然保护区。陕西黄河湿地省级自然保护区的建立，对于保护丹顶鹤等珍稀禽鸟类、调蓄渭南黄河干流洪水、调节区域气候，改善生态环境，促进地区经济社会可持续发展，具有十分重要的作用和意义。

陕西黄河湿地省级自然保护区成立后，保护区建设工作稳步推进。2008年完成了黄河湿地省级自然保护区建设项目可研报告并得到省发改委批准，批准项目总投资812万元，其中争取中央预算内投资579万元，地方配套233万元。建设项目主要有建设湿地保护站7个，其中新建宿办用房700平方米，管理处业务用房1000平方米，配备野外巡护装备及森林防火救护设备和办公设备；保护设施建设栽植标桩、标牌、宣传牌479个，建设观察瞭望台3座，巡护步道30公里；在下峪口、洽川、港口各建设1个以土壤和水文水质监测及气象观测为主的生态监测站，布设固定样线30公里，设置固定样地30个，配备相应的科研监测与宣教设备。

湿地功能与利用方式：湿地生态系统服务功能包括供给服务、调节服务、文化服务和支持服务。其中供给服务主要为供给食物，主要有鲢鱼、草鱼、鲫鱼等水产养殖和莲藕种植；调节服务：调节气候、减轻侵蚀；文化服务：休闲和生态旅游、审美价值；支持服务：主要为提供栖息地、生产生物量、水循环；湿地主要利用方式为：旅游和休闲。

受威胁状况：陕西黄河湿地省级自然保护区所受威胁因子主要为泥沙淤积和水污染。

综合受威胁状况等级：轻度。

土地所有权：国有。

湿地主管部门和管理机构：湿地主管部门为渭南市林业局，管理机构为陕西黄河湿地省级自然保护区管理处。

6. 陕西渭河湿地

基本情况：陕西渭河湿地分属渭河湿地区(编码6120004)，省重要湿地，湿地范围总面积3.36万公顷，湿地面积3.32万公顷，湿地斑块数269块(包括西安泾渭湿地自然保护区)。主要湿地类有河流湿地面积3.30万公顷，人工湿地0.04公顷；主要湿地型有永久性河流湿地面积0.60万公顷，洪泛平原湿地2.70万公顷，库塘湿地0.03万公顷，以及少量的输水河(51.35公顷)和水产养殖场(28.24公顷)。

地理位置：陕西渭河湿地位于陕西省中部的关中平原，范围西起宝鸡市陈仓区凤阁岭，东至潼关县港口与黄河交汇处，沿途经过陈仓、扶风、眉县、杨凌、武功、周至、兴平、西安市辖区、华县、华阴10个县(市、区)，范围包括渭河河道、河滩、泛洪区及河道两岸的人工湿地。地理坐标介于东经106°21′~110°08′、北纬34°30′~34°38′之间。

自然环境概况：陕西渭河湿地属暖温带大陆性季风气候。冬夏季节长，春秋季节短，夏热、冬冷、春暖，秋凉，雨热同季，四季分明。年平均气温13.2℃。平均最高气温19.3℃，平均最低气温8.1℃。最热月7月，最冷月1月，平均气温-1.5℃。年极端最高气温41.4℃，最低气温-20.8℃，≥10℃积温为1915.6~4431.3℃。全年日照时数1983.4~2267.2小时，月总辐射13.5千卡/平方厘米，夏季各月的差异较小，夏末秋初因连阴雨天气，使辐射明显减少。年均降水量

537.9 毫米，夏季降水占年降水量的40.7%。

水环境状况：渭河为黄河最大支流，年平均径流量55.7亿立方米，每年7~9月为洪汛期，12月至翌年3月为枯水期，最大流速5.0~6.0米/秒。输沙量每年从4月开始增加，8月达到最高值，9月开始递减，12月至翌年2月输沙量最小，全河流域年输沙量约1.0亿吨。

地表水pH值在6.9~7.5，中性水，矿化度0.03克/升，透明度(米)2.4，总氮0.24毫克/升，营养状况属贫营养，化学需氧量3.1毫克/升，主要污染因子是生活污水，水质级别Ⅲ级。地下水pH值7.8，弱碱性，矿化度0.43~0.70克/升，水质级别Ⅳ级。

主要动物种群：主要湿地鸟类8目17科57种，有大天鹅、黑鹳、小䴙䴘、凤头䴙䴘、普通鸬鹚、苍鹭、池鹭、大白鹭、中白鹭、白鹭、牛背鹭、夜鹭、黄斑苇鳽、大麻鳽、豆雁、赤麻鸭、翘鼻麻鸭、赤颈鸭、赤膀鸭、绿翅鸭、绿头鸭、斑嘴鸭、针尾鸭、白眉鸭、琵嘴鸭、红头潜鸭、凤头潜鸭、鹊鸭、斑头秋沙鸭、普通秋沙鸭、灰鹤、黑水鸡、白骨顶、水雉、彩鹬、鹮嘴鹬、凤头麦鸡、灰头麦鸡、金眶鸻、针尾沙锥、扇尾沙锥、灰尾[漂]鹬、青脚鹬、林鹬、白腰草鹬、矶鹬、红嘴鸥、普通燕鸥、普通翠鸟、冠鱼狗、褐河乌、红尾水鸲、小燕尾、黑背燕尾等，其中黑鹳属国家Ⅰ级保护动物，大天鹅、灰鹤属国家Ⅱ级保护动物。鱼类6目14科85种，有草鱼、青鱼、白鲢、贝氏高原鳅、中华花鳅、宽鳍鱲、拉氏鲅、似鮈等；两栖爬行类有中华蟾蜍等3目8科17种，兽类有水獭等2目2科4种。

主要植物种群：主要湿地植物28科43属52种，有夏至草、车前、芦苇、翅茎灯心草、野大豆、黄花草木犀、无芒稗、荻、狗牙根、鹅冠草、魁蒿、三褶脉紫菀、一年蓬、茵陈、黄花蒿、藜、猪毛菜、地肤、水蓼、灰绿藜、茴茴蒜、白英、莎草、扁杆荆三棱、荠菜、苋、藨草、龙葵、铺地委陵菜、葎草、独行菜、脉果薹草、香蒲、菟丝子、菹草、节节草等。

主要植物群系有：芦苇群系、香蒲群系、白茅群系、灯心草群系等。植被面积0.86万公顷。

保护管理状况：陕西渭河湿地是陕西省重要湿地，更是大天鹅、大白鹭、池鹭、白琵鹭、赤麻鸭、绿翅鸭、绿头鸭等珍稀鸟类的重要栖息地。区内已建立西安泾渭湿地自然保护区，保护区基础设施完善，管理机构健全，科研监测、栖息地保护与湿地恢复重建等湿地建设项目顺利开展。

另据报道，2010年12月29日召开的陕西省政府第23次常务会议，审议并原则通过了《陕西省渭河全线整治规划及实施方案》。根据规划，陕西将在五年内投入606.8亿元实施渭河综合整治。治理将分防洪工程、河道清障工程、生态景观工程、水污染防治工程等，届时渭河将被打造成陕西防洪安澜的屏障、绿色环保的景观长廊、路堤结合的滨河大道，充分发挥渭河黄金水道的地位和重要作用。

湿地功能与利用方式：湿地生态系统服务功能包括供给服务、调节服务、文化服务和支持服务。其中供给服务主要为供给食物，主要有鲢鱼、草鱼、鲫鱼等；调节服务：净化水体、调节气候、减轻侵蚀；文化服务：休闲和生态旅游、审美价值；支持服务：生产生物量、水循环、提供栖息地；湿地主要利用方式主要为：旅游和休闲。

受威胁状况：陕西渭河湿地所受主要威胁是工农业生产和生活污水排放所导致的水污染。

综合受威胁等级：中度—重度。

土地所有权：国有和集体。

湿地管理机构：涉及林业、农业、水利、渔业等多个行政管理部门。其中西安泾渭湿地自然保护区主管部门西安市林业局，管理机构为西安泾渭湿地自然保护区管理处。

7. 陕西西安泾渭湿地自然保护区

基本情况：陕西西安泾渭湿地自然保护区，分属渭河湿地区(编码6120004)，省重要湿地，保护区总面积0.64万公顷，湿地面积0.18万公顷。主要湿地类有河流湿地面积0.18万公顷，以及少量人工湿地(75.62公顷)，湿地斑块数33块；主要湿地型有永久性河流湿地面积0.12万公顷，洪泛平原湿地0.06万公顷，以及少量库塘湿地(24.25公顷)和输水河湿地51.37公顷。保护对象主要是河流湿地生态系统和珍稀湿地鸟类。

地理位置：陕西西安泾渭湿地自然保护区位于西安市北部的渭河、泾河和灞河交汇处，保护区范围西起西铜路草滩渭河大桥，东至西韩路耿镇渭河大桥，北至渭河和泾河北岸台塬以上200米，南至西航花园西侧的草临路灞河大桥。地理坐标介于东经108°48′~109°26′、北纬34°31′~34°35′之间。

自然环境概况：陕西西安泾渭湿地自然保护区属暖温带大陆性季风区。冬夏季节长，春秋季节短，夏热、冬冷、春暖，秋凉，雨热同季，四季分明。年平均气温13.2℃。平均最高气温19.3℃，平均最低气温8.1℃。最热月7月，最冷月1月，平均气温-1.5℃。年极端最高气温41.4℃，最低气温-20.8℃，≥10℃积温为1915.6~4431.3℃。全年日照时数1983.4~2267.2小时，月总辐射56.4千焦耳/平方厘米，夏季各月的差异较小，夏末秋初因连阴雨天气，使辐射明显减少。年均降水量537.9毫米，夏季降水占年降水量的40.7%。

水环境状况：水源补给主要为地表径流和大气降水和永久性积水。最大水深3.0米，平均水深1.2米。

地表水pH值在6.9~7.5，中性水，矿化度0.03克/升，透明度(米)2.41，总氮0.24毫克/升，营养状况属贫营养，化学需氧量3.1毫克/升，主要污染因子是生活污水，水质级别Ⅲ级。地下水pH值7.8，弱碱性，矿化度0.43~0.70克/升，水质级别Ⅳ级。

渭河——为黄河最大支流，年平均径流量55.7亿立方米，每年7~9月为洪汛期，12月至翌年3月为枯水期，最大流速5.0~6.0米/秒。输沙量每年从4月开始增加，8月达到最高值，9月开始递减，12月至翌年2月输沙量最小，全河流域年输沙量约1.0亿吨。

泾河——泾河是渭河最大支流，年平均径流量0.7亿立方米，每年7~9月为洪汛期，12月至翌年2月为枯水期，最大流速5.0米/秒。输沙量每年从5月后逐渐增加，8月达到最高值，9月开始呈有规律递减，全河流域年输沙量2.8亿吨。沙、卵石河床。汛期突涨猛落，水位落差大，泾河汛期含泥沙量较渭河为大，相对呈现浊水；非汛期，含泥沙较渭河为小，相对呈现清水，故在汛期是渭清泾浊，而在非汛期是泾清渭浊。二水在汇流后的一段河道内像两条平铺的清色和淡黄色布带拼在一起，向东移动，色泽界线非常鲜明，固有“泾渭分明”之说。

主要动物种群：主要湿地鸟类共有7目11科46种，主要有黑鹳、大天鹅、小䴙䴘、凤头䴙䴘、普通鸬鹚、苍鹭、池鹭、大白鹭、中白鹭、白鹭、牛背鹭、夜鹭、黄斑苇鳽、大麻鳽、豆雁、赤麻鸭、翘鼻麻鸭、赤颈鸭、赤膀鸭、绿翅鸭、绿头鸭、斑嘴鸭、针尾鸭、白眉鸭、琵嘴鸭、红头潜鸭、凤头潜鸭、鹊鸭、斑头秋沙鸭、普通秋沙鸭、灰鹤、黑水鸡、白骨顶、水雉、彩鹬、鹮嘴鹬、凤头麦鸡、灰头麦鸡、金眶鸻、针尾沙锥、扇尾沙锥、灰尾[漂]鹬、青脚鹬、林鹬、白腰草鹬、矶鹬、红嘴鸥、普通燕鸥、普通翠鸟、冠鱼狗、褐河乌、红尾水鸲、小燕尾、黑背燕尾等，其中黑鹳属国家Ⅰ级保护动物，大天鹅、灰鹤属国家Ⅱ级保护动物。鱼类6目12科80种，有草鱼、青鱼、白鲢、贝氏高原鳅、中华花鳅、宽鳍鱲、拉氏鲅、似鮈等；两栖爬行类有中华蟾蜍等3目8科17种，兽类有水獭等2目2科4种。

主要植物种群：主要湿地植物23科37属44种，有芦苇、车前、夏至草、翅茎灯心草、野大豆、黄花草木犀、无芒稗、荻、狗牙根、鹅冠草、魁蒿、三褶脉紫菀、一年蓬、茵陈、黄花蒿、藜、猪毛菜、地肤、水蓼、灰绿藜、茴茴蒜、白英、莎草、扁杆荆三棱、荠菜、苋、藨草、龙葵、铺地委陵菜、葎草、独行菜、脉果薹草、香蒲、菟丝子、菹草、节节草等。

主要植物群系有：芦苇群系、苍耳群系、香蒲群系、白茅群系、灯心草群系等。植被面积0.03万公顷。

保护管理状况：陕西西安泾渭湿地自然保护区，于2005年由陕西省人民政府批准建设，现有人员编制12人，保护工作主要有对保护区进行定时巡护，对植被进行动态监测，对鸟类进行跟踪观察统计，对河道进行巡查，防止乱挖河沙等。

湿地功能与利用方式：湿地生态系统服务功能包括供给服务、调节服务、文化服务和支持服务。其中供给服务主要为供给食物，主要有鲢鱼、草鱼、鲫鱼等；调节服务：净化水体、调节气候、减轻侵蚀；文化服务：休闲和生态旅游、审美价值；支持服务：生产生物量、水循环、提供栖息地；湿地主要利用方式主要为：旅游和休闲。

受威胁状况：陕西西安泾渭湿地自然保护区所受威胁因子主要是采沙和生活污水排放所导致的水污染。

综合受威胁等级：轻度。

土地所有权：国有。

湿地管理机构：主管部门西安市林业局，管理机构为陕西西安泾渭湿地自然保护区管理处。

8. 陕西汉江湿地

基本情况：陕西汉江湿地分属汉江湿地区(编码6120005)，省重要湿地，湿地范围总面积9.78万公顷，湿地面积1.87万公顷，湿地斑块数量98块(包括陕西朱鹮国家级自然保护区、陕西汉江湿地省级自然保护区和陕西安康瀛湖湿地省级自然保护区)。主要湿地类为河流湿地和人工湿地，其中河流湿地面积1.46万公顷，人工湿地面积0.42万公顷；湿地型主要有永久性河流湿地面积1.12万公顷，洪泛平原湿地面积0.33万公顷，库塘湿地面积0.42万公顷。

地理位置：陕西汉江湿地位于陕西省南部，西起勉县土关铺乡田坝村，东至白河县城关镇，东西横跨汉中、安康两市，包括汉江河道、河滩、泛洪区及河道两岸的人工湿地。地理坐标介于东经106°30′~110°08′、北纬32°48′~33°06′之间。

自然环境概况：陕西汉江湿地地处秦岭和巴山两大山系的交汇地带，地形呈“V”形构造，北部属秦岭山系，山体高大，陡崖断层，深谷纵横，沟谷较陡，坡面中部稍缓，顶部出现海相沉积地貌。海拔一般为940.0~2300.0米，相对高差1800.0米，坡度多为15°~45°；南部属巴山山系，多为中低山，沟谷较为开阔，坡面稍为平缓，一般海拔900.0~1800.0米。土壤以水稻土、潮土为主。土壤类型主要有水稻土、潮土、新积土、沼泽土等。年平均气温14.3℃；≥0℃年均积温5300℃，≥10℃年均积温4335℃。年平均降水量873.0毫米，年均蒸发量750.0毫米。

水环境状况：陕西汉江湿地水源补给主要为地表径流和大气降水和永久性积水。最大水深10.0米，平均水深4.5米。

地表水pH值7.3~7.5，中性，矿化度0.15克/升，矿化度分级属淡水，透明度(米)2.4，总氮0.37~1.30毫克/升，营养状况属贫营养，化学需氧量3.5~14.5毫克/升，主要污染因子是COD NH_3-N溶解氧，水质级别Ⅱ级。地下水pH值7.0，中性，矿化度0.34克/升，水质级别Ⅲ类。

主要动物种群：主要湿地鸟类8目17科57种，有朱鹮、黑鹳、东方白鹳、鸳鸯、灰鹤、大天鹅、小䴙䴘、凤头䴙䴘、黑颈䴙䴘、普通鸬鹚、苍鹭、池鹭、大白鹭、中白鹭、白鹭、牛背鹭、夜鹭、黄斑苇鳽、大麻鳽、豆雁、赤麻鸭、翘鼻麻鸭、赤颈鸭、赤膀鸭、绿翅鸭、绿头鸭、斑嘴鸭、针尾鸭、白眉鸭、琵嘴鸭、红头潜鸭、凤头潜鸭、鹊鸭、斑头秋沙鸭、普通秋沙鸭、黑水鸡、白骨顶、水雉、彩鹬、鹮嘴鹬、凤头麦鸡、灰头麦鸡、金眶鸻、针尾沙锥、扇尾沙锥、灰尾[漂]鹬、青脚鹬、林鹬、白腰草鹬、矶鹬、红嘴鸥、普通燕鸥、普通翠鸟、冠鱼狗、褐河乌、红尾水鸲、小燕尾、黑背燕尾等，其中朱鹮、黑鹳、东方白鹳属国家Ⅰ级保护动物，大天鹅、灰鹤、鸳鸯属国家Ⅱ级保护动物。鱼类7目16科105种，有草鱼、青鱼、中华细鲫、黄黝鱼、白鲢、贝氏高原鳅、中华花鳅、宽鳍鱲、拉氏鲹、似鮈等。两栖爬行类有大鲵、中华蟾蜍等4目12科27种，兽类有水獭、草兔等3目3科4种。

主要植物种群：主要湿地植物25科46属57种，有车前、浮萍、紫萍、牛至、狗牙根、荩草、青蒿、苦荬菜、灰绿藜、水蓼、酸模、马鞭草、节节菜、莎草、小碎米莎草、眼子菜、谷精草、枫杨等。

主要植物群系有：芦苇群系、水蓼群系、细叶薹草群系及禾草等。植被面积0.16万公顷。

保护管理状况：陕西汉江湿地是陕西省重要湿地，是朱鹮、黑鹳、东方白鹳、鸳鸯、灰鹤、大天鹅等重点保护鸟类的重要栖息地。区内已建立陕西朱鹮国家级自然保护区、陕西汉江湿地省级自然保护区和陕西安康瀛湖湿地省级自然保护区。各保护区基础设施完善，管理机构健全，科研监测、栖息地保护与恢复重建等湿地建设项目顺利开展。

湿地功能与利用方式：湿地生态系统服务功能包括供给服务、调节服务、文化服务和支持服务。其中供给服务提供淡水、食物和原材料、保护遗传资源和水运，提供食物主要有鲢鱼、草鱼、鲫鱼等；调节服务：具有调蓄洪水、净化水体、调节气候等重要功能；文化服务：主要为休闲和生态旅游；支持服务：主要为生产生物量、提供栖息地。主要利用方式生态旅游和水上运动，汉江沿岸农家乐，年接待游客150万人次；全民体育锻炼650万人次。

受威胁状况：所受威胁因子主要为基建和城市化建设。

综合威胁状况等级：轻度。

土地所有权：国有和集体。

湿地主管部门和管理机构：涉及林业、农业、水利、渔业等多个行政管理部门。其中陕西朱鹮国家级自然保护区主管部门为陕西省林业厅，具体管理机构为陕西汉中朱鹮国家级自然保护区管理局；陕西汉江湿地省级自然保护区主管部门为汉中市人民政府，具体管理机构为汉中市林业局；陕西安康瀛湖湿地省级自然保护区主管部门为安康市人民政府，具体管理机构为汉滨区林业局。

9. 陕西朱鹮国家级自然保护区

基本情况：陕西朱鹮国家级自然保护区，属汉江单独湿地区（编码 6120005），国家重要湿地。保护区总面积 3.76 万公顷，湿地面积 1.41 万公顷，湿地斑块数 22 块（不含稻田斑块）。主要湿地类为人工湿地和河流湿地，其中人工湿地面积 1.13 万公顷，河流湿地面积 0.28 万公顷；人工湿地中稻田面积 1.11 万公顷（国土部门统计数据），库塘湿地 0.02 万公顷；河流湿地中永久性河流湿地 0.23 万公顷，洪泛平原湿地 0.05 万公顷。

地理位置：陕西朱鹮国家级自然保护区行政区划属汉中市洋县，地理坐标介于东经 107°17′～107°44′、北纬 33°08′～33°05′之间。

自然环境概况：陕西朱鹮国家级自然保护区地处秦岭南坡中下部，其北部山高坡陡，地形崎岖，南部地势平坦，由北向南依次为中山、低山、丘陵、河谷平原。主要范围在秦岭南坡的低山及谷地，海拔 400.0～860.0 米。区内山峰的相对高度多在 300 米左右，坡度多在 30°以上，沟谷深切。土壤类型主要有水稻土、淤土、黄棕壤等。年平均气温 14.5℃；≥0℃年均积温 5315.6℃，≥10℃年均积温 4576.7℃。年平均降水量 839.7 毫米。

水环境状况：陕西朱鹮国家级自然保护区水源补给主要为地表径流和大气降水，永久性积水，最大水深 5.0 米，平均水深 0.7 米。

地表水 pH 值 6.7，中性，矿化度 0.16 克/升，矿化度分级属微中，透明度（米）2.5，总氮 0.37 毫克/升，营养状况属贫营养，化学需氧量 11.8 毫克/升，贫营养。主要污染物为化学耗氧量、氨氢。水质级别为Ⅱ类。地下水 pH 值 7.0，中性，矿化度 0.27 克/升，水质级别Ⅲ类。

主要动物种群：保护区内湿地鸟类共有 6 目 12 科 52 种，除朱鹮外，尚有小鸊鷉、普通鸬鹚、苍鹭、白鹭、池鹭、夜鹭、牛背鹭、赤麻鸭、绿头鸭、斑头秋沙鸭、蓑羽鹤、骨顶鸡、凤头麦鸡、红嘴鸥等。湿地鱼类 6 目 12 科 42 种，有马口鱼、拉氏鲅、草鱼、白鲢、银鲴、贝氏高原鳅、中华花鳅、泥鳅等，湿地两栖爬行类 2 目 10 科 21 种，有大鲵、山溪鲵、秦巴北鲵、中华蟾蜍、小角蟾、黑脊蛇、赤链蛇、王锦蛇等，湿地兽类主要有水獭 1 种。

主要植物种群：主要湿地植物 16 科 23 属 25 种，有车前、浮萍、紫萍、狗牙根、荩草、青蒿、苦荬菜、灰绿藜、水蓼、酸模、马鞭草、节节菜、莎草、小碎米莎草、眼子菜、谷精草等。

主要植物群系有：荻群系、魁蒿群系、狗牙根群系、芦苇群系、水葱群系、细叶薹草群系及禾草等。植被面积 0.03 万公顷。

保护管理状况：陕西朱鹮国家级自然保护区，1983 年由洋县人民政府批准成立洋县朱鹮保护观察站；1986 年陕西省人民政府批准成立陕西朱鹮保护观察站；为了进一步加强对野生朱鹮及其栖息环境的保护工作力度，2002 年省人民政府又批准了省级朱鹮自然保护区；2005 年 7 月 23 日国务院正式批准设立朱鹮国家级自然保护区。现有编制人员 17 人，其中管理人员 11 人，科研技术人员 7 人，车辆 5 辆。管理处定时对保护区进行巡护管理，进行朱鹮种群及其栖息地环境保护，有一定科研实力，每年科研投入 20 万元，宣传教育投入 10 万元。

湿地功能与利用方式：湿地生态系统服务功能包括供给服务、调节服务、文化服务和支持服

务。其中供给服务主要为保护遗传资源、提供淡水、提供食物等，其中养殖业：鱼、蟹，年产鱼200吨，蟹1吨；种植业：水稻种植为主；调节服务：净化水体、调节气候、减轻侵蚀；文化服务：休闲和生态旅游、教育价值、审美价值；支持服务：提供栖息地、生产生物量、水循环。湿地主要利用方式包括水源地、养殖业、种植业、旅游和休闲等。

受威胁状况：所受威胁因子主要为农业生产中农药、化肥的使用。

综合威胁状况等级：轻度。

土地所有权：国有和集体。

湿地主管部门和管理机构：主管部门为陕西省林业厅，具体管理机构为陕西汉中朱鹮国家级自然保护区管理局。

10. 陕西汉江湿地省级自然保护区

基本情况：陕西汉江湿地省级自然保护区，分属汉江单独湿地区（编码6120005），省重要湿地，保护区总面积3.36万公顷，湿地面积0.58万公顷，湿地斑块数55块。湿地类为河流湿地；湿地型主要有永久性河流湿地面积0.30万公顷，洪泛平原湿地0.28万公顷。

地理位置：陕西汉江湿地省级自然保护区行政区划属汉中市，西起汉中市勉县武侯镇，东至西乡县茶镇，地理坐标介于东经106°29′~108°00′、北纬32°12′~33°04′之间。

自然环境概况：陕西汉江湿地省级自然保护区地处秦岭和巴山两大山系的交汇地带，属低山及谷地地貌，河道因山就势，两侧或奇峰林立，或水田阡陌交织，或农舍自然分布，地形相对平坦。海拔380~620米。土壤类型主要有水稻土、潮土、沼泽土等。年平均气温14.3℃；≥0℃年均积温5300℃，≥10℃年均积温5209.3℃。年平均降水量1000毫米，年均蒸发量750毫米。

水环境状况：汉江湿地水源补给主要为地表径流和大气降水，永久性积水。最大水深10.0米，平均水深4.5米。

地表水pH值7.3~8.1，中性至弱碱性，矿化度0.15克/升，矿化度分级属淡水，透明度(米)2.4，总氮0.37~1.3毫克/升，化学需氧量3.5~14.5毫克/升，贫营养。主要污染物为COD NH_3-N溶解氧。水质级别为Ⅱ类。地下水pH值7.0，中性，矿化度0.37克/升，水质级别Ⅲ类。

主要动物种群：主要湿地鸟类8目17科57种，有朱鹮、黑鹳、东方白鹳、鸳鸯、灰鹤、大天鹅、小䴙䴘、凤头䴙䴘、黑颈䴙䴘、普通鸬鹚、苍鹭、池鹭、大白鹭、中白鹭、白鹭、牛背鹭、夜鹭、黄斑苇鳽、大麻鳽、豆雁、赤麻鸭、翘鼻麻鸭、赤颈鸭、赤膀鸭、绿翅鸭、绿头鸭、斑嘴鸭、针尾鸭、白眉鸭、琵嘴鸭、红头潜鸭、凤头潜鸭、鹊鸭、斑头秋沙鸭、普通秋沙鸭、黑水鸡、白骨顶、水雉、彩鹬、鹮嘴鹬、凤头麦鸡、灰头麦鸡、金眶鸻、针尾沙锥、扇尾沙锥、灰尾[漂]鹬、青脚鹬、林鹬、白腰草鹬、矶鹬、红嘴鸥、普通燕鸥、普通翠鸟、冠鱼狗、褐河乌、红尾水鸲、小燕尾、黑背燕尾等，其中朱鹮、黑鹳、东方白鹳属国家Ⅰ级保护动物，大天鹅、灰鹤、鸳鸯属国家Ⅱ级保护动物。鱼类7目16科105种，有草鱼、青鱼、中华细鲫、黄黝鱼、白鲢、贝氏高原鳅、中华花鳅、宽鳍鱲、拉氏鲅、似鮈等。两栖爬行类有大鲵、中华蟾蜍等4目12科27种，兽类有水獭、草兔等3目3科4种。

主要植物种群：主要湿地植物23科43属51种，有车前、浮萍、紫萍、牛至、狗牙根、荩草、青蒿、苦荬菜、灰绿藜、水蓼、酸模、马鞭草、节节菜、莎草、小碎米莎草、眼子菜、谷精草、枫杨等。

主要植物群系有：枫杨群系、水蓼群系、荻群系、魁蒿群系、穗状狐尾藻群系、假苇拂子茅群系、狗尾草群系、枸杞群系等。植被面积0.06万公顷。

保护管理状况：陕西汉江湿地省级自然保护区，于2009年12月由陕西省人民政府批准建设，主管部门汉中市人民政府，经营管理机构汉中市林业局。人员编制48人，其中管理人员11人，科研技术人员32人，其他人员5人。保护区成立以来，主要进行建设项目评估立项、定时巡护和宣传等方面的工作。

湿地功能与利用方式：湿地生态系统服务功能包括供给服务、调节服务、文化服务和支持服务。其中供给服务提供淡水、食物和原材料、保护遗传资源和水运，提供食物主要有鲢鱼、草鱼、鲫鱼等；调节服务：具有调蓄洪水、净化水体、调节气候等重要功能；文化服务：主要为休闲和生态旅游；支持服务：主要为生产生物量、提供栖息地。主要利用方式生态旅游和水上运动，汉江沿岸农家乐，年接待游客50万人次；全民体育锻炼540万人次。

受威胁状况：所受威胁因子主要为基建和城市化建设。

综合威胁状况等级：轻度。

土地所有权：国有和集体。

湿地主管部门和管理机构：湿地主管部门为汉中市人民政府，具体管理机构为汉中市林业局。

11. 陕西安康瀛湖湿地省级自然保护区

基本情况：陕西安康瀛湖湿地省级自然保护区，分属汉江单独湿地区（编码6120005），省重要湿地，保护区总面积1.98万公顷，湿地面积0.73万公顷，湿地斑块数1块，湿地类型为库塘湿地，面积0.73万公顷。

地理位置：陕西安康瀛湖湿地省级自然保护区行政区划属安康市汉滨区，地理坐标位于东经108°01′~110°12′、北纬31°42′~33°41′之间。

自然环境概况：主要地貌类型为丘陵，平均海拔530米，土壤类型以潮土、水稻土、黄棕壤为主，年平均气温15.7℃，变化范围在15~16.5℃，≥10℃年均积温5645.6℃，年平均降水量799.3毫米，变化范围在646.3~1047.8毫米，蒸发量1337.4毫米，变化范围在1367~1617.7毫米。

水环境状况：水源补给主要为地表径流和大气降水，永久性积水。最大水深40.0米，平均水深7.5米。

地表水pH值6.5~7.2，中性，矿化度0.02克/升，矿化度分级属淡水，透明度（米）3.0，总氮0.88毫克/升，营养状况属贫营养，化学需氧量6.0毫克/升，主要污染因子是生活污水，水质级别Ⅰ级。地下水pH值7.0，中性，矿化度0.23克/升，水质级别Ⅰ类。

主要动物种群：主要湿地鸟类共有8目11科40种，主要有黑鹳、东方白鹳、鸳鸯、大天鹅、小䴙䴘、凤头䴙䴘、普通鸬鹚、苍鹭、池鹭、大白鹭、中白鹭、白鹭、牛背鹭、夜鹭、黄斑苇鳽、大麻鳽、豆雁、赤麻鸭、翘鼻麻鸭、赤颈鸭、赤膀鸭、绿翅鸭、绿头鸭、斑嘴鸭、针尾鸭、白眉鸭、琵嘴鸭、红头潜鸭、凤头潜鸭、鹊鸭、斑头秋沙鸭、普通秋沙鸭、灰鹤、黑水鸡、白骨顶、水雉、彩鹬、鹮嘴鹬、凤头麦鸡、灰头麦鸡、金眶鸻、针尾沙锥、扇尾沙锥、灰尾[漂]鹬、青脚鹬、林鹬、白腰草鹬、矶鹬、红嘴鸥、普通燕鸥、普通翠鸟、冠鱼狗、褐河乌、红尾水鸲、小燕尾、黑背燕尾等，其中黑鹳、东方白鹳属国家Ⅰ级保护动物，大天鹅、鸳鸯属国家Ⅱ级保护动物。鱼类5目13科75种，有草鱼、青鱼、白鲢、贝氏高原鳅、中华花鳅、宽鳍鱲、拉氏鲅、似鮈等；两栖爬行类有秦巴北鲵、中华蟾蜍等4目6科10种，兽类有水麝鼩、水獭等3目3科4种。

主要植物种群：主要湿地植物21科40属48种，有车前、浮萍、紫萍、牛至、狗牙根、荩草、青蒿、苦荬菜、灰绿藜、水蓼、酸模、马鞭草、节节菜、莎草、小碎米莎草、眼子菜、谷精草、白羊草、喜旱莲子草、芦苇、葎草、狗牙根等。

主要植物群系有：芦苇群系、水蓼群系、杂类草群系等。湿地植被面积为0.06万公顷。

保护管理状况：陕西安康瀛湖湿地省级自然保护区位于安康市西南18公里处的天柱山脚下，是安康水电站建成后形成的“人工湖”，主要水体为安康水库。2002年批准建设，主管部门为安康市人民政府，具体管理机构为汉滨区林业局。

湿地功能与利用方式：湿地生态系统服务功能包括供给服务、调节服务、文化服务和支持服务。其中供给服务为供给食物，主要有鲢鱼、草鱼、鲫鱼等；调节服务：具有调蓄洪水、净化水体、调节气候等重要功能；文化服务：休闲和生态旅游、审美价值；支持服务：生产生物量、水循环、提供栖息地。主要利用方式为水力发电，其他利用方式有航运及休闲、旅游。

受威胁状况：所受威胁因子为基建和城市化建设。

受威胁状况等级：轻度。

土地所有权：国有和集体。

湿地主管部门和管理机构：湿地主管部门为安康市人民政府，具体管理机构为汉滨区林业局。

12. 陕西嘉陵江湿地

基本情况：陕西嘉陵江湿地分属嘉陵江湿地区（编码6120006），省重要湿地。湿地范围总面积0.33万公顷，湿地面积0.30万公顷，湿地斑块数4块（包括凤县嘉陵江国家湿地公园）。嘉陵江湿地在陕西境内被甘肃省界分为南北两段，其中北段主要在宝鸡市凤县境内（主要是凤县嘉陵江国家湿地公园所在区域），南段纵跨略阳和宁强两县。嘉陵江湿地是以峡谷河流、河漫滩、江心洲为主体的河流湿地生态系统。湿地类型为永久性河流湿地。

地理位置：陕西嘉陵江湿地位于陕西省西南部，北起凤县马头滩，南至宁强县燕子砭镇，沿途经过凤县、略阳和宁强三县，包括嘉陵江河道、河滩、泛洪区及河道两岸的人工湿地。地理坐标介于东经105°55′～106°59′、北纬32°50′～34°13′之间。

自然环境概况：陕西嘉陵江湿地处于秦岭褶皱系，山体高大，陡崖断层，深谷纵横，沟谷较陡，坡面中部稍缓，顶部出现海相沉积地貌。海拔一般为940.0～2300.0米，相对高差1800.0米。土壤以水稻土、潮土为主。嘉陵江湿地属山地暖温带湿润季风气候，夏无酷热，冬无严寒，小气候差异较大，垂直变化明显，依其自然地理位置，光热资源不足，降水集中，时空分布不均；年平均气温11.4℃，年均降水量615.8毫米；年均蒸发量1309.3毫米，变化范围1090.4～1523.44毫米；年均气温14.6℃，变化范围－7.2～38.0℃；≥0℃年均积温达4220.5℃，≥10℃年均积温达3544.4℃。

水环境状况：水源补给主要包括大气降水与地表径流，最大水深9.8米，平均水深4.7米。

地表水pH值7.1，中性；矿化度1.0克/升，透明度(米)1.5，清澈，总氮含量0.8毫克/升，总磷含量0.18毫克/升，化学需氧量5.19毫克/升，属于贫营养化水质，水质级别为Ⅱ类。地下水pH值7.0，中性，矿化度0.02克/升，地下水水质等级为Ⅲ类。

主要动物种群：主要湿地鸟类7目10科32种，有鸳鸯、小䴙䴘、普通鸬鹚、苍鹭、池鹭、大白鹭、中白鹭、白鹭、牛背鹭、夜鹭、黄斑苇鳽、大麻鳽、豆雁、赤麻鸭、翘鼻麻鸭、绿翅鸭、凤头潜鸭、斑头秋沙鸭、普通秋沙鸭、黑水鸡、白骨顶、针尾沙锥、扇尾沙锥、红尾水鸲、小燕尾、水雉、凤头麦鸡、灰头麦鸡、金眶鸻、灰尾[漂]鹬、青脚鹬、林鹬、白腰草鹬、矶鹬、普通翠鸟、冠鱼狗、褐河乌、黑背燕尾等，其中属国家Ⅱ级保护动物有鸳鸯。鱼类5目12科82种，有草鱼、青鱼、中华细鲫、黄黝鱼、白鲢、贝氏高原鳅、中华花鳅、宽鳍鱲、拉氏鲅、似鮈等。两栖爬行类有中华蟾蜍、大鲵、山溪鲵等4目8科18种，兽类有水獭、草兔等2目2科3种。

主要植物种群：主要湿地植物26科42属47种，有芦苇、茶菱、蒲公英、柳叶蓼、莲、塔藓、毒芹、水芹、喜旱莲子草、狗牙根、浮萍、槐叶苹等。

主要植物群系有：芦苇群系、茶菱群系、蒲公英群系、香蒲群系、水蓼群系、狗尾草群系等。植被面积0.04万公顷。

保护管理状况：陕西嘉陵江湿地是陕西省重要湿地，区域内已于2009年12月由国家林业局批准建立凤县嘉陵江国家湿地公园。湿地公园的建立，为嘉陵江湿地保护管理奠定了基础。

湿地功能与利用方式：湿地生态系统服务功能包括供给服务、调节服务、文化服务和支持服务。其中供给服务提供水资源、提供食物和原材料、保护遗传资源，年总取水量1161154立方米，其中工业取水量33238立方米，农业取水量232677立方米，生活取水量507764立方米，生态用水量127443立方米；调节服务：净化水体、调节气候；文化服务：休闲和生态旅游、教育价值、审美价值、社会联系和地方感；支持服务：生产生物量、水循环、提供栖息地。湿地主要利用方式包括旅游和休闲、养殖业、发电、水源地。

受威胁状况：陕西嘉陵江湿地威胁因子主要为当地居民生活垃圾及废水污染。

综合受威胁等级：轻度。

土地所有权：国有。

湿地主管部门和管理机构：涉及林业、水利、渔业、农业等多个行政管理部门。其中凤县嘉陵江国家湿地公园主管部门为凤县林业局，经营管理机构为陕西省凤县嘉陵国家湿地公园管理处。

13. 陕西丹江湿地

基本情况：陕西丹江湿地分属丹江单独湿地区(编码6120007)，湿地范围总面积0.45万公顷，湿地面积0.42万公顷，湿地斑块数36块(包括陕西丹凤丹江国家湿地公园)。湿地类包括河流湿地面积0.38万公顷，人工湿地面积0.04万公顷；湿地型主要包括永久性河流湿地0.34万公顷、洪泛平原湿地0.04万公顷和库塘湿地0.04万公顷。

地理位置：陕西丹江湿地位于陕西省东南部，西北—东南流向，西北起自商州区李庙乡，东南止于商南县白浪镇，包括丹江河道、河滩、泛洪区及河道两岸的人工湿地。地理坐标介于东经109°37′～110°59′、北纬33°17′～34°02′之间。

自然环境概况：陕西丹江湿地属凉亚热带半湿润和东部季风暖温带气候，具有亚热带向暖温带过渡的特点。区内热量充足、雨量充沛、四季分明、灾害频繁。年均气温13.8℃，极端最高气温40.8℃，极端最低气温－13.4℃，≥10℃的积温为4381.9℃，年均日照时数2056小时，无霜期217天。年均降水量687.4毫米。

水环境状况：丹江属汉江一级支流，发源于秦岭南麓的商州区，年平均流量24.5立方米/秒，最大洪峰流量为3440.0立方米/秒(1921年)，1958年洪峰流量为1760.0立方米/秒；最小流量0.039立方米/秒(1962年)，多年平均总径流量为13.5亿立方米，最大水深3.1米，平均水深1.8米。

地表水pH值7.2，中性，矿化度0.03克/升，透明度2.5米，总氮小于0.05毫克/升，总磷小于0.01毫克/升，化学需氧量6.0毫克/升，主要污染因子为生活污染，水质级别为Ⅰ类。地下水pH值7.0，中性，矿化度0.02克/升，水质级别为Ⅰ类。

主要动物种群：主要湿地鸟类8目14科43种，有鸳鸯、苍鹭、池鹭、大白鹭、中白鹭、小䴙䴘、普通鸬鹚、白鹭、牛背鹭、夜鹭、黄斑苇鳽、大麻鳽、豆雁、赤麻鸭、翘鼻麻鸭、绿翅鸭、凤头潜鸭、斑头秋沙鸭、普通秋沙鸭、黑水鸡、白骨顶、针尾沙锥、扇尾沙锥、红尾水鸲、小燕尾、水雉、凤头麦鸡、灰头麦鸡、金眶鸻、灰尾[漂]鹬、青脚鹬、林鹬、白腰草鹬、矶鹬、普通翠鸟、冠鱼狗、褐河乌、黑背燕尾等，其中属国家Ⅱ级保护动物有鸳鸯。鱼类4目6科36种，有中华细鲫、黄黝鱼、白鲢、草鱼、青鱼、贝氏高原鳅、中华花鳅、宽鳍鱲、拉氏鲅等。两栖爬行类有中华蟾蜍、黑斑蛙、鳖、无蹼壁虎3目4科4种，兽类有水麝鼩、蹼麝鼩、水獭、草兔3目3科4种。

主要植物种群：主要湿地植物28科46属52种，有茶菱、满江红、鹅绒委陵菜、小苜蓿、圆叶节节菜、野菱、水车前、拂子茅、盐角草、白茅等。

主要植物群系有：芦苇群系、红皮柳群系、车前群系等。植被面积0.05万公顷。

保护管理状况：丹江是我国南水北调中线引水工程主要水源地，对丹江湿地的保护与管理尤为重要。区域内已批准建立了陕西丹凤丹江国家湿地公园，2010年，丹凤县人民政府和湿地公园管理处，在棣花、商镇、龙驹、竹林关、土门等乡镇分别设立了野生动物保护站，定时检测、保护湿地水禽类等野生动物。同时，组织丹江两岸群众在春冬两季栽植芦苇、垂柳、紫穗槐、水竹、侧柏等植物。目前，首期示范栽植芦苇等植物达3000多亩。

湿地功能与利用方式：供给服务：提供淡水和食物、保护遗传资源，水产品主要为人工养殖鱼类，年产35吨；调节服务：净化水体、调节气候、减轻侵蚀；文化服务：休闲和生态旅游、教育价值、审美价值；支持服务：水循环、生产生物量、提供栖息地。湿地主要利用方式包括旅游、休闲和水源地。

受威胁状况：主要威胁因子为基建和城市化建设。

综合受威胁等级：轻度。

土地所有权：国有和集体。

湿地主管部门和管理机构：涉及林业、水利、渔业、农业等多个行政管理部门。其中陕西丹凤丹江国家湿地公园主管部门为丹凤县人民政府；管理机构为陕西丹凤丹江国家湿地公园管理处。

14. 陕西秦岭细鳞鲑自然保护区

基本情况：陕西秦岭细鳞鲑自然保护区，属宝鸡市陇县零星湿地区(编码610327)，省重要湿地。保护区总面积0.66万公顷，湿地面积0.12万公顷。湿地斑块数19块。湿地类包括河流湿地面积0.11万公顷及少量沼泽湿地(面积18.05公顷)和人工湿地(面积63.90公顷)；湿地型包括永久性河流湿地面积0.07万公顷、季节性河流湿地面积0.02万公顷、洪泛平原湿地面积0.01万公顷及少量草本沼泽(面积18.05公顷)和库塘(面积63.90公顷)等。

地理位置：保护区位于陕西省宝鸡市陇县境内的关山山脉。地理坐标介于东经106°06′~106°27′、北纬34°35′~35°08′之间。

自然环境概况：保护区位于秦岭北脉与六盘山南脉的交接地带，山岑重叠，沟壑纵横，梁峁谷坡，彼起此伏，地形复杂。总地势是西北高而东南低，区域内海拔1020~1401米，高差380米，土壤为褐土类。年均气温10.7℃，极端最高气温40.3℃，最低气温-19.9℃，≥0℃的平均积温3500℃，≥10℃的平均积温2000℃，年平均降雨675毫米，无霜期为200天。

水环境状况：水源补给为主要为地表径流、大气降水与地下水，最大水深4.6米，平均水深2.2米。

地表水pH值7.3，中性，透明度2.5米，清澈，总氮含量0.25毫克/升、总磷含量0.18毫克/升、化学需氧量7.5毫克/升，属于贫营养化水质，主要污染来自于氮磷化肥、农药、生活废水，水质级别为Ⅰ类。地下水pH值7.0，中性，矿化度0.33克/升，地下水水质等级为Ⅰ类。

主要动物种群：主要湿地鸟类共有7目9科14种，主要有小䴙䴘、普通鸬鹚、苍鹭、赤麻鸭、绿翅鸭、绿头鸭、红头潜鸭、白胸苦恶鸟、环颈鸻、扇尾沙锥、白腰草鹬、普通燕鸥、普通翠鸟等；主要鱼类4目5科17种，有秦岭细鳞鲑、背斑高原鳅、岷县高原鳅、达里湖高原鳅、中华花鳅、泥鳅、中华鳑鲏、拉氏鲅、马口鱼、鳘鲦、鲤、鲫、黄鳝等；两栖爬行类有3目6科11种，兽类有3目3科3种。

主要植物种群：主要湿地植物12科12属19种，有车前、薄荷、荻、狗牙根、荩草、狼尾草、白茅、枫杨、三褶脉紫菀、苦荬菜、灰绿藜、桃叶蓼、酸模、蛇莓、莎草、扁穗草、牛膝、水竹叶、问荆等。

主要植物群系有：狗牙根群系、车前群系、白茅群系、水竹叶群系、狗尾草群系等。植被面积0.02万公顷。

保护管理状况：陕西陇县秦岭细鳞鲑省级自然保护区主要保护对象为秦岭细鳞鲑及其生境，于2001年11月成立县级自然保护区，2004年3月被批准为省级自然保护区，2009年9月晋升为国家级自然保护区，现有人员编制20人，其中管理人员7人，科技人员13人，车辆2辆；主要管理机构为陇县林业局。正在执行的保护措施包括恢复性建设、污水治理、清淤工程、湿地自然植被和自然景观恢复工程等。

湿地功能与利用方式：湿地生态系统服务功能包括供给服务、调节服务、文化服务和支持服

务。其中供给服务主要为保护遗传资源、提供淡水和食物；调节服务：净化水体、调节气候；文化服务：教育价值和审美价值和地方感；支持服务：提供栖息地、生产生物量、水循环。湿地主要利用方式包括养殖和水源地。

受威胁状况：陕西陇县秦岭细鳞鲑省级自然保护区是野生动物秦岭细鳞鲑、贝氏哲罗鲑、水獭等多种珍稀水生野生动物的洄游通道和繁殖栖息地，自2001年成立自然保护区以来，水生生物及其生境得到了有效保护。

综合受威胁等级：安全。

土地所有权：国有。

湿地主管部门和管理机构：主管部门为陇县人民政府，经营管理机构为陇县林业局。

15. 陕西太白湑水河水生野生动物自然保护区

基本情况：陕西太白湑水河水生野生动物自然保护区，属宝鸡市太白县零星湿地区(编码610331)，省重要湿地，主要保护对象为秦岭细鳞鲑、大鲵、川陕哲罗鲑、水獭等国家Ⅱ级保护动物和秦巴北鲵、多鳞铲颌鱼等省级保护动物及其自然栖息的生态环境。湿地保护区总面积0.53万公顷，湿地面积0.06万公顷，湿地斑块数6块。湿地类主要为河流湿地；湿地型包括永久性河流湿地面积0.06万公顷和少量季节性河流湿地(45.04公顷)。

地理位置：保护区位于陕西省宝鸡市太白县南部。地理坐标介于东经107°19′~107°37′、北纬33°40′~33°51′之间。

自然环境概况：保护区地处秦岭山地中、高山区，整体地形东高西低，中间高两侧低，沟谷深切，山势陡峭，平均坡度36°~45°。一般海拔在1100.0~2000.0米。土壤主要为淤土和潮土两种土壤，受地形影响，小气候特征明显，春季多风，夏季多雷雨，间有冰雹，秋季多连阴雨，冬季严寒。年平均气温7.6℃，最高气温32.8℃，最低气温-25.5℃。≥0℃的积温为3140.0℃，≥10℃的积温为2428.0℃。年日照2133.0小时。无霜期为120~180天。平均年降水量686毫米，且多集中在7~9月。灾害性天气有连阴雨、低温冻害、暴雨、冰雹、霜冻等。

水环境状况：湑水河发源于太白山天池二爷海，水源补给为综合补给(主要包括大气降水与地表径流)，最大水深3.5米，平均水深1.8米。

地表水pH值7.3，中性，矿化度0.02克/升，透明度2.5米，清澈，总氮含量1.1毫克/升、总磷含量0.18毫克/升、化学需氧量11.5毫克/升，属于贫营养化水质，主要污染为生活污水，水质级别为Ⅰ类。地下水pH值7.8，弱碱性，矿化度0.21克/升，地下水水质等级为Ⅲ类。

主要动物种群：湿地鸟类共有6目7科22种，主要有鸳鸯、小䴙䴘、凤头䴙䴘、普通鸬鹚、苍鹭、中白鹭、白鹭、绿鹭、夜鹭、黄斑苇鳽、罗纹鸭、赤膀鸭、鹊鸭、环颈鸻、红颈滨鹬、小燕尾等，其中鸳鸯属国家Ⅱ级保护动物；鱼类2目3科9种，有秦岭细鳞鲑、红尾副鳅、贝氏高原鳅、中华花鳅、宽鳍鱲、拉氏鲹、似鮈等；两栖爬行类有4目6科12种，兽类有4目4科4种。

主要植物种群：主要湿地植物14科21属21种，有小婆婆纳、陌上菜、蓬子菜、鄂赤爬、车前、薄荷、荻、狗牙根、莩草、狼尾草、白茅、枫杨、三褶脉紫菀、苦荬菜、灰绿藜、桃叶蓼、酸模、蛇莓、莎草、扁穗草、牛膝、水竹叶、问荆等。

主要植物群系有：枫杨群系、狗牙根群系、水蓼群系、水竹叶群系、狗尾草群系等。植被面积0.01万公顷。

保护管理状况：陕西太白湑水河水生野生动物自然保护区位于秦岭山区的湑水河流域，2001年8月经省政府批准建设，成为陕西省第一个省级水生野生动物自然保护区。主要管理部门为陕西省水利厅，经营管理机构为太白县政府。保护区正在执行的保护措施包括保护式开发、恢复性建设、污水治理、湑水河景观生态林建设、湿地自然植被和自然景观恢复工程等。

湿地功能与利用方式：湿地生态系统服务功能包括供给服务：主要为保护遗传资源，到2010年秦岭细鳞鲑数量超过10万尾，大鲵1.2万尾；调节服务：净化水体、调节气候、减轻侵蚀；文化服务：教育价值、审美价值，年接待游客10多万人次；支持服务：生产生物量、水循环、提供栖息地。湿地主要利用方式包括养殖业、旅游和休闲、水源地。

受威胁状况：太白湑水河自然保护区地处我国南北气候的分界线上，属长江与黄河两大流域分水岭的长江水系一侧，是我国南北鱼类的交汇点，近几年来，由于旅游业的发展，以及受利益诱惑，出现个别捕杀水生野生动物的现象，对保护区构成潜在的威胁。

综合受威胁等级：轻度。

土地所有权：国有。

湿地主管部门和管理机构：湿地主管部门为陕西省水利厅，管理机构为太白县政府。

16. 陕西洛南大鲵自然保护区

基本情况：陕西洛南大鲵自然保护区，属商洛市洛南县零星湿地区（编码611021），省重要湿地，保护区总面积0.57万公顷，湿地面积0.12万公顷，湿地斑块数11块。湿地类主要为河流湿地，湿地型为永久性河流湿地。

地理位置：保护区位于陕西省商洛市洛南县东北部黄河支流伊洛河流域灵口段南岸，是大鲵栖息繁衍的理想之地。地理坐标介于东经110°21′~110°37′、北纬34°01′~34°16′之间。

自然环境概况：陕西洛南大鲵自然保护区地处秦岭东段南麓，北部为秦岭主脊，南部为蟒岭，中间属南洛河断陷盆地，系断陷梯状地堑构造。区内最高海拔1469米，最低海拔670米，主要分布有褐土、山地棕壤、淤土3种土壤类型。气候属山地暖温带季风气候，年均降水量754.8毫米；年均蒸发量779.5毫米；年均气温11.1℃；≥0℃年均积温达4152.3℃，≥10℃年均积温达3453.6℃。

水环境状况：水源补给为综合补给（主要包括大气降水与地表径流），最大水深4.5米，平均水深0.8米。

地表水pH值7.2，中性，矿化度0.36克/升，透明度1.2米，清澈，总氮含量0.98毫克/升，化学需氧量0.5毫克/升，主要污染来自于生活污水，水质级别为Ⅲ类。地下水pH值7.0，中性，矿化度0.12克/升，地下水水质等级为Ⅲ类。

主要动物种群：主要湿地鸟类8目16科53种，有黑鹳、鸳鸯、三宝鸟、小䴙䴘、凤头䴙䴘、普通鸬鹚、苍鹭、池鹭、大白鹭、中白鹭、白鹭、牛背鹭、夜鹭、黄斑苇鳽、大麻鳽、赤麻鸭、翘鼻麻鸭、赤颈鸭、绿头鸭、斑嘴鸭、针尾鸭、白眉鸭、琵嘴鸭、斑头秋沙鸭、普通秋沙鸭、灰鹤、黑水鸡、白骨顶、水雉、彩鹬、鹮嘴鹬、凤头麦鸡、灰头麦鸡、金眶鸻、针尾沙锥、扇尾沙锥、灰尾[漂]鹬、青脚鹬、林鹬、白腰草鹬、矶鹬、普通燕鸥、普通翠鸟、冠鱼狗、褐河乌、红尾水鸲、小燕尾、黑背燕尾等，其中黑鹳属国家Ⅰ级保护动物，鸳鸯属国家Ⅱ级保护动物。鱼类2目3科10种，有马口鱼、贝氏高原鳅、中华花鳅、𩶘鲦、三角鲂、棒花鱼等；两栖爬行类有大鲵、中华蟾蜍等4目6科14种，兽类有水麝鼩、水獭、沼泽田鼠3目3科3种。

主要植物种群：主要湿地植物12科21属24种，有车前、平车前、牛至、稗、芦苇、荻、狗牙根、荩草、狼尾草、鬼针草、泥胡菜、紫菀、三褶脉紫菀、苦荬菜、水蓼、桃叶蓼、酸模、蛇莓、龙葵、牛膝、莎草、问荆、水竹叶等。

主要植物群系有：荻群系、芦苇群系、车前群系等。植被面积0.02万公顷。

保护管理状况：陕西洛南大鲵自然保护区于2001年成立市级自然保护区，2004年3月被批准为省级自然保护区，编制人员14人。正在执行的保护措施包括在保护区范围设置界桩、标志牌、防护网、宣传标牌等；在原有基础上新建救护中心实验室、标本资料室、管理房屋及大鲵救护、增殖放流中心等设施；日常检测和日常巡护，开展恢复性建设、污水治理、湿地自然植被和自然景观恢复工程等。

湿地功能与利用方式：湿地生态系统服务功能包括供给服务、调节服务、文化服务和支持服务。其中供给服务主要为保护遗传资源、提供淡水和食物，水产品种类包括天然动物产品、植物产品、矿产品及工业原料等。年产鱼类10吨、芦苇3吨，年产麦饭石3000吨；调节服务：净化水体、调节气候、减轻侵蚀；文化服务：休闲和生态旅游、教育价值、审美价值，现有综合型宾馆6个，年均接待游客数5万人次；支持服务：提供栖息地、生产生物量、水循环。湿地主要利用方式包括科研、监测、宣教、休闲和生态旅游。

受威胁状况：主要威胁来自于基建和城市化建设，影响面积480公顷，已有危害面积为120公顷，潜在威胁面积360公顷。

综合受威胁等级：轻度。

土地所有权：国有。

湿地主管部门和管理机构：湿地主管部门为陕西省水利厅，管理机构为洛南县人民政府。

17. 陕西千阳千湖湿地省级自然保护区

基本情况：陕西千阳千湖湿地省级自然保护区，属宝鸡市千阳县零星湿地区(编码610328)，省重要湿地，是以珍稀水禽及湿地生态系统为保护对象的自然保护区。保护区总面积0.72万公顷，其中，核心区面积0.14万公顷，缓冲区面积0.21万公顷，实验区面积0.37万公顷。保护区湿地面积0.10万公顷，湿地斑块数4块，湿地类型为人工湿地中的库塘湿地。

地理位置：保护区位于陕西省宝鸡市千阳县境内，地理坐标介于东经107°07′~107°14′、北纬34°32′~34°39′之间。

自然环境概况：千湖湿地区在地质构造上为鄂尔多斯地台西南缘，属渭北台原丘陵沟壑区，地势由西南和东北向千湖谷地倾斜。土壤以褐土为主，兼有少量白土分布，耕作土壤为垆土。区域属暖温带半湿润大陆性季风气候区，四季冷暖、干湿分明，光水资源较丰，热量略显不足。年平均气温10.8℃，≥10℃活动积温3477.9℃，多年平均降水量653毫米，最大年降水量924毫米，最小年降水量413毫米，多年平均蒸发量为1203.4毫米，相当年自然降水量的1.84倍。主要自然灾害为干旱，其次是连阴雨、冰雹、大风、干热风、霜冻、暴雨等。

水环境状况：水源补给为综合补给(主要包括大气降水与地表径流)，最大水深5.0米，平均水深2.4米。

地表水pH值7.2，中性，矿化度0.15克/升，透明度3.0米，清澈，总氮含量0.98毫克/升，总磷含量0.08毫克/升，化学需氧量14.0毫克/升，属于贫营养化水质，主要污染来自于氮磷化肥、农药、废水，水质级别为Ⅲ类。地下水pH值7.0，中性，矿化度0.2~0.4克/升，水质等级为Ⅱ类。

主要动物种群：主要湿地鸟类6目10科19种，有大天鹅、鸳鸯、小䴙䴘、普通鸬鹚、苍鹭、赤麻鸭、绿翅鸭、绿头鸭、红头潜鸭、白胸苦恶鸟、环颈鸻、扇尾沙锥、白腰草鹬、普通燕鸥、普通翠鸟等，其中大天鹅、鸳鸯属国家Ⅱ级保护动物；主要鱼类2目3科8种，有秦岭细鳞鲑、背斑高原鳅、中华鳑鲏、鲤、鲫等；两栖爬行类有3目5科7种，兽类有2目2科3种。

主要植物种群：主要湿地植物21科31属39种，有芦苇、蒲公英、水芹、柳叶蓼、镰刀藓、乳头曲尾藓、莲、塔藓、毒芹、喜旱莲子草、狗牙根、浮萍、槐叶苹等。

主要植物群系有：荻群系、蒲公英群系等。植被面积0.01万公顷。

保护管理状况：陕西千阳千湖湿地省级自然保护区于2001年成立市级保护区，2006年12月被批准为省级自然保护区，主要经营管理机构为千阳县林业局。正在执行的保护措施包括在保护区范围设置界桩、标志牌、防护网、宣传标牌等；日常检测和日常巡护，开展污水治理，湿地自然植被和自然景观恢复工程等。

湿地功能与利用方式：湿地生态系统服务功能包括供给服务、调节服务、文化服务和支持服务。其中供给服务主要为保护遗传资源和提供淡水，年工业取水量5296万吨，农业取水量1520万吨，生活取水量177万吨，年产人工养殖鱼类30.4吨；调节服务：净化水体、调节气候、减轻侵蚀；文化服务：教育价值、审美价值；支持服务：提供栖息地、水循环。湿地主要利用方式包括科研、监测、宣教、休闲和生态旅游。

受威胁状况：所受威胁因子为基建和城市化建设。

综合受威胁等级：轻度。

土地所有权：国有。

湿地主管部门和管理机构：主管部门为陕西省林业厅，经营管理机构为千阳县林业局。

18. 陕西周至黑河湿地省级自然保护区

基本情况：陕西周至黑河湿地省级自然保护区，属周至县零星湿地区(编码610124)，省重要湿地，保护区总面积1.31万公顷，其中，核心区面积0.37万公顷，缓冲区面积0.33万公顷，实验区面积0.61万公顷。保护区内湿地面积0.22万公顷，其中河流湿地面积0.09万公顷，人工湿地面积0.03万公顷，另外还有少量的沼泽湿地(47.95公顷)，湿地斑块数10块。主要湿地型有永久性河流湿地面积0.07万公顷，洪泛平原湿地面积0.02万公顷，库塘湿地面积0.03万公顷，以及少量的草本沼泽湿地(47.95公顷)。保护区的保护对象主要是黑河与渭河交汇处湿地生态系统、黑河水库工程为主的黑河湿地生态系统、珍稀水禽及栖息地。

地理位置：保护区位于周至县南部，其范围包括周至黑河的陈河以下河段流域以及黑河入渭河河口部分地区。地理坐标介于东经107°38′~107°39′、北纬34°03′~34°20′之间。

径自然环境概况：保护区地处秦岭北坡浅山丘陵区和渭河一级阶地，主要土壤有水稻土、新积土、潮土、黄绵土。年平均气温13.3℃。最热月为7月，平均气温平原地区25.5~26.6℃，山区17.7℃；最冷月为1月，平均气温平原地区-0.4~0.9℃，山区-5.4℃。极端最高气温41.7℃，极端最低气温-20.6℃。年平均≥10℃积温为1915.6~4431.3℃，其高值在平原，低值在山区，平均海拔每升高100.0米，年平均气温下降0.44℃。年日照时数1983.4~2267.2小时，年总辐射量456.92千焦耳/平方厘米。年降水量594.1毫米。

水环境状况：保护区水源为综合补给(主要包括大气降水与地表径流)，枯水位873.3米，丰水位889.5米，平水位885.9米，最大水深20.0米(黑河水库)，平均水深12.0米。

地表水pH值7.0~7.5，中性，矿化度0.06克/升，透明度2.1米，清澈，总氮含量0.54毫克/升，总磷含量0.08毫克/升，化学需氧量0.26毫克/升，属于贫营养化水质，主要污染来自于氮磷化肥、农药、废水，水质级别为Ⅱ类。地下水pH值7.6，弱碱性，矿化度0.43克/升，水质等级为Ⅱ类。

黑河水库：位于周至县马召镇境内的黑河上，是西安市黑河引水工程主要水源地，也是陕西周至黑河湿地自然保护区的核心区，总库容2.0亿立方米，调节库容(有效库容)1.774亿立方米，死库容0.1亿立方米，库容系数27.92%，径流利用系数67.4%。

主要动物种群：主要湿地鸟类8目17科57种，有黑鹳、东方白鹳、鸳鸯、蓑羽鹤、灰鹤、大天鹅、小䴙䴘、凤头䴙䴘、普通鸬鹚、苍鹭、池鹭、大白鹭、中白鹭、白鹭、牛背鹭、夜鹭、黄斑苇鳽、大麻鳽、豆雁、赤麻鸭、翘鼻麻鸭、赤颈鸭、赤膀鸭、绿翅鸭、绿头鸭、斑嘴鸭、针尾鸭、白眉鸭、琵嘴鸭、红头潜鸭、凤头潜鸭、鹊鸭、斑头秋沙鸭、普通秋沙鸭、灰鹤、黑水鸡、白骨顶、水雉、彩鹬、鹮嘴鹬、凤头麦鸡、灰头麦鸡、金眶鸻、针尾沙锥、扇尾沙锥、灰尾[漂]鹬、青脚鹬、林鹬、白腰草鹬、矶鹬、红嘴鸥、普通燕鸥、普通翠鸟、冠鱼狗、褐河乌、红尾水鸲、小燕尾、黑背燕尾等，其中黑鹳、东方白鹳属国家Ⅰ级保护动物，大天鹅、蓑羽鹤、灰鹤、鸳鸯属国家Ⅱ级保护动物。鱼类4目9科54种，有草鱼、青鱼、黄黝鱼、白鲢、贝氏高原鳅、中华花鳅、宽鳍鱲、拉氏鲅、似鮈等。两栖爬行类有中华蟾蜍等3目8科17种，兽类有水獭、草兔等4目4科5种。

主要植物种群：主要湿地植物9科16属17种，有芦苇、草木犀、浮萍、獐毛、假苇拂子茅、荻、稗、狗牙根、青蒿、苦荬菜、萹蓄、牛皮消、蔗草、华扁穗草、问荆等。

主要植物群系有：荻群系、芦苇群系、香蒲群系、菖蒲群系、拂子茅群系等。植被面积0.02万公顷。

保护管理状况：陕西周至黑河湿地自然保护区，于2006年由陕西省人民政府批准建设，现有编制人员15人，保护工作主要有对保护区进行定时巡护，对植被进行动态监测、对鸟类进行跟踪观察、对河道进行巡查、防止乱挖河沙等。

近年来，黑河水质有被周边农家乐经营、企业生产及住户生活垃圾和废水排放不同程度的污染。根据西安市环保局水质监测，2010年一季度黑河进入渭河的河水化学需氧量(值越高表述水污染越严重)升高，达到47.7%。为此，西安市人民政府和保护区管理局对其加强了整治。另据2010年11月11日《华商报》重要新闻"拆除农家乐，保黑河水源"的报道：为了保护西安800万人的生命水，对黑河水源地实施封闭式管理，西安市(人民政府)要求11月20日之前，将黑河水源地一、二级保护区内的20家农家乐全部拆除。11月10日强制拆除了3家，接下来两级保护区内的17家农家乐和15家企业及其他建设项目也要被依法拆除。

湿地功能与利用方式：湿地生态系统服务功能包括供给服务、调节服务、文化服务和支持服务。其中供给服务主要供给动物产品：主要有鲢鱼、草鱼、鲫鱼等；调节服务：净化水体、调节气候；文化服务：休闲和生态旅游、审美价值；支持服务：生产生物量、水循环、提供栖息地；湿地主要利用方式为：向西安市提供水源，休闲旅游。

受威胁状况：主要威胁因子为保护区周边农家乐经营、企业生产及住户生活垃圾和废水排放污染，库区垂钓者所用的诱饵，化学药品(有毒有害)车辆途经黑河水源地，矿产资源开发等，都直接影响或威胁着保护区黑河水源安全。

综合受威胁等级：轻度。

土地所有权：国有和集体。

湿地主管部门和管理机构：主管部门为陕西省林业厅，管理机构为陕西周至黑河湿地自然保护区管理局。

19. 陕西榆林中营盘湿地自然保护区

基本情况：拟建陕西榆林中营盘湿地自然保护区，位于榆阳区城北45公里处毛乌素沙漠南沿，属榆阳区零星湿地区(编码610802)。保护区总面积0.42万公顷，湿地面积0.01万公顷，湿地斑块数量1块，湿地类型为库塘湿地，主要由中营盘水库水面构成。中营盘水库地处无定河流域一级支流榆溪河上游河段，1972年建成，是一座以灌溉为主，兼有拦沙、防洪、养殖等综合功能的中型水库。

地理位置：保护区位于陕西省榆林市榆阳区孟家湾乡中营盘村，地理坐标介于东经109°38′～109°40′、北纬38°38′～38°40′之间。

自然环境概况：主要地貌类型为风沙草地；植被类型为沙柳、沙蒿灌木林和翅碱蓬、蒿类天然草地；主要土壤类型为风沙土。湿地区处于中温带半干旱大陆性季风气候区。保护区平均海拔高度1264.0米，年均气温8.1℃，年极端最高气温38.6℃，极端最低气温－32.7℃。≥0℃的积温4368.0℃；≥10℃的积温4280.7℃，年日照时数2925.7小时，年总辐射量为606.9千焦耳/平方厘米，是陕西省的多日照、强光辐射区。年降水量406.8毫米，最高降水量687.7毫米，最低为165.3毫米，降水多集中在7～9月，占全年的60%～70%。

水环境状况：该湿地区水源为综合补给(主要包括大气降水与地表径流)，最大水深25.0米，平均水深10.0米。

地表水pH值7.0～7.5，中性，矿化度0.15～0.95克/升，透明度(米)2.5，清澈，总氮0.04～0.6毫克/升，营养状况属贫营养，化学需氧量0. 04毫克/升，主要污染因子是生活污水，水质级别Ⅲ级。地下水pH值7.0，中性，矿化度0.15～0.95克/升，水质级别Ⅲ类。

主要动物种群：主要湿地鸟类6目15科69种，有黑鹳、灰鹤、大天鹅、小䴙䴘、凤头䴙䴘、普通鸬鹚、苍鹭、池鹭、大白鹭、中白鹭、白鹭、牛背鹭、夜鹭、赤麻鸭针尾鸭、白眉鸭、琵嘴鸭、红头潜鸭、凤头潜鸭、黑水鸡、白骨顶、水雉、彩鹬、鹮嘴鹬、凤头麦鸡、灰头麦鸡、针尾沙锥、青脚鹬、林鹬、白腰草鹬、矶鹬、红嘴鸥、普通燕鸥、普通翠鸟、冠鱼狗、褐河乌、红尾水鸲、小燕尾、黑背燕尾等，其中黑鹳属国家Ⅰ级保护动物，大天鹅、灰鹤属国家Ⅱ级保护动物。鱼类1目2科7种，有鲤、鲫、北方花鳅、中华花鳅等。两栖爬行类有中华蟾蜍、花背蟾蜍、黄脊游蛇等2目3科4种，兽类有水獭、水麝鼩等3目3科3种。

主要植物种群：主要湿地植物11科16属17种，有柽柳、芦苇、香蒲、盐爪爪、水葱、芨芨草、盐蓬、蒲公英等。

主要植物群系有：芦苇群系、香蒲群系、蒲公英群系等。

保护管理状况：1958年成立榆林市榆阳区榆东渠管理处。1972年水库建成以后，管理业务划归榆东渠管理处。现有编制人员33人，为水利局所属科级事业单位，负责中营盘水库以及榆溪河流域渠道、农田灌溉等业务。

湿地功能与利用方式：湿地生态系统服务功能包括供给服务、调节服务、文化服务和支持服务。其中供给服务提供淡水、食物和保护遗传资源，提供食物主要有鲢鱼、草鱼等；调节服务：具有净化水体、调节气候等功能；文化服务：主要为休闲和生态旅游；支持服务：主要为水循环、生产生物量、提供栖息地。主要利用方式为工农业生产和附近居民生活用水、养殖和休闲旅游等。

受威胁状况：保护区目前面临的主要威胁是水源补给不足，库区水面逐年缩小。

综合受威胁等级：轻度。

土地所有权：国有。

湿地主管部门和管理机构：主管部门为榆阳区水利局；管理机构为榆阳区榆东渠管理处。

20. 陕西洛河湿地省级自然保护区

基本情况：拟建陕西洛河湿地省级自然保护区，分属蒲城县、大荔县零星湿地区(编码610526、610523)，保护区总面积1.10万公顷，湿地面积0.09万公顷，湿地斑块数13块，湿地类型是永久性河流湿地。

地理位置：拟建保护区在蒲城县和大荔县境内，东、南到黄河湿地边界黄河老崖，西至蒲城县平路庙乡北湾坡上村，北至蒲城县洛滨镇西河口。地理坐标介于东经109°43′~110°07′、北纬34°44′~35°05′之间。

自然环境概况：拟建保护区地处关中平原洛河一级阶地上，地面平缓，土地肥沃，农业生产发达。主要地貌类型包括平原、沟壑、小丘岭，平均海拔331.0~506.0米，土壤类型有风沙土、淤土、沼泽土，年平均气温13.3℃，平均降水量533.2毫米，变化范围321.8~583.9毫米，且多集中在7、8、9三个月，全年蒸发量为1000.0~1300.0毫米，≥10℃活动积温4321.4℃。

水环境状况：北洛河属渭河一级支流，多年平均径流量9.97亿立方米，年平均输沙量9990万吨。水源补给主要是综合补给(大气降水、地下水、人工补给)，最大水深5.0米，平均水深3.5米。

地表水pH值6.9~7.5，中性，矿化度0.05克/升，透明度3.1米，总氮0.69毫克/升，总磷0.08毫克/升，营养状况为贫营养，化学需氧量4.3毫克/升，主要污染因子为生活污水，水质级别为Ⅳ类。地下水pH值8.8，碱性，矿化度0.43~0.70克/升，水质级别为Ⅲ类。

主要动物种群：主要湿地鸟类8目17科64种，有黑鹳、东方白鹳、白琵鹭、大天鹅、灰鹤、蓑羽鹤、小䴙䴘、凤头䴙䴘、普通鸬鹚、苍鹭、池鹭、大白鹭、中白鹭、白鹭、夜鹭、黄斑苇鳽、豆雁、翘鼻麻鸭、赤颈鸭、罗纹鸭、赤膀鸭、绿翅鸭、绿头鸭、针尾鸭、琵嘴鸭、红头潜鸭、白眼潜鸭、凤头潜鸭、赤嘴潜鸭、鹊鸭、斑头秋沙鸭、普通秋沙鸭、黑水鸡、白骨顶、彩鹬、反嘴鹬、灰头麦鸡、金眶鸻等，其中黑鹳、东方白鹳属国家Ⅰ级保护动物，大天鹅、灰鹤、蓑羽鹤、白琵鹭属国家Ⅱ级保护动物。鱼类4目6科22种，有鲤、鲫、陕西高原鳅、北方花鳅、中华花鳅等。两栖爬行类有中华蟾蜍、花背蟾蜍、黄脊游蛇、鳖等3目4科7种，兽类有水獭、水麝鼩等3目3科4种。

主要植物种群：主要湿地植物23科35属42种，有芦苇、水浮莲、苍耳、水芹、稗子、狗尾草、牛鞭草、黑三棱、盐蓬、碱蓬、蒿类等。

主要植物群系有：华扁穗草群系、小香蒲群系、羊蹄酸模群系、木贼群系、芦苇群系、水芹群系、苍耳群系、稗子群系、狗尾草群系、牛鞭草群系、黑三棱群系等。植被面积0.03万公顷。

保护管理状况：尚未实施保护管理。

湿地功能与利用方式：湿地生态系统服务功能包括供给服务、调节服务、文化服务和支持服务。其中供给服务提供淡水和食物，提供食物主要有鲢鱼、草鱼等；调节服务：具有净化水体、调节气候等功能；文化服务：主要为休闲旅游；支持服务：主要为水循环、生产生物量、提供栖息地。主要利用方式为种植业和养殖业。

受威胁状况：所受威胁因子主要为基建和城市化、生活废水污染等。

受威胁状况等级：轻度－重度。

土地所有权：国有

湿地主管部门和管理机构：管理机构拟定蒲城县林业局。

21. 西安浐灞国家湿地公园

基本情况：西安浐灞国家湿地公园，属西安市市辖区零星湿地区（编码610100），湿地公园总面积0.08万公顷，湿地面积0.03万公顷，湿地斑块数量5块，主要湿地类为人工湿地面积0.03万公顷，以及少量河流湿地（16.07公顷）；主要湿地型为库塘湿地面积0.03万公顷，以及少量永久性河流湿地（16.07公顷）。

地理位置：西安浐灞国家湿地公园位于西安灞河与渭河交汇口区域，毗邻泾渭湿地省级自然保护区，整个区域分布在灞河东西两岸，具备典型的河口湿地特征。地理坐标介于东经108°58′～109°01′、北纬34°25′～34°26′之间。

自然环境概况：湿地公园地貌类型为河谷平原，平均海拔456.5米，主要土壤为沙土，属暖温带半湿润大陆性季风气候，多年平均气温13.5℃，极端最高气温41.7℃，极端最低气温－20.6℃，≥10℃积温为3897.3℃，年降水量570.5毫米，蒸发量904.7毫米。

水环境状况：湿地公园水环境主要由灞河入渭河河道水体及其东西两岸人工沙坑积水构成，直接影响其水环境的是浐河和灞河水源。浐河是灞河最大一级支流，发源于蓝田县汤峪乡秦岭主脊北侧海拔2000.0米以上的紫云山南侧，经白鹿原、魏寨，纳贷峪河、库峪河水注入灞河，全长63.5公里，流域面积760.0平方公里，流域平均宽度11.7公里，最大宽度21.3公里。平均径流量为1.3亿立方米，多年平均流量为4.2立方米/秒。灞河发源于华山断块的剥蚀面上，经灞源镇西折，穿过华山断块西边的峡谷进入蓝田谷地，至蓝关镇北流入渭。全长109.0公里，流域面积2581.0平方公里。流域平均宽度29.2公里，有一级支流24条，二级支流26条，三级支流11条。总落差1080.0米。灞河河谷平原较为宽阔，一般宽度4.0~6.0公里。

地表水pH值7.0~7.6，中性—微碱性，最大水深7.0米，平均水深3.5米。矿化度0.15~0.95克/升，透明度2.5米，总氮0.04~0.60毫克/升，总磷0.07毫克/升，营养状况为贫营养，化学需氧量0.04毫克/升，主要污染因子为生活污水，水质级别为Ⅳ类。地下水pH值7.0，中性，矿化度0.15~0.95克/升，水质级别为Ⅲ类。

主要动物种群：主要湿地鸟类8目16科55种，有小䴙䴘、凤头䴙䴘、普通鸬鹚、苍鹭、池鹭、赤麻鸭、翘鼻麻鸭赤颈鸭、绿头鸭、赤膀鸭、绿翅鸭、斑嘴鸭、针尾鸭琵嘴鸭、红头潜鸭、凤头潜鸭、鹊鸭、斑头秋沙鸭、普通秋沙鸭、白眉鸭、中白鹭、大白鹭、白鹭、牛背鹭、夜鹭、黄斑苇鳽、大麻鳽、黑鹳、大天鹅、豆雁、灰鹤、黑水鸡、白骨顶、水雉、彩鹬、鸥嘴鹬、凤头麦鸡、灰头麦鸡、金眶鸻、针尾沙锥、扇尾沙锥、灰尾[漂]鹬、青脚鹬、白腰草鹬、红嘴鸥、普通燕鸥、普通翠鸟、蓝翡翠、冠鱼狗、小燕尾、红尾水鸲等，其中属国家Ⅰ级保护动物有黑鹳，国家Ⅱ级保护动物有大天鹅和灰鹤。鱼类4目6科23种，有鲤、鲫、陕西高原鳅、马口鱼、拉氏鲅、北方花鳅、中华花鳅等。两栖爬行类有黑斑蛙、中国林蛙、中华蟾蜍、花背蟾蜍、黄脊游蛇、鳖等3目7科14种，兽类有水獭、水麝鼩、草兔等4目4科5种。

主要植物种群：主要湿地植物28科63属74种，有车前、黄花草木犀、无芒稗、苜蓿(栽培)、芦苇、荻、狗牙根、金色尾草、三褶脉紫菀、夏至草、翅茎灯心草、野大豆、三籽两型豆、鹅冠草、雀麦、野燕麦、罗布麻、鬼针草、茵陈、一年蓬、黄花蒿、苍耳、藜、灰绿藜、猪毛菜、地肤、水蓼、荭草、柳兰、扬子毛茛、茴茴蒜、水毛茛、小蜡、龙葵、白英、葎草、莎草、扁杆荆三棱、藨草、脉果薹草、铺地委陵菜、看麦娘、独行菜、荠菜、播娘蒿、反枝苋、香蒲、穗状狐尾藻、婆婆纳、北水苦荬、沟酸浆、打碗花、菟丝子、菹草、节节草等，其中，野大豆是国家Ⅱ级保护植物。

主要植物群系有：旱柳群系、芦苇群系、香蒲群系、狗牙根群系、水蓼群系、葎草群系、群系、石龙芮群系、扁杆荆三棱群系、问荆群系等。

保护管理状况：西安浐灞国家湿地公园，于2008年由国家林业局批准建设。湿地公园项目建设将分为近期、中期、远期三个建设目标。近期将重点建设沿灞河西堤分布的湿地展示游览区，实施湿地恢复工程；通过水系的改造，着重进行生物净化污水工程的建设。初步建成具有湿地特色的、主题突出的国家湿地公园。中期将重点建设生态农渔体验区，结合新农村建设，充分利用其周围的农田，开展生态农业观光等旅游活动。远期将全面建设湿地公园的旅游服务设施以及管理服务设施，并构建起湿地公园水系的基本骨架，营造覆盖整个公园的湿地景观和湿地环境。建成后的西安浐灞国家湿地公园，将与周边众多旅游景点进行整合，形成旅游资源互补的旅游网络。

湿地功能与利用方式：建设西安浐灞国家湿地公园，是修复和保护本地区河流湿地生态系统的有效手段和必要措施。西安浐灞国家湿地公园建成后，将实现湿地资源的可持续利用，产生显著的生态效益、社会效益和经济效益；必将对周边区域起到滞洪蓄水、调节气候、提高城市环境质量、美化环境、保障城市生态安全，为促进西安社会经济和谐发展等提供持续良好的生态服务。

受威胁状况：湿地公园主要威胁是周边居民生活废水排放污染。

综合受威胁等级：轻度。

土地所有权：国有。

湿地主管部门和管理机构：湿地主管部门西安市林业局，管理机构为西安浐灞国家湿地公园管理委员会。

22. 陕西三原清峪河国家湿地公园

基本情况：陕西三原清峪河国家湿地公园，属三原县零星湿地区(编码610422)，湿地公园总面积0.1万公顷，湿地面积0.09万公顷，湿地斑块数7块，湿地类型为永久性河流湿地面积0.07万公顷，洪泛平原湿地面积0.02万公顷，库塘湿地面积0.01万公顷。

地理位置：陕西三原清峪河国家湿地公园行政区划属咸阳市三原县，地理坐标介于东经108°47′~109°10′、北纬34°34′~34°50′之间。

自然环境概况：主要地貌类型为“U”形河谷，谷底平缓，平均宽度170.0米，切割深度达35.0米，湿地公园全长23.0公里，呈西东走向。平均海拔390.0米，土壤类型潮土和淤积土，年平均气温10.8℃，≥10℃年均积温3408.3℃，年均降水量653.0毫米，年均蒸发量1203.4毫米。

水环境状况：三原县清峪河发源于耀县照金镇以西的野虎沟，境内流长68.6公里，流域面积188.4平方公里，常流量0.2立方米/秒，年平均径流模数8.68万立方米/平方公里。清峪河属渭河二级支流，年平均入境流量700.0万立方米，最大流量2750.0万立方米，最小流量400.0万立方米。清峪河湿地内的西郊水库年蓄水量为3450.0万立方米、李家桥水库蓄水量为700.0万立方米、赵村水库蓄水量1000.0万立方米。水源补给主要为地表径流和大气降水。

地表水pH值在7.0~7.8，中性-微碱性，矿化度0.02克/升，矿化度分级属微中，透明度(米)2.5，清澈，总氮0.84毫克/升，营养状况属贫营养，化学需氧量2.43毫克/升，主要污染因子是生活污水，水质级别Ⅲ级。地下水pH值7.9，碱性，矿化度0.26克/升，水质级别Ⅲ类。

主要动物种群：三原县清峪河湿地主要鸟类8目16科54种，有大天鹅、凤头䴙䴘、普通鸬鹚、苍鹭、池鹭、赤麻鸭、翘鼻麻鸭赤颈鸭、绿头鸭、赤膀鸭、绿翅鸭、红头潜鸭、凤头潜鸭、鹊鸭、斑头秋沙鸭、普通秋沙鸭、白眉鸭、中白鹭、大白鹭、白鹭、牛背鹭、夜鹭、金雕、黄斑苇鳽、黑鹳、豆雁、灰鹤、黑水鸡、白骨顶、岩鸽、水雉、彩鹬、鹮嘴鹬、凤头麦鸡、灰头麦鸡、针尾沙锥、扇尾沙锥、灰尾[漂]鹬、青脚鹬、白腰草鹬、红嘴鸥、普通燕鸥、普通翠鸟、蓝翡翠、冠鱼狗、金眶鸻等，其中属国家Ⅰ级保护动物有黑鹳，国家Ⅱ级保护动物有大天鹅、灰鹤。鱼类有鲤、鲫、陕西高原鳅、中华花鳅等1目2科19种。两栖爬行类有中华蟾蜍、花背蟾蜍、黄脊游蛇、鳖等3目4科8种，兽类有水獭、水麝鼩、草兔等3目3科4种。

主要植物种群：主要湿地植物18科29属33种，有豆瓣菜、白茅、车前、野大豆、夏至草、一年蓬、黄花蒿、茵陈、魁蒿、狗牙根、芦苇、蒿类、黄菅草、披针苔、狼尾草、慈姑、马蹄莲、水葱、蒲公英等。

主要植物群系有：狗牙根群系、魁蒿群系等。湿地植被面积为0.01万公顷。

保护管理状况：陕西三原清峪河国家湿地公园，于2008年由国家林业局批准建设。现正在进行权属界定，划界立标等基础性工作。通过合理的保护利用，形成集湿地保护、科普教育、休闲观光、城市生态等功能于一体的公园。

湿地功能与利用方式：湿地生态系统服务功能包括供给服务、调节服务、文化服务和支持服务。其中供给服务提供淡水和食物，提供食物主要有鲢鱼、草鱼等；调节服务：具有净化水体、调节气候等功能；文化服务：主要为休闲旅游；支持服务：主要为生产生物量、提供栖息地。主要利用方式生态旅游。

受威胁状况：湿地公园主要威胁是周边居民生活废水排放污染。

综合受威胁等级：轻度。

土地所有权：国有。

湿地主管部门和管理机构：湿地主管部门为三原县林业局，具体管理机构为陕西三原清峪河国家湿地公园管理委员会。

23. 陕西淳化冶峪河国家湿地公园

基本情况：淳化冶峪河国家湿地公园，属淳化县零星湿地区(编码610430)，湿地公园总面积0.12万公顷，湿地面积0.08万公顷，湿地斑块数4块，湿地类型为永久性河流湿地面积0.08万公顷，季节性河流湿地面积13.21公顷。

地理位置：淳化冶峪河国家湿地公园行政区划属咸阳市淳化县，地理坐标介于东经108°18′~108°50′、北纬34°43′~35°03′之间，东西长46.57公里，南北宽35.00公里。

自然环境概况：湿地公园地貌类型属渭北黄土高原丘陵沟壑区，平均海拔840米，土壤类型为黄善土，年平均气温13.6℃，≥10℃年均积温3306.3℃，年均降水量610.8毫米，变化范围在409.5~878.9毫米。

水环境状况：湿地公园水体主要由冶峪河、黑松林水库、甘泉湖及鱼塘构成。水源补给主要为地表径流和大气降水。冶峪河是淳化县境内第一大河，系清峪河一级支流，发源于本县北部的甘泉山，出境后向南汇入清峪河，后注入渭河，最大水深2.5米，平均水深1.5米。

地表水pH值7.8~8.5，弱碱性，矿化度0.13克/升，透明度(米)3.1，总氮0.76毫克/升，营养状况属贫营养，化学需氧量3.65毫克/升，主要污染因子是生活污水，水质级别Ⅲ级。地下水pH值7.8，弱碱性，矿化度0.42克/升，水质级别Ⅲ类。

主要动物种群：湿地公园内主要鸟类7目12科44种，有凤头䴙䴘、普通鸬鹚、苍鹭、池鹭、赤麻鸭、翘鼻麻鸭、赤颈鸭、绿头鸭、赤膀鸭、绿翅鸭、鹊鸭、斑头秋沙鸭、普通秋沙鸭、白眉鸭、中白鹭、灰鹤、白鹭、牛背鹭、夜鹭、黄斑苇鳽、黑鹳、豆雁、黑水鸡、白骨顶、岩鸽、水雉、彩鹬、鹮嘴鹬、凤头麦鸡、针尾沙锥、扇尾沙锥、灰尾[漂]鹬、青脚鹬、白腰草鹬、普通翠鸟、蓝翡翠、冠鱼狗、金眶鸻等，其中属国家Ⅰ级保护动物有黑鹳，国家Ⅱ级保护动物有灰鹤。鱼类有鲤、鲫、陕西高原鳅、中华花鳅等。两栖爬行类有中华蟾蜍、黄脊游蛇、鳖等，兽类有水獭、水麝鼩、草兔等。

主要植物种群：主要湿地植物22科37属44种，有白茅、芦苇、狼尾草、水葱、蒲公英、车前、夏至草、翅茎灯心草、黄花草木犀、稗、荻、狗牙根、鹅冠草、三褶脉紫菀、黄花蒿、灰绿藜等。

主要植物群系有：狗牙根群系、芦苇群系等。

保护管理状况：淳化冶峪河国家湿地公园，于2008年由国家林业局批准建设。现正在进行权属界定，划界立标等基础性工作。

湿地功能与利用方式：湿地生态系统服务功能包括供给服务、调节服务、文化服务和支持服务。其中供给服务提供淡水和食物，提供食物主要有鲢鱼、草鱼等；调节服务：具有净化水体、调节气候等功能；文化服务：主要为休闲旅游；支持服务：主要为生产生物量、提供栖息地。主要利用方式生态旅游。

受威胁状况：湿地公园主要威胁是周边居民生活废水排放污染。

综合受威胁等级：轻度。

土地所有权：国有。

湿地主管部门和管理机构：主管部门为淳化县林业局，具体管理机构为陕西淳化冶峪河国家湿地公园管理委员。

24. 陕西蒲城卤阳湖国家湿地公园

基本情况：陕西蒲城卤阳湖国家湿地公园，属蒲城县零星湿地区(编码610526)，湿地公园总面积0.15万公顷，湿地面积0.15万公顷，湿地斑块数1块，主要湿地类型为内陆盐沼面积0.15万公顷。

地理位置：湿地公园东起蒲城县党睦镇西吝村，西至蒲城县边界，东西长16公里，南北宽1公里，地理坐标介于东经109°27′~109°54′、北纬34°45′~35°10′之间。

自然环境概况：据地质学家勘察测定，卤阳湖属古三门湖的一部分。地势四周高、中间低，形成槽型封闭式洼地，洼地南源和渭河三级阶地相接，洼地内开阔平缓，由西北向东南方向倾斜，卤阳湖水也呈现出“遇阴雨而上涨，遇干旱而下降”的不固定状态。海拔377~380米，卤阳湖湿地主要土种有：盐化潮土、草甸盐土、沼泽盐土和盐化墣土等。湿地公园属暖温带半湿润大陆性季风气候，光照充足，降雨适中，雨热同季，四季分明，年平均气温13.3℃，平均降水量533.2毫米，变化范围485~583.9毫米，且多集中在7~9月三个月，全年蒸发量为1000.0~1300.0毫米，无霜期222天，全年日照时数为2349.5小时，≥10℃活动积温4409.6℃，适宜湿地植物和野生动物的繁衍生息。

水环境状况：卤阳湖为内陆天然兼人工型湖泊湿地，湖泊水域受雨水、干旱的影响，变化幅度很大，一般常年平均蓄水量231.0万立方米，丰水季节最大蓄水量323.0万立方米。位于县东部的洛惠渠是卤阳湖湿地主要的水源补充渠道。水源补给主要是综合补给(大气降水、地下水、人工补给)，季节性流出，永久性积水，丰水位368.0米，平水位365.0米，枯水位362.0米，最大水深5.0米，平均水深3.5米，蓄水量50万立方米。

地表水pH值6.3~6.7，中性偏酸，矿化度0.13克/升，透明度(米)2.6，清澈，总氮0.85毫克/升，营养状况属贫营养，化学需氧量5.26毫克/升，主要污染因子是生活污水，水质级别Ⅳ级。地下水pH值8.1，碱性，矿化度0.43克/升，水质级别Ⅳ类。

主要动物种群：主要湿地鸟类7目10科48种，有白鹡鸰、小䴙䴘、凤头䴙䴘、楼燕、家燕、金腰燕、戴胜、麻雀、棕尾伯劳、金雕、白骨顶、朱颈斑鸠、林鹬等。主要兽类有：狍子、狗獾、水獭、狐狸、刺猬、草兔、棕色田鼠等。湿地鱼类有草鱼、白鲢、鲤、鲫、龟、螃蟹等。两栖爬行类有蟾蜍、青蛙、蜥蜴、蛇类等。

主要植物种群：主要湿地植物9科13属13种，有芦苇、水浮莲、多枝柽柳、獐毛、假苇拂子茅、蒺藜、苦荬菜、平卧碱蓬、盐蓬、碱蓬、芦蒿、披针苔等。

主要植物群系有：平卧碱蓬群系、芦苇群系、香蒲群系、黑三棱群系、柽柳群系等。湿地植被面积200公顷。

保护管理状况：陕西蒲城卤阳湖国家湿地公园，于2008年由国家林业局批准建设。主要建设内容有湿地环境保护与恢复工程；湿地科研监测工程：新建300平方米的科研监测中心；宣传教育和解说系统；社区共管建设项目；生态旅游服务设施；湿地基础设施工程等。现正在进行勘界立标和湖区整合等基础性工作。

湿地功能与利用方式：湿地生态系统服务功能包括供给服务、调节服务、文化服务和支持服务。其中供给服务提供淡水和食物，提供食物主要有鲢鱼、草鱼等；调节服务：具有净化水体、调节气候等功能；文化服务：主要为休闲旅游；支持服务：主要为生产生物量、提供栖息地。主要利用方式生态旅游。

受威胁状况：湿地公园所受威胁因子主要为水源补给不足。

受威胁状况等级：轻度。

土地所有权：国有。

湿地主管部门和管理机构：主管部门蒲城县林业局，管理机构陕西蒲城卤阳湖国家湿地公园管理委员会。

25. 陕西千阳千湖国家湿地公园

基本情况：千湖国家湿地公园位于渭河一级支流千河谷地中游，是以河流湿地特征为主，集河流湿地、库塘湿地、沼泽湿地特征于一体，是我国西北地区典型的黄土高原湿地，属宝鸡市千阳县零星湿地区(编码为610328)。湿地公园总面积0.06万公顷，湿地面积0.05万公顷。湿地斑块数2块。湿地类为河流湿地面积0.05万公顷；湿地型包括永久性河流面积0.03万公顷、洪泛平原湿地面积0.02万公顷。

地理位置：湿地公园地处陕西省宝鸡市千阳县。地理坐标介于东经107°04′~107°08′、北纬34°38′~34°42′之间。

自然环境概况：千湖湿地区在地质构造上为鄂尔多斯地台西南缘，属渭北台原丘陵沟壑区。地势由西南和东北向千湖谷地倾斜。土壤以褐土为主，兼有少量白土分布，耕作土壤为垆土。区域属暖温带半湿润大陆性季风气候区，四季冷暖、干湿分明，光水资源较丰，热量略显不足。年平均气温10.8℃，≥10℃活动积温3477.9℃，年平均日照时数2092.7小时(日照百分率47%)。多年平均降水量653.0毫米，最大年降水量924.0毫米，最小年降水量413.0毫米，多年平均蒸发量为1203.4毫米，相当年自然降水量的1.84倍。主要自然灾害为干旱，其次是连阴雨、冰雹、大风、干热风、霜冻、暴雨等。

水环境状况：水源补给为综合补给(主要包括大气降水与地表径流)，枯水位688.0米，丰水位716.0米，平水位710.0米，最大水深5.0米，平均水深2.4米。

地表水 pH 值 7.2，中性，矿化度 0.15 克/升，透明度(米)3.0，清澈，总氮含量 0.98 毫克/升，总磷含量 0.08 毫克/升，化学需氧量 14.0 毫克/升，属于贫营养化水质，主要污染来自于氮磷化肥、农药、废水，水质级别为Ⅲ类。地下水 pH 值 7.0，中性，矿化度0.2~0.4 克/升，水质等级为Ⅱ类。

主要动物种群：主要湿地鸟类 6 目 10 科 19 种，有大天鹅、鸳鸯、小䴙䴘、普通鸬鹚、苍鹭、赤麻鸭、绿翅鸭、绿头鸭、红头潜鸭、白胸苦恶鸟、环颈鸻、扇尾沙锥、白腰草鹬、普通燕鸥、普通翠鸟等，其中大天鹅、鸳鸯属国家Ⅱ级保护动物；主要鱼类 5 目 7 科 48 种，有秦岭细鳞鲑、背斑高原鳅、中华鳑鲏、鲤、鲫等；两栖爬行类有 3 目 8 科 21 种，兽类有 3 目 3 科 4 种。

主要植物种群：主要湿地植物 34 科 61 属 101 种，有芦苇、蒲公英、水芹、柳叶蓼、镰刀藓、乳头曲尾藓、莲、塔藓、喜旱莲子草、狗牙根、浮萍、槐叶苹等。

主要植物群系有：狗牙根群系、芦苇群系、蒲公英群系、槐叶苹群系、香蒲群系、水蓼群系、狗尾草群系。植被面积 0.01 万公顷。

保护管理状况：陕西千阳千湖国家湿地公园于 2008 年被批准为国家级湿地公园，建设内容包括新建湿地公园管理处 1 个，保护管理站(生态旅游服务部)2 处，珍稀动物救护繁育中心 1 处，湿地公园展览中心 1 处，湿地科普观鸟小区 1 处，湿地文化及资源展示小区 1 处，恢复和重建挺水植物 50 公顷，恢复和重建湿生植物 70 公顷，购置保护、宣教、防火、旅游等交通车辆 8 辆，购置宣传、科研监测、医疗救护、办公设施设备各 1 套；设立固定样地 60 个；项目固定样线 80 条，建设城市湿地休闲小区、段坊湿地人家小区和新兴商务湿地休闲小区共 3 处。公园建设基本完成，现正在准备申请国家林业局验收。

湿地功能与利用方式：湿地生态系统服务功能包括供给服务：主要为提供淡水、食物和原材料以及保护遗传资源，千湖年工业取水量 5296 万吨，农业取水量 1520 万吨，生活取水量 177 万吨，人工养殖鱼类年产 30.4 吨；调节服务：净化水体、调节气候、缓解自然灾害、减轻侵蚀；文化服务：休闲和生态旅游、教育价值和审美价值；支持服务：生产生物量、水循环、提供栖息地。湿地主要利用方式包括旅游和休闲及水源地。

受威胁状况：主要威胁因子是城市化建设。

综合受威胁等级：轻度。

土地所有权：国有和集体。

湿地主管部门和管理机构：主管部门为千阳县人民政府，管理机构为陕西千阳千湖国家湿地公园管理处。

26. 陕西宁强汉水源国家湿地公园

基本情况：陕西宁强汉水源国家湿地公园，属宁强县零星湿地区(编码 610726)，湿地公园总面积 0.15 万公顷，湿地面积 0.1 万公顷，湿地斑块数量 2 块，湿地类型为永久性河流湿地面积 0.1 万公顷。

地理位置：湿地公园行政区划属汉中市宁强县，地理坐标介于东经 105°21′~106°35′、北纬 32°37′~33°12′之间。

自然环境概况：汉水源国家湿地公园地处南北两山之间的玉带河，属低山及河漫滩地地貌，河道因山就势，时开时合，河道两侧或奇峰林立，或水田阡陌交织，或农舍自然分布，地形相对平坦。海拔600.0～800.0米。土壤类型主要有淤土、水稻土、黄棕壤、沼泽土等。年平均气温13.5℃；≥0℃年均积温4735.8℃，≥10℃年均积温3989.50℃。年平均降水量1100.36毫米，年均蒸发量1033.20毫米。

水环境状况：汉水源湿地水源补给主要为地表径流、大气降水和综合补给。最大水深3.5米，平均水深2.8米。

地表水pH值7.9～8.1，碱性，矿化度0.16克/升，透明度(米)2.3，清澈，总氮0.35毫克/升，总磷0.08毫克/升，化学需氧量6.0毫克/升，属于贫营养化水质，主要污染来自于生活污水，水质级别为Ⅲ类。地下水pH值7.0，中性，矿化度0.62克/升，水质等级为Ⅰ类。

主要动物种群：主要湿地鸟类8目11科42种，有小䴙䴘、普通鸬鹚、苍鹭、池鹭、大白鹭、中白鹭、白鹭、牛背鹭、夜鹭、黄斑苇鳽、大麻鳽、豆雁、赤麻鸭、翘鼻麻鸭、绿翅鸭、凤头潜鸭、斑头秋沙鸭、普通秋沙鸭、黑水鸡、白骨顶、水雉、凤头麦鸡、灰头麦鸡、金眶鸻、针尾沙锥、扇尾沙锥、灰尾[漂]鹬、青脚鹬、林鹬、白腰草鹬、矶鹬、普通翠鸟、冠鱼狗、褐河乌、红尾水鸲、小燕尾、黑背燕尾等。鱼类3目4科13种，有草鱼、青鱼、中华细鲫、黄黝鱼、白鲢、贝氏高原鳅、中华花鳅、宽鳍鱲、拉氏鲅、似鮈等。两栖爬行类有大鲵、山溪鲵、中华蟾蜍等4目11科25种，兽类有水獭、草兔等3目3科4种。

主要植物种群：主要湿地植物15科27属31种，有车前、浮萍、紫萍、牛至、狗牙根、荩草、青蒿、苦荬菜、灰绿藜、水蓼、酸模、马鞭草、节节菜、莎草、小碎米莎草、眼子菜、谷精草等。

主要湿地植物群系有：枫杨群系、荻群系等。植被面积0.01万公顷。

保护管理状况：陕西汉水源国家级湿地公园，于2009年12月由国家林业局批准建设。重点建设内容主要有环境保护与安全工程，科普宣教与解说系统工程，生态旅游工程及保护处、站基础建设工程，勘界设标，植被恢复，完善巡护与游览道路建设，做好服务设施、环卫设施和标识系统建设，开展科普教育活动和生态旅游活动等。

湿地功能与利用方式：湿地生态系统服务功能包括供给服务、调节服务、文化服务和支持服务。其中供给服务提供淡水和食物，提供食物主要有鲢鱼、草鱼等；调节服务：具有净化水体、调蓄消洪、调节气候等功能，引嘉入汉工程，每年2.4亿立方米；文化服务：主要为休闲旅游；支持服务：主要为生产生物量、水能利用、提供栖息地；水力发电：铁锁关电站等，装机容量59390千瓦小时；养殖业：年产鲜鱼6吨。主要利用方式生态旅游。

受威胁状况：湿地公园周边分布的村镇受“5.12”大地震的影响，灾后重建和部分农户的移民搬迁，对湿地水源和湿地植物有一定的影响。

综合受威胁等级：轻度。

土地所有权：国有和集体。

湿地主管部门和管理机构：湿地主管部门为宁强县林业局，管理机构为陕西宁强汉水源国家湿地公园管理处。

27. 陕西宁陕旬河源国家湿地公园

基本情况：陕西宁陕旬河源国家湿地公园，属宁陕县零星湿地区(编码610923)，湿地公园总面积0.21万公顷，湿地面积0.13万公顷，湿地斑块数3块，湿地类型为永久性河流湿地面积0.13万公顷。

地理位置：陕西宁陕旬河源国家湿地公园行政区划属安康市宁陕县，地理坐标介于东经108°31′~108°48′、北纬33°32′~33°47′之间。

自然环境概况：主要地貌类型为中山区、底山河谷区，平均海拔960.0米，土壤类型以潮土、水稻土、黄棕壤、棕壤为主，年平均气温12.2℃，极端最高气温36.2℃，极端最低气温-13.1℃，≥10℃年均积温3763.0℃，年均降水量921.2毫米，年均蒸发量1221.9毫米。

水环境状况：湿地公园内主要河流为旬河及其支流蒿沟、苦竹沟、江河、冷水河、大竹山沟等。旬河源于秦岭中段沙岭南麓，江河与旬河干流在江口汇合，流经沙坪向东，经沙坪、竹山、黄金等地，在黄金乡的小川口流入镇安境内。由沙沟岭至小川口，南北长约33.0公里，东西宽约31.0公里，县境内流域面积857.5平方公里，平均比降1.165%。平均径流量9.8立方米/秒。水源补给主要为地表径流和大气降水。

地表水pH值7.8，弱碱性，矿化度0.03克/升，透明度(米)2.6，清澈，总氮0.87毫克/升，总磷0.08毫克/升，化学需氧量6.5毫克/升，属于贫营养化水质，主要污染来自于生活污水，水质级别为Ⅰ类。地下水pH值7.0，中性，矿化度0.25克/升，水质等级为Ⅰ类。

主要动物种群：湿地鸟类7目11科42种，主要有苍鹭、池鹭、大白鹭、中白鹭、小鸊鷉、普通鸬鹚、白鹭、牛背鹭、夜鹭、黄斑苇鳽、大麻鳽、豆雁、赤麻鸭、翘鼻麻鸭、绿翅鸭、凤头潜鸭、斑头秋沙鸭、普通秋沙鸭、黑水鸡、白骨顶、水雉、凤头麦鸡、灰头麦鸡、金眶鸻、针尾沙锥、扇尾沙锥、灰尾[漂]鹬、青脚鹬、林鹬、白腰草鹬、矶鹬、普通翠鸟、冠鱼狗、褐河乌、红尾水鸲、小燕尾、黑背燕尾等。鱼类有白鲢、贝氏高原鳅、中华花鳅、宽鳍鱲、草鱼、青鱼、中华细鲫、黄黝鱼、拉氏鲅、似鮈等。两栖爬行类有大鲵、山溪鲵、中华蟾蜍、蝾螈、中华蟾、秦岭雨蛙、王锦蛇、赤链蛇、虎斑游蛇、乌梢蛇等，兽类有水獭、草兔等。

主要植物种群：主要湿地植物13科25属26种，有平车前、牛至、稗、芦苇、荻、金色尾草、荩草、鬼针草、紫菀、苦荬菜、水蓼、桃叶蓼、苍耳、酸模、马鞭草、小碎米莎草、膨囊草、莎草、扁穗草、牛膝、反枝苋、水竹叶、问荆、山莴苣、野菊、蒲公英、芦蒿、艾草、狼尾草等。

主要植物群系有：枫杨群系、狗牙根群系等。湿地植被面积为0.01万公顷。

保护管理状况：陕西宁陕旬河源国家湿地公园，于2009年12月由国家林业局批准建设。重点建设内容主要有环境保护与安全工程，科普宣教与解说系统工程，生态旅游工程及保护处、站基础建设工程，勘界设标，植被恢复，完善巡护与游览道路建设，做好服务设施、环卫设施和标识系统建设，开展科普教育活动和生态旅游活动等。

湿地功能与利用方式：湿地生态系统服务功能包括提供淡水和提供食物，提供食物主要有鲢鱼、草鱼等；调节服务：具有净化水体、调节气候等功能；文化服务：主要为休闲旅游；支持服务：主要为生产生物量、水能利用、提供栖息地。主要利用方式生态旅游。

受威胁状况：湿地公园主要威胁因子是旬河两侧的河滩地局部地段存在挖沙和围湿造田现象造成湿地景观破坏和湿地面积减少。

综合受威胁等级：轻度。

土地所有权：国有和集体。

湿地主管部门和管理机构：湿地主管部门为宁陕县林业局，管理机构为陕西宁陕旬河源国家湿地公园管理处。

28. 陕西凤县嘉陵江国家湿地公园

基本情况：凤县嘉陵江国家湿地公园地处陕西省宝鸡市凤县嘉陵江源头，是以峡谷河流、河漫滩、江心洲为主体的河流湿地生态系统。湿地公园属嘉陵江单独湿地区(编码为 6120006)，湿地公园总面积 0.26 万公顷，其中湿地面积 0.16 万公顷，湿地斑块数 1 块，湿地类型为永久性河流湿地。

地理位置：凤县嘉陵江国家湿地公园位于长江水系最大的支流嘉陵江源头凤县段，北起黄牛铺镇东河桥村，南至双石铺镇龙家坪村，东西长约 47 公里，南北宽约 41 公里。地理坐标介于东经 106°26′~106°46′、北纬 33°53′~34°15′之间。

自然环境概况：湿地公园处于秦岭褶皱系中部，山体高大，陡崖断层，深谷纵横，沟谷较陡，坡面中部稍缓，顶部出现海相沉积地貌。海拔一般为 940.0~2300.0 米，相对高差 1800.0 米，坡度多为 15°~45°。北部为山地棕壤与褐土组合，南部为暗棕壤与黄棕壤组合，中部为褐土黄棕壤组合。区域属半湿润山地气候，冬无严寒，夏无酷热，小气候差异大，垂直变化明显，依其自然地理位置，光热资源不足，降水集中，时空分布不均；年平均气温 11.4℃，年均降水量 615.8 毫米，年均蒸发量 1309.3 毫米，变化范围 1090.4~1523.44 毫米，≥10℃年均积温达 3544.4℃。

水环境状况：水源补给主要包括大气降水与地表径流，最大水深 3.8 米，平均水深 0.7 米。地表水 pH 值 7.1，中性；矿化度 0.2 克/升，透明度(米)1.5，清澈，总氮含量 0.8 毫克/升，总磷含量 0.18 毫克/升，化学需氧量 5.2 毫克/升，属于贫营养化水质，水质级别为Ⅱ类。地下水 pH 值 7.0，中性，矿化度 0.02 克/升，地下水水质等级为Ⅲ类。

主要动物种群：主要湿地鸟类 7 目 10 科 32 种，有鸳鸯、小䴙䴘、普通鸬鹚、苍鹭、池鹭、大白鹭、中白鹭、白鹭、牛背鹭、夜鹭、黄斑苇鳽、大麻鳽、豆雁、赤麻鸭、翘鼻麻鸭、绿翅鸭、凤头潜鸭、斑头秋沙鸭、普通秋沙鸭、黑水鸡、白骨顶、针尾沙锥、扇尾沙锥、红尾水鸲、小燕尾、水雉、凤头麦鸡、灰头麦鸡、金眶鸻、灰尾[漂]鹬、青脚鹬、林鹬、白腰草鹬、矶鹬、普通翠鸟、冠鱼狗、褐河乌、黑背燕尾等，其中属国家Ⅱ级保护动物有鸳鸯。鱼类 2 目 4 科 11 种，有草鱼、青鱼、中华细鲫、黄黝鱼、白鲢、贝氏高原鳅、中华花鳅、宽鳍鱲、拉氏鲅、似鮈等。两栖爬行类有中华蟾蜍、大鲵、山溪鲵等 5 目 11 科 26 种，兽类有水獭、草兔等 2 目 2 科 3 种。

主要植物种群：主要湿地植物 158 科 596 属 1146 种，有芦苇、茶菱、蒲公英、柳叶蓼、莲、塔藓、毒芹、水芹、喜旱莲子草、狗牙根、浮萍、槐叶苹等。

主要植物群系有：芦苇群系、狗牙根群系、无芒稗群系、荭草群系、石龙芮群系、穗状狐尾藻群系等。植被面积 0.02 万公顷。

保护管理状况：陕西凤县嘉陵江国家湿地公园，于 2009 年 12 月由国家林业局批准建设。重点建设内容主要有环境保护与安全工程，科普宣教与解说系统工程，生态旅游工程及保护处、站基础建设工程，勘界设标，植被恢复，完善巡护与游览道路建设，做好服务设施、环卫设施和标识系统建设，开展科普教育活动和生态旅游活动等。

湿地功能与利用方式：湿地生态系统服务功能包括供给服务、调节服务、文化服务和支持服

务。其中供给服务提供水资源、提供食物和原材料、保护遗传资源，年总取水量1161154立方米，其中工业取水量33238立方米，农业取水量232677立方米，生活取水量507764立方米，生态用水量127443立方米；调节服务：净化水体、调节气候；文化服务：休闲和生态旅游、教育价值、审美价值、社会联系和地方感；支持服务：生产生物量、水循环、提供栖息地。湿地主要利用方式包括旅游和休闲、养殖业、发电、水源地。

受威胁状况：湿地公园威胁因子主要为当地居民生活垃圾及废水污染。

综合受威胁等级：轻度。

土地所有权：国有。

湿地主管部门和管理机构：主管部门为凤县林业局，经营管理机构为陕西省凤县嘉陵国家湿地公园管理处。

29. 陕西太白石头河国家湿地公园

基本情况：陕西太白石头河国家湿地公园属宝鸡市太白县零星湿地区(编码为610331)；湿地公园总面积0.11万公顷，其中湿地面积0.07万公顷，湿地斑块数3块。湿地类包括河流湿地面积0.6万公顷和人工湿地面积0.01万公顷；湿地型包括永久性河流湿地面积0.06万公顷、库塘湿地面积0.01万公顷及少量季节性河流湿地面积36.35公顷。

地理位置：湿地公园位于陕西省宝鸡市太白县东北部。地理坐标介于东经107°36′~107°39′、北纬34°02′~34°09′之间。

自然环境概况：湿地公园地处秦岭山地中山区，整体地形南高北低，中间高两侧低，沟谷深切，山势陡峭，平均坡度36°~45°。一般海拔在1100.0~2000.0米，最低海拔734.0米。土壤主要为淤土和潮土两种土壤，受地形影响，小气候特征明显，春季多风，夏季多雷雨，间有冰雹，秋季多连阴雨，冬季严寒。年平均气温7.6℃，最高气温32.8℃，最低气温-25.5℃，最冷月是1月，平均气温是-5℃。年平均温差24.1℃，≥0℃的积温为3140.0℃，≥10℃的积温为2428.0℃。年日照2133.0小时。无霜期为120~180天，平均年降水量782.0毫米，且多集中在7~9月。灾害性天气有连阴雨、低温冻害、暴雨、冰雹、霜冻等。

水环境状况：水源补给为综合补给(主要包括大气降水与地表径流)，枯水位711.4米，丰水位731.8米，平水位742.9米，最大水深25.0米(石头河水库)，平均水深2.0米。

地表水pH值7.3，中性，矿化度0.04克/升，透明度(米)2.5，清澈，总氮1.1毫克/升，总磷0.18毫克/升，化学需氧量11.5毫克/升，属于贫营养化水质，主要污染来自于生活污水，水质级别为Ⅰ类。地下水pH值7.8，弱碱性，矿化度0.31克/升，水质等级为Ⅲ类。

主要动物种群：湿地鸟类10目31科53种，主要有鸳鸯、小䴙䴘、凤头䴙䴘、普通鸬鹚、苍鹭、中白鹭、白鹭、绿鹭、夜鹭、黄斑苇鳽、罗纹鸭、赤膀鸭、鹊鸭、环颈鸻、红颈滨鹬、小燕尾等，其中鸳鸯属国家Ⅱ级保护动物；鱼类4目5科22种，有贝氏高原鳅、中华花鳅、宽鳍鱲、拉氏鲅、似鮈等；两栖爬行类有3目8科15种，兽类有3目3科3种。石头河国家湿地公园已成为西部地区各种候鸟理想的越冬地，也是候鸟内陆迁徙通道上的重要驿站。

主要植物种群：主要湿地植物17科28属32种，有车前、荻、狗牙根、荩草、狼尾草、苍耳、三褶脉紫菀、水蓼、桃叶蓼、酸模、柳叶菜、铺地委陵菜、马鞭草、扁穗草、华扁穗草、芦苇、黑三棱、菖蒲、慈姑、荇菜、浮萍、狸藻、小茨藻等。另外在中滩河心洲区域有人工侧柏林和杨树林分布，石头河沿岸护岸林以杨树和柳树为主。

主要植物群系有：旱柳群系、魁蒿群系、狼牙刺群系、僵子栎群系、狗尾草群系等。植被面积0.02万公顷。

保护管理状况：陕西太白石头河国家湿地公园，于2009年12月由国家林业局批准建设。重点建设内容主要有环境保护与安全工程，科普宣教与解说系统工程，生态旅游工程及保护处、站基础建设工程，勘界设标，植被恢复，完善巡护与游览道路建设，做好服务设施、环卫设施和标识系统建设，开展科普教育活动和生态旅游活动等。

湿地功能与利用方式：湿地生态系统服务功能包括供给服务、调节服务、文化服务和支持服务。其中供给服务提供淡水、食物和原材料、保护遗传资源，每年从石头河湿地取水44800万吨；调节服务：净化水体、调节气候、缓解自然灾害、减轻侵蚀，年调蓄能力2.7亿立方米；文化服务：休闲和生态旅游、教育价值、审美价值；支持服务：生产生物量、水循环、提供栖息地。湿地主要利用方式重要水源地、旅游和休闲。

受威胁状况：主要威胁为姜眉公路化学药品运输。

综合受威胁等级：轻度。

土地所有权：国有。

湿地主管部门和管理机构：湿地主管部门为太白县林业局，管理机构为太白县动管站。

30. 陕西丹凤丹江国家湿地公园

基本情况：陕西丹凤丹江国家湿地公园位于丹凤县丹江流域全段及丹江一级支流老君河鱼岭水库至老君河口，银花河土门至竹林关段。西北起棣花镇西街村，东南至竹林关镇雷家洞村，共涉及7个乡镇43个行政村。长约94公里，宽200～1000米。湿地公园属丹江单独湿地区(编码为6120007)，湿地公园总面积0.21万公顷，湿地面积0.15万公顷，湿地斑块数18块。湿地类包括河流湿地面积0.15万公顷和少量人工湿地面积44.36公顷，湿地型主要包括永久性河流湿地面积0.14万公顷、洪泛平原湿地0.01万公顷及少量库塘湿地(44.36公顷)。

地理位置：湿地公园位于陕西省商洛市丹凤县，地处汉江一级支流丹江的中上游，丹凤县境内丹江流域全段及老君河下游。地理坐标介于东经110°07′49″～110°49′43″、北纬33°21′33″～33°57′4″之间。

自然环境概况：丹江湿地属凉亚热带半湿润和东部季风暖温带气候区，具有亚热带向暖温带过渡的特点。区内热量充足、雨量充沛、四季分明、灾害频繁。年均气温13.8℃，极端最高气温40.8℃，极端最低气温-13.4℃，≥10℃的积温为4381.9℃，年均日照时数2056.0小时，无霜期217天。年均降水量687.4毫米。

水环境状况：丹江湿地公园包括丹凤县境内全段，总长94.0公里，丹江属汉江一级支流，长江二级支流，发源于秦岭南麓的商州区，年平均流量24.5立方米/秒，最大洪峰流量为3440.0立方米/秒(1921年)，1958年洪峰流量为1760.0立方米/秒；最小流量0.039立方米/秒(1962年)，多年平均总径流量为13.5亿立方米。最大水深3.1米，平均水深1.8米，最大水深3.1米，平均水深1.8米。

地表水 pH 值 7.2，中性，矿化度 0.03 克/升，透明度(米)2.5，总氮小于 0.05 毫克/升，总磷小于 0.01 毫克/升，化学需氧量 6.0 毫克/升，主要污染因子为生活污水，水质级别为Ⅰ类。地下水 pH 值 7.0，中性，矿化度 0.02 克/升，水质级别为Ⅰ类。

主要动物种群：主要湿地鸟类 8 目 14 科 43 种，有鸳鸯、苍鹭、池鹭、大白鹭、中白鹭、小䴙䴘、普通鸬鹚、白鹭、牛背鹭、夜鹭、黄斑苇鳽、大麻鳽、豆雁、赤麻鸭、翘鼻麻鸭、绿翅鸭、凤头潜鸭、斑头秋沙鸭、普通秋沙鸭、黑水鸡、白骨顶、针尾沙锥、扇尾沙锥、红尾水鸲、小燕尾、水雉、凤头麦鸡、灰头麦鸡、金眶鸻、灰尾[漂]鹬、青脚鹬、林鹬、白腰草鹬、矶鹬、普通翠鸟、冠鱼狗、褐河乌、黑背燕尾等，其中属国家Ⅱ级保护动物有鸳鸯。鱼类 4 目 6 科 36 种，有中华细鲫、黄黝鱼、白鲢、草鱼、青鱼、贝氏高原鳅、中华花鳅、宽鳍鱲、拉氏鲅等。两栖爬行类有中华蟾蜍、黑斑蛙、鳖、无蹼壁虎 3 目 4 科 4 种，兽类有水麝鼩、蹼麝鼩、水獭、草兔 3 目 3 科 4 种。

主要植物种群：主要湿地植物 26 科 42 属 47 种，有荼菱、满江红、车前、荻、狗牙根、荩草、狼尾草、苍耳、三褶脉紫菀、水蓼、桃叶蓼、酸模、柳叶菜、铺地委陵菜、马鞭草、扁穗草、华扁穗草、鹅绒委陵菜、小苜蓿、圆叶节节菜、野菱、水车前、拂子茅、盐角草、白茅等。

主要植物群系有：芦苇群系、车前群系等。植被面积 0.02 万公顷。

保护管理状况：陕西丹凤丹江国家湿地公园于 2009 年 12 月由国家林业局批准建设。现有编制人员 40 人，其中管理人员 3 人，科研技术人员 29 人，办公车辆 2 辆。2010 年，丹凤县人民政府和湿地公园管理处，在棣花、商镇、龙驹、竹林关、土门等乡镇分别设立了野生动物保护站，定时检测、保护湿地水禽类等野生动物。同时，组织丹江两岸群众在春冬两季栽植芦苇、垂柳、紫穗槐、水竹、侧柏等植物。目前，首期示范栽植芦苇等植物达 3000 多亩。

湿地功能与利用方式：供给服务：提供淡水和食物、保护遗传资源，水产品主要为人工养殖鱼类，年产 15 吨；调节服务：净化水体、调节气候、减轻侵蚀；文化服务：休闲和生态旅游、教育价值、审美价值；支持服务：水循环、生产生物量、提供栖息地。湿地主要利用方式包括旅游和休闲和水源地。

受威胁状况：主要威胁因子为基建和城市化建设。

综合受威胁等级：轻度。

土地所有权：国有和集体。

湿地主管部门和管理机构：主管部门为丹凤县人民政府；管理机构为陕西丹凤丹江国家级湿地公园管理处。

31. 陕西铜川赵氏河国家湿地公园

基本情况：赵氏河国家湿地公园，属铜川市耀州区零星湿地区(湿地区编码 610204)，湿地公园总面积 0.13 万公顷，湿地面积 0.08 万公顷，湿地斑块数 4 块。湿地类为河流湿地面积 0.07 万公顷、人工湿地面积 0.01 万公顷，湿地型为永久性河流湿地面积 0.07 万公顷，库塘湿地面积 0.01 万公顷。

地理位置：湿地公园行政区划属铜川市耀州区咸丰路街道办事处，地理坐标位于东经 108°50′~108°54′、北纬 34°51′~35°01′之间。

自然环境概况：赵氏河国家湿地公园位于渭北黄土高原，主要地貌类型为梁峁川塬，南北长、东西窄，西北高，东南低，水体主要有南部的水库和北部的河流。平均海拔630米。土壤类型主要有褐土、黄土性土和淤土。年平均气温12.3℃，变化范围20.6～37.6℃；≥0℃年均积温4022.1℃，≥10℃年均积温3369.2℃。年平均降水量554.5毫米，年均蒸发量1000.5毫米。

水环境状况：湿地公园位于赵氏河中游。赵氏河系渭河二级支流，石川河一级支流。赵氏河发源于耀州区照金镇陈村，经耀州、三原、富平汇入石川河，常水量2.0～4.0立方米/秒，全部由地表水补给，是境内最重要河流之一。赵氏河流长77.1公里，流域面积355.7平方公里，年平均土壤侵蚀模数0.75吨/平方公里。玉皇阁水库位于赵氏河中游，主要用于农业灌溉，水域面积0.01万公顷，库容量800.0万立方米。

最大水深7.0米，平均水深3.5米，地表水pH值6.8～7.5，中性，矿化度0.24克/升，透明度(米)1.3，总氮1.3毫克/升，总磷0.08毫克/升，化学需氧量3.4毫克/升，主要污染因子为生活污水，水质级别为Ⅲ类。地下水pH值7.0，中性，矿化度0.52克/升，水质级别为Ⅲ类。

主要动物种群：湿地公园鸟类8目16科47种，主要有黑鹳、大天鹅、灰鹤、小鸊鷉、凤头鸊鷉、普通鸬鹚、苍鹭、池鹭、赤麻鸭、翘鼻麻鸭、赤颈鸭、绿头鸭、赤膀鸭、绿翅鸭、红头潜鸭、凤头潜鸭、鹊鸭、斑头秋沙鸭、普通秋沙鸭、白眉鸭、中白鹭、大白鹭、白鹭、牛背鹭、夜鹭、金雕、黄斑苇鳽、豆雁、黑水鸡、白骨顶、岩鸽、水雉、彩鹬、鹮嘴鹬、凤头麦鸡、灰头麦鸡、针尾沙锥、扇尾沙锥、灰尾[漂]鹬、青脚鹬、白腰草鹬、普通燕鸥、金眶鸻等，其中属国家Ⅰ级保护动物有黑鹳，国家Ⅱ级保护动物有大天鹅、灰鹤。鱼类有鲤、鲫、陕西高原鳅、中华花鳅等1目2科9种。两栖爬行类有花背蟾蜍、中华蟾蜍、黄脊游蛇、鳖等3目4科6种，兽类有水獭、水麝鼩、草兔等3目3科4种。

主要植物种群：主要湿地植物18科39属70种，有车前、薄荷、荻、狗牙根、荩草、狼尾草、白茅、枫杨、三褶脉紫菀、苦荬菜、灰绿藜、桃叶蓼、酸模、蛇、莎草、扁穗草、牛膝、水竹叶、问荆等。

主要植物群系有：芦苇群系、狼牙刺群系等。植被面积0.01万公顷。

保护管理状况：陕西赵氏河国家级湿地公园，于2009年12月由国家林业局批准建设。重点建设内容主要有环境保护与安全工程，科普宣教与解说系统工程，生态旅游工程及保护处、站基础建设工程，勘界设标，植被恢复，完善巡护与游览道路建设，做好服务设施、环卫设施和标识系统建设，开展科普教育活动和生态旅游活动等。

湿地功能与利用方式：湿地生态系统服务功能包括供给服务、调节服务、文化服务和支持服务。其中供给服务提供淡水和食物、保护遗传资源，年产经济鱼类10吨，年产莲藕200吨；调节服务：净化水体、调节气候、减轻侵蚀；文化服务：休闲和生态旅游、教育价值、审美价值；支持服务：水循环、生产生物量、提供栖息地。湿地主要利用方式包括旅游和休闲和水源地。

受威胁状况：所受威胁因子主要为当地居民生活垃圾和废水污染。

综合受威胁等级：轻度。

土地所有权：国有。

湿地主管部门和管理机构：湿地主管部门为铜川市林业局，具体管理机构为铜川市野生动物保护管理站。

参考文献

[1] 陈景星，许涛清，等．秦岭地区的鱼类区系及其动物地理学特征．鱼类学论文集(第五辑)[M]．北京：科学出版社，1986.

[2] 陈宜瑜．中国湿地研究[M]．长春：吉林科学技术出版社，1995.

[3] 冯宁，雷颖虎，张璐．陕西省湿地类型调查与保护管理建议[J]．西北大学学报，2007，6(37)：257～261.

[4] 冯宁．陕西省湿地鸟类种群和地理分布研究[J]．动物分类学报，2007，4(32)：831～834.

[5] 冯宁，孙承骞，周灵国．陕西省湿地与湿地鸟类调查与保护对策[J]．湿地科学与管理，2008，3：23～26.

[6] 冯宁，王万云，徐振武．陕西省鸟类调查初报[J]．动物分类学报，2007，4(32)：993～995.

[7] 冯宁，徐建民，张守诚．陕西省朱鹮野化放飞实验浅析[J]．野生动物杂志，2007，5(28)：17～19.

[8] 冯宁，徐振武，等．秦岭鸟类资源种类和分布变化研究[J]．西北林学院学报，2007，5(22)：101～103.

[9] 冯宁，徐振武，张斌．陕西省秦岭中西部的10种鸟类(1个亚种)新记录种[J]．野生动物杂志，2007，28(1)：54～55.

[10] 冯宁，杨平厚，徐振武．陕西省兰科植物种类及分布研究[J]．陕西师范大学学报，2007，2(35)：83～86.

[11] 冯宁，张璐．陕西省湿地公园建设与申报工作的思考[J]．陕西林业，2008，3：15.

[12] 冯宁，周灵国．新疆湿地保护管理学习考察体会[J]．陕西林业，2009，2：11～14.

[13] 黄洪富．陕西省南部鱼类调查研究[G]//西北大学二十五届校庆学术讨论会论文集(生物分册)[C].1963，91～96.

[14] 雷明德，等．陕西植被[M]．北京：科学出版社，1999.

[15] 李思忠．中国淡水鱼类的分布区划[M]．北京：科学出版社，1981.

[16] 联合国世界卫生组织，联合国环境规划署和世界银行，等．千年生态系统评估报告[R].2005.

[17] 林业部野生动物与森林植物保护司．湿地保护与合理利用[M]．北京：中国林业出版社，1995.

[18] 林业部野生动物与森林植物保护司．湿地保护与合理利用——中国湿地保护研讨会文集[M]．北京：中国林业出版社，1996.

[19] 陕西省动物研究所，等．秦岭鱼类志[M]．北京：科学出版社，1987.

[20] 陕西省环境保护局．陕西省环境状况公报[R].2009.

[21] 陕西省环境监测中心站．陕西省2009年度环境质量通报[R].2009.

[22] 陕西省林业发展区划办公室．陕西省林业发展区划[M]．西安：陕西科学技术出版社，2008.

[23] 陕西省气象局，陕西省气候中心．陕西省气候[Z].2006.

[24] 陕西省水利厅．陕西省水功能区划[Z].2004

[25] 陕西省统计局．陕西统计年鉴[M]．北京：中国统计出版社，2009.

[26] 陕西省土壤普查办公室．陕西土壤[M]．北京：科学出版社，1992.

[27] 生态环境学报[J].2009，18(1、2).

[28] 湿地国际—中国项目办事处．湿地经济评价[M]．北京：中国林业出版社，1999.

[29] 宋鸣涛．陕西两栖动物区系研究[J]．动物学杂志，1987，22(5)：11～14.

[30] 孙承骞，冯宁，张哲邻．红碱淖遗鸥繁殖、食性及同类相食行为初探[J]．野生动物杂志，2007，28(5)：

27 ~ 29.

[31] 伍献文，等. 中国鲤科鱼类志(上卷)[M]. 上海：上海科学技术出版社，1964.

[32] 伍献文，等. 中国鲤科鱼类志(下卷)[M]. 上海：上海科学技术出版社，1967.

[33] 西安浐灞生态区管理委员会. 浐灞动植物鉴赏[Z]. 2004.

[34] 徐振武，冯宁，等. 陕北红碱淖湿地遗鸥资源分布与保护对策研究[J]. 西北林学院学报，2006，21(2)：126 ~ 129.

[35] 徐振武，冯宁. 红碱淖遗鸥的保护管理存在问题和前景展望[J]. 野生动物杂志，2005，6：21 ~ 23.

[36] 薛鹏程. 沙漠·湿地·水：榆林北部毛乌素沙区湿地生态环境研究[M]. 西安：陕西科学技术出版社，2006.

[37]赵士洞. 中国科学院地理科学与资源研究所. 千年生态系统评估(MA)成就与展望[EB/OL]. www.1000efya.cn/download/ma.pdf.

[38] 赵学敏. 湿地：人与自然和谐共存的家园——中国湿地保护[M]. 北京：中国林业出版社，2005.

[39] 郑光美. 中国鸟类分类与分布名录[M]. 北京：科学出版社，2005.

[40] 郑作新. 中国鸟类系统检索(第三版)[M]. 北京：科学出版社，2002.

[41] 中国科学院长春地理研究所. 中国沼泽研究[M]. 北京：科学出版社，1988.

[42] 中国野生动物保护协会，等. 稀世珍宝——朱鹮[M]. 北京：中国林业出版社，2000.

[43] 周灵国，冯宁，张斌. 红碱淖湿地遗鸥及湿地鸟类种群和分布研究[J]. 野生动物杂志，2008，6：72 ~ 74.

[44] 周灵国，张新兵，冯宁. 湿地公园考察成果与规划设计建议[J]. 陕西林业，2008，6：18 ~ 21.

[45] 朱松泉. 中国淡水鱼类检索[M]. 西安：陕西科学技术出版社，1995.

附　件

陕西湿地资源调查单位及主要参加人员

调查单位:

陕西省自然保护区和野生动物管理站
陕西省林业调查规划院
陕西师范大学
陕西省动物研究所
西安市林业局
宝鸡市林业局
咸阳市林业局
铜川市林业局
渭南市林业局
延安市林业局
榆林市林业局
汉中市林业局
安康市林业局
商洛市林业局
杨凌示范区农林局
韩城市林业局
全省各县(区)林业局
陕西汉中朱鹮国家级自然保护区
陕西黄河湿地省级自然保护区
陕西汉江湿地自然保护区
陕西泾渭湿地省级自然保护区
陕西无定河省级自然保护区
陕西周至黑河湿地省级自然保护区
陕西千湖省级自然保护区
陕西瀛湖省级自然保护区

主要参加人员：

陕西省林业厅保护站：

周灵国　冯　宁　张　璐　孙红霞　张　婧　罗晓斌　李宝忠

陕西省林业调查规划院：

郭平顺　张　毅　张　浩　刘　华　戴晓峰　王生民　黄朝晖　王　昊
程　伟　杨茜萍　张金凤　张亦驰　王晓燕　张瑞娟　罗　勇

其他单位人员：

任　毅　徐涛清　毛治彦　赵　欣　郭　海　张惠珍　胡彩娥　蔡启文
张成榆　赵玲爱　何　冰　杨国强　张　炜　王文华　吴晓平　周　园
周书俭　段淑玲　郭小斌　周　律　成英支　韩黎明　张　博　李二平
韩子扬　党齐域　史惠玲

全省各市(区、县)林业局湿地调查参与人员(略)

后 记

《中国湿地资源·陕西卷》是"中国湿地资源系列图书"重要内容之一，它是在国家林业局湿地保护管理中心的统一指导下，由陕西省林业厅组织图书编撰小组，以陕西省第二次湿地资源调查数据为基础，结合陕西省湿地资源保护管理等方面情况编写完成。

2010 年，根据国家林业局统一安排，在国家林业局调查规划设计院的技术支撑下，陕西省林业厅组织陕西省林业调查规划院、陕西省动物研究所和陕西师范大学等单位 60 多人共同开展了陕西省第二次湿地资源调查工作，其中：陕西省动物研究所和陕西师范大学主要负责湿地动物和湿地植物调查。

陕西省第二次湿地资源调查，依据国家林业局《全国湿地资源调查技术规程》和《陕西省第二次湿地资源调查实施细则》，运用"3S"技术，采用卫片解译与现地调查相结合的方法，获取全省各湿地类型、面积、分布、植被类型、所属流域等主要信息，又通过野外调查、现地访问和收集最新资料获取水源补给类型、主要优势植物种、土地所有权、使用权、保护管理状况等要素数据，建立全省湿地资源图形库与属性库，在此基础上，完成湿地资源调查数据统计汇总和调查报告编写工作。

本次调查对象是陕西省行政范围内的各类湿地，包括面积 8 公顷（含 8 公顷）以上的湖泊湿地、沼泽湿地、人工湿地以及宽度 10 米以上、长度 5 公里以上的河流湿地。调查目的是查清陕西省湿地资源的现状，掌握湿地资源动态消长变化规律，建立全省湿地资源数据库和信息管理平台，逐步实现对全省湿地资源进行全面、客观地分析评价，为湿地资源的保护、管理和合理利用提供统一完整、及时准确的基础资料和决策依据。

陕西省第二次湿地资源调查于 2010 年 1 月 16 日开始，历经技术工作准备、外业全面调查、内业统计汇总、调查报告编写四个阶段，于 2011 年 12 月 25 日全面结束，历时近 2 年。

经调查统计，陕西省共有 4 个湿地类 12 个湿地型，8 公顷以上的湿地总面积 30.85 万公顷，占全省总面积的 1.50%；重点调查湿地面积 14.06 万公顷，占全省湿地面积的 45.56%；分布在其他自然保护区、保护小区、森林公园、风景名胜区和水源保护区中受保护的湿地面积 1.25 万公顷，湿地保护率达到 49.61%。湿地总面积中，河流湿地面积 25.76 万公顷，占湿地总面积的 83.50%；湖泊湿地面积 0.76 万公顷，占湿地总面积的 2.46%；沼泽湿地面积 1.10 万公顷，占湿地总面积的 3.58%；人工湿地面积 3.23 万公顷，占湿地总面积的 10.46%。另据陕西省国土资源厅 2010 年统计数据，陕西省还有稻田湿地类型面积 16.51 万公顷（在本次调查中未作统计）。

本次共调查收集湿地维管植物 62 科 177 属 361 种（恩格勒系统，1964），其中蕨类植物 4 科 4 属 5 种，被子植物 58 科 173 属 356 种，被子植物中，野大豆为国家 Ⅱ 级保护植物，桤木和穗状狐尾藻为省级重点保护植物。湿地野生动物共计 312 种，其中鸟类 9 目 24 科 121 种，鱼类 6 目 15 科 78 属 136 种（含亚种），两栖类 2 目 7 科 14 属 28 种，爬行类 2 目 5 科 17 属 22 种，哺乳类 3 目 4 科

5 种，湿地鸟类中，属国家Ⅰ级保护动物 7 种，属国家Ⅱ级保护动物 12 种。

通过第二次湿地资源调查，基本查清了陕西省湿地资源的类型、分布、数量以及主要生态特征，掌握了全省湿地植物资源、湿地动物资源，以及重点湿地保护与利用情况，建立了全省湿地资源信息库，编绘了陕西省湿地资源分布图、湿地类系列分布图和重点调查湿地分布图，为湿地自然保护区和湿地公园建设，以及野生动植物资源保护和合理利用提供了翔实的本底资料，为陕西省湿地资源管理决策提供了科学依据。

“中国湿地资源系列图书”的编制和出版，是我国湿地科普宣教活动的标志性事件，将第一次全面、系统、科学地展现全国和各省域湿地资源状况，以及湿地生态系统在人类经济社会发展中的重要作用，对唤醒全社会湿地保护意识、热爱自然、实现人与自然的和谐共存具有重要意义。

《中国湿地资源·陕西卷》编写组

2014 年 8 月